高等学校土木工程专业"十四五"系列教材

高等学校土木工程专业系列教材

环境岩土工程概论

李顺群　高凌霞　郭林坪　程学磊　刘小兰　孙晓涵　编

中国建筑工业出版社

图书在版编目（CIP）数据

环境岩土工程概论 / 李顺群等编. — 北京：中国
建筑工业出版社，2024.1
高等学校土木工程专业"十四五"系列教材　高等学
校土木工程专业系列教材
ISBN 978-7-112-29611-8

Ⅰ. ①环… Ⅱ. ①李… Ⅲ. ①环境工程－岩土工程－
高等学校－教材 Ⅳ. ①TU4

中国国家版本馆 CIP 数据核字（2024）第 020235 号

本书配备教学课件，请选用此教材的任课教师通过以下方式索取课件：1. 邮箱：jckj
@cabp.com.cn 或 jiangongkejian@163.com（邮件请注明书名和作者）；2. 电话：(010)
58337439；3. 建工书院：http://edu.cabplink.com.

责任编辑：刘颖超　李静伟　仕　帅
责任校对：芦欣甜

高等学校土木工程专业"十四五"系列教材
高等学校土木工程专业系列教材

环境岩土工程概论

李顺群　高凌霞　郭林坪　程学磊　刘小兰　孙晓涵　编

＊

中国建筑工业出版社出版、发行（北京海淀三里河路9号）
各地新华书店、建筑书店经销
北京红光制版公司制版
天津安泰印刷有限公司印刷

＊

开本：787 毫米×1092 毫米　1/16　印张：15¾　字数：390 千字
2024 年 2 月第一版　2024 年 2 月第一次印刷
定价：**59.00** 元（赠教师课件）
ISBN 978-7-112-29611-8
（42141）

前　　言

党的二十大报告指出，中国式现代化是人与自然和谐共生的现代化。环境岩土工程是岩土工程与环境工程、生态工程等学科紧密结合而发展起来的一门新兴学科，是工程与环境协调、人与自然和谐相处背景下岩土工程学科的延伸与发展，是用岩土工程的观点、技术和方法去认识、治理和保护环境的学科。

随着科技进步、社会和经济的加速发展，人类赖以生存的生态环境正经受越来越剧烈的改变。一方面，作为宇宙一分子的地球，一直受太阳等天体影响（比如太阳风）并始终处于自我演变（比如大陆漂移）之中；另一方面，人类日益增长的能力正深刻改变着地球原有的运行模式和状态。比如，受人类活动影响，全球变暖正在加速，水、气、土污染日趋严重，极端天气越来越多。由此导致人类的生存环境面临严峻挑战，同时也为环境岩土工程学科的发展提供了契机。

环境岩土工程所涉及的问题主要有两类。第一类是人类与自然环境之间的共同作用问题。这类问题主要由自然引起，包括地震、滑坡、崩塌、泥石流、冻融、地面沉降、盐渍化、温室效应、有毒有害物质分布和水土流失等。第二类是人类的生活、生产和工程活动与环境的共同作用问题。这类问题主要由人类自身引起，如废水、废液、废渣等有毒有害废弃物对生态环境的危害，工程建设活动如打桩、强夯、基坑开挖对周围环境的影响，过量抽汲地下水引起的地面沉降，冻土区工程活动对冻融过程及稳定性的影响等。另外，人类利用自然、改造环境的岩土工程活动比如河湖泥沙利用和海绵城市建设等，也属于环境岩土工程的范畴。

本书主要介绍各类环境岩土工程问题的基本概念、形成条件和工程处理措施。内容包括滑坡、崩塌、泥石流、地面沉降、地面塌陷与地裂缝、地下水与环境岩土工程、特殊土与环境岩土工程、地下工程与环境、垃圾填埋、河湖泥沙资源化利用、放射性废物地质处置、寒冷地区冻融、矿产资源开发的环境岩土问题、地质环境与人类健康以及最近发展起来的海绵城市与土层海绵化等。其中，放射性废物地质处置、矿产资源开发是环境岩土问题，地质环境与人类健康是非传统环境岩土工程问题；河湖泥沙资源化利用和海绵城市与土层海绵化不属于"环境岩土工程问题"，而是人类利用自然、改造环境，促进人与自然和谐相处的环境岩土工程活动。本书侧重通识教育和工程应用相结合，条理清晰、简明易懂，全面介绍了环境岩土工程学科所涉及的主要研究内容、研究方法和最新进展以及我国在环境岩土工程领域的成就。

全书共分为10章：第1章绪论；第2章大环境岩土工程问题；第3章地下水与环境岩土工程；第4章河湖泥沙资源化利用；第5章污染土及其修复；第6章海绵城市建设与土层海绵化；第7章人类工程活动造成的环境岩土工程问题；第8章固体和放射性废物处

置的环境岩土问题；第 9 章固体矿产资源开发的环境岩土问题；第 10 章地质环境与人类健康。本书第 1 章和第 6 章由李顺群编写，第 2 章由高凌霞编写，第 3 章和第 4 章由程学磊编写，第 5 章由孙晓涵编写，第 7 章由刘小兰编写，第 8～10 章由郭林坪编写。本书引用了许多国内外同行的研究成果，在此表示感谢。

本书全面贯彻党的教育方针，着力落实立德树人根本任务，致力于培养德智体美劳全面发展的社会主义建设者和接班人。帮助当代大学生树立正确的世界观、人生观、价值观和家国情怀是教育的职责，也是本书的奋斗目标和不懈追求。

本书可作为各专业本科生通识选修教材，也可供相关专业教师和工程技术人员使用。

由于作者水平有限，书中难免错误和不当之处，敬请读者批评指正，以便再版时修正。

编者
2023 年 9 月

目　　录

第 1 章 绪 论

随着社会和经济的快速发展，人们越来越意识到自己的生活、生产活动对环境污染和生态破坏的影响越来越严重，这种负面影响反过来又深刻改变着人类自身原有的生产生活方式。为更好地认识自然、适应自然和改造自然，一门新兴学科——环境岩土工程学应运而生。

1.1 环境岩土工程的形成与发展

环境岩土工程学是一门利用岩土工程的观点、技术和方法认识、治理和保护环境的学科，是岩土工程、环境工程、生态工程的交叉学科。它的产生是社会发展和学科发展的必然结果。

当今世界的十大环境问题可归纳为：（1）大气污染；（2）温室效应加剧；（3）地球臭氧层减少；（4）土壤退化和荒漠化；（5）水资源短缺和污染；（6）海洋环境恶化；（7）绿色屏障锐减；（8）生物多样性减少；（9）垃圾成灾；（10）人口增长过快。环境条件的变化使人类逐渐意识到自身生存环境恶化的严重性和自我毁灭的可能性。

认真研究十大环境问题后发现，这些问题与岩土工程的关系非常密切。这里举例说明，见表1-1。

十大环境问题与岩土工程的关联性 表1-1

序号	环境问题	与岩土工程的关系
1	大气污染	空气中的污染物最终进入土层，影响土的工程性质和地下水
2	温室效应	影响土壤蒸发、土中水和污染物运移、冻土区冻融过程和稳定性
3	臭氧层减少	减少地球表层污染可保护臭氧层
4	土壤退化和荒漠化	影响岩土工程活动；岩土工程活动会影响土壤退化和荒漠化进程
5	水资源短缺和污染	影响岩土的物理力学性质和利用效率
6	海洋环境恶化	影响海岸带防护功能；影响海洋岩土工程性质和稳定性
7	绿色屏障减少	改变水的分布从而改变岩土体的工程性质
8	生物多样性减少	改变包括岩土体在内的环境运行模式
9	垃圾问题	影响地下水开发利用、影响岩土体稳定性
10	人口增长过快	影响土地开发利用模式从而改变岩土体状态

环境岩土工程学就是在这样的大背景下发展起来的，它既是一门应用性很强的工程科学，又是一门社会科学。

20世纪70年代，美国、欧洲核工业垃圾废物的处置和纽约Love河的污染问题引起了人们的关注，岩土工程师们在处理这些问题时起到了决定性作用。到了20世纪80年代，随着社会的发展，人们普遍感觉到原来的岩土工程学科研究范围已不能满足社会需求。随地基处理手段的发展和丰富，环境岩土工程研究的领域迅速扩大。进入 20 世纪 90 年代，人们考虑的问题已不再单单是工程本身的技术问题，而是把环境作为主要内容予以考虑。例如，大型水利工程中必须考虑上下游可能的生态变化、上游可能的边坡失稳、蓄水可能诱发的地震等。又如，采矿和冶炼工程尾矿库，其渗滤液可能造成地下水污染。工业和生活垃圾处置、城市建设和改造、居住环境升级改善等，不但要考虑工程本身的安全性、适用性，还要考虑对周边地上工程、地下工程、岩土体的影响。因此，岩土工程师面对的不仅是工程本身的技术问题，还必须考虑工程对环境和生态的影响。所以，必然吸收环境学、生态学、化学、土壤学、生物学、水文学等其他学科来解决这一综合问题。在此背景下，环境岩土工程学逐渐成为一门综合性和适应性很强的学科。

国际上以 1986 年在里海大学召开的第一届国际环境岩土工程学术讨论会作为环境岩土工程成为一门独立学科的标志。经过 30 多年的发展，环境岩土工程学科已经从原来作为岩土工程学科的一个分支，逐步发展成一个研究内容不断丰富的独立学科。

目前，我国在环境岩土工程领域的研究可谓是异军突起、方兴未艾，每年都会召开不同规模、不同议题的专业会议。研究内容涉及工程建设引起的环境岩土工程问题、自然灾害、区域环境、冻融问题、污染土壤和修复技术、碳环境、河湖泥沙利用、盐渍土开发利用、海绵城市建设、环境岩土工程试验和测试、垃圾和核素封存、地质环境和地方病等。

1.2　环境岩土工程的研究内容与分类

环境岩土工程是岩土工程与环境工程和生态工程等学科紧密结合发展起来的一门新兴学科，是工程与环境和生态协调、可持续发展和人与自然和谐相处背景下岩土工程学科的延伸与发展。目前，国外对环境岩土工程的研究主要集中于垃圾土、污染土的性质、理论、控制与处置等方面。国内则在此基础上有更大范围、更深层次的发展。就目前涉及的问题来分，可分为两大类。

第一类是人与自然环境之间的共同作用问题，这类问题主要是由自然灾变或自然规律引起的。由自然灾变引起的环境岩土工程问题包括地震、陆地和海洋滑坡、崩塌、泥石流、地面沉降、洪水、温室效应、水土流失、沙尘暴等；由自然规律引起的环境岩土工程问题有寒冷地区的冻融循环、季节变化引起的干湿循环等。

第二类是人类的生活、生产和工程活动与环境共同作用问题。这类问题主要由人类自身引起。例如，城市垃圾及工业生产中的废水、废液、废渣等有毒有害废弃物对生态环境的危害，工程建设活动如打桩、强夯、基坑开挖等对周围环境的影响，过量抽汲地下水引起的地面沉降，采矿对周围环境的影响、油气资源开采和地热开发引起的环境问题等。

表 1-2 列出了环境岩土工程的主要研究内容和分类。从表中可以看出，自然灾变诱发的环境岩土工程问题与人类活动引起的环境岩土工程问题之间是有联系的。例如，自然灾变导致的土壤退化、洪水灾害、温室效应等问题，也可能是由人类过度或不合理的生产或工程活动，破坏了原有平衡的生态环境造成的。比如水利建设可能诱发地震，西部缺水地区过度开采地下水会引起土壤退化，水库水位上升或下降会诱发滑坡等。另外，岩土材料或岩土体的开发利用，比如黄河泥沙用作建筑材料的研究，岩土体作为海绵城市和土层海

绵化载体的研究，也属环境岩土工程研究的范畴。

环境岩土工程的主要研究内容和分类 表 1-2

分类	成因	主要研究内容
自然灾变诱发	内因	地震灾害 火山灾害
	外因	土壤退化 洪水灾害 温室效应 特殊土地质灾害 滑坡、崩塌、泥石流 地面沉降、地裂缝、地面塌陷 冻融循环和干湿循环引起的灾害
人类活动诱发	生活生产活动	过量抽汲地下水引起地面沉降 土地开垦引起的水土流失 生活垃圾、工业有毒有害废弃物污染
	工程活动	采矿、采油、采气、采热对环境的影响 河湖泥沙开采和利用 库区水位上升或下降诱发地震和滑坡 基坑开挖对周围环境的影响 地基基础工程对周围环境的影响 地下工程施工对周围环境的影响 覆盖（锅盖）效应对下部土体和周围环境的影响 不透水铺装对地下水生态和地表水生态的影响 海绵城市建设

1.3 自然灾变诱发的环境岩土工程问题

自然灾变诱发的环境岩土工程问题主要指人与自然之间的共同作用问题。目前，人们在用岩土工程理论、技术和方法抵御自然灾变危害方面已经积累了一些经验。

1. 地震灾害

地震是一种危害性很大的自然灾害，不仅可以使地表产生一系列地质现象，如隆起、山崩、滑坡等，而且还可能引起各类工程结构的破坏，如地下结构破坏、隧道巷道失稳、房屋开裂倒塌、桥梁损毁、墩台倾斜歪倒等。

地震主要由地壳运动或火山活动引起。自然界大规模的崩塌、滑坡或地面塌陷也能够产生一定量级的地震，即塌陷地震。此外，采矿、地下核爆炸、水库蓄水或向地下注水等人类活动也可能诱发小型地震。

地震的研究重点包括地震烈度、工程地质条件对地震烈度的影响、不同烈度时建筑场地的选择、地震对各类工程建筑物的影响等，其目的是为不同地震烈度区的城市规划和防震设计提供依据。

2. 斜坡地质灾害

体积巨大的地质体在重力作用下沿斜坡向下运动，常常形成严重的地质灾害。在地形切割强烈、地貌反差大的地区，岩土体沿陡峻斜坡向下快速滑动可能导致人身伤亡和巨大财产损失。慢速的岩土体滑移虽然不会危害人身安全，但是也可能造成巨大的财产损失。

斜坡地质灾害可以由地震活动、强降水触发，但主要的作用营力来源于斜坡岩土体的自重。从某种意义上讲，这类地质灾害是内、外营力共同作用的结果。

有斜坡的地方就存在斜坡岩土体的运动，就有可能造成灾害。随着全球土地资源的日趋紧张，人类正大规模地在山地或丘陵斜坡上进行开发，这显然会增大斜坡变形的破坏规模和崩塌、滑坡的可能性。筑路、修建水库和露天采矿等大规模工程活动也是触发或加速斜坡岩土体产生运动的重要因素。

斜坡地质灾害，特别是崩塌、滑坡和泥石流，每年都造成巨额的经济损失和人员伤亡，其中大部分人员伤亡发生在环太平洋地带。环太平洋地带降水充沛、地形陡峻、岩性复杂、构造发育、地震活动频繁，为斜坡地质灾害的孕育和触发提供了物质条件。长期的人口集中和大规模经济活动，使得这类地质灾害在该地区趋于频繁和强烈。

崩塌、滑坡和泥石流灾害还会诱发多种间接灾害，如上游滑坡可导致水库部分功能失效，可能引起洪水泛滥、水土流失和交通阻塞（图1-1、图1-2）。

图 1-1　滑坡

图 1-2　泥石流

3. 地面变形地质灾害

广义上讲，地面变形地质灾害是指因内、外地质作用和人类活动而使地面形态发生变形或破坏，造成经济损失或人员伤亡的现象和过程。如构造运动引起的山地抬升和盆地下沉，抽取地下水、采矿、采油、采气、采热等人类活动造成的地裂缝、地面沉降和塌陷等（图 1-3）。

图 1-3 某地发生的地面变形

狭义上讲，地面变形地质灾害主要指地面沉降、地裂缝和岩溶地面塌陷等以地面垂直变形破坏或地面标高改变为主的地质灾害。

随着人类活动的加强，人为因素已经成为地面变形地质灾害的重要原因。因此，在发展经济、进行大规模建设和矿产开采过程中，必须对地面变形地质灾害及其可能造成的危害有充分认识，加强地面变形地质灾害成因、预测和防治措施研究，有效减轻地面变形地质灾害造成的社会影响和经济损失。

4. 地下水位升降

温室效应促使全球变暖，这可能会加长降雨历时、增大降雨强度，还会引起南北极和青藏高原冰雪消融，从而促使海平面上升。另外，气候变化会影响地下水位上升或下降。地下水位上升或下降引起的工程环境问题有浅基础地基承载力降低、地震液化效应加剧、震陷加剧、土壤沼泽化、土壤盐渍化、滑移、崩塌失稳等不良地质现象。

5. 特殊土地质灾害

特殊土是指某些具有特殊物质成分和结构、赋存于特殊环境中，易产生不良工程地质问题的区域性土，如黄土、膨胀土、盐渍土、软土、冻土、红土等。当特殊土与工程设施或工程环境相互作用时，常产生特殊土地质灾害。有时，把特殊土称为问题土或病土，意思是说，特殊土在工程建设中容易产生地质灾害或工程问题。

中国地域辽阔，自然地理条件复杂，在许多地区分布有不同特性的特殊土。深入研究它们的成因、分布规律、地质特征、工程性质，对解决特殊土面临的问题，避免或减轻灾害损失，提高经济效益和社会效益具有重要意义。

6. 温室效应

长期以来，人类不加节制、大规模地伐木燃煤，燃烧石油及石油产品，释放出大量二氧化碳。另外，工农业生产也排放出大量甲烷等派生气体。甚至有些排放行为是故意的或是放任的，比如2022年北溪管道泄漏事件将8万t甲烷直接排入大自然，2023年加拿大森林大火累计过火面积16万km²以上，排放二氧化碳10亿t以上。这些气体上升至大气层后，像棉被一样包裹着地球，具有很强的保温作用。致使气温不断上升，地球的生态平衡被不断破坏。据政府间气候变化专业委员会第四次科学评估报告，过去100年全球地表平均温度升高了0.74℃。据估算，21世纪末全球平均地表温度可能会比20世纪末升高1.1～6.4℃。全球大气主要温室气体年平均浓度见图1-4。

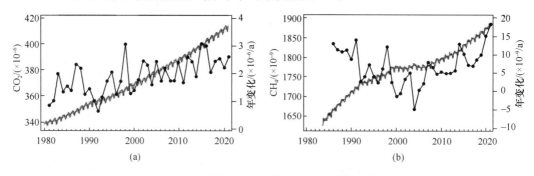

图1-4　全球大气主要温室气体年平均浓度

《2021年度气候状况报告》显示，2021年地球大气中的温室气体浓度和海平面均创下新高。主要温室气体二氧化碳、甲烷和一氧化二氮浓度均在持续增加。比如，2021年全球大气中的二氧化碳年平均浓度比2020年增加了2.6±0.1ppm，这是自1958年以来第5次高增长。

温室效应将促使全球海平面和沿海地区地下水位不断上升，土中有效应力下降，从而加重液化和震陷程度、降低地基承载力。还会导致河流水位上升、堤防能力降低、渗透破坏加剧、洪涝灾害加重、滑坡崩塌泥石流等环境问题加重等一系列问题。

1.4　人类活动引起的环境岩土工程问题

包括抽汲地下水、排弃废弃物等活动引起的环境岩土问题。

1.4.1　生产活动引起的环境岩土工程问题

1. 过量抽汲地下水引起的地面沉降

随着人口的不断增长，工农业生产规模不断扩大，全球性缺水问题日益严重。长期以来，人类在改造自然的同时，没有注意到环境保护的重要性，也没有采取必要的应对措施。淡水资源被污染后，原本就很有限的水资源越发不能满足人类的多样性需要。为满足需求，地下水被大量地不合理开采。当地下水不能得到及时补充时，必然引起地下水位下降。地下水位的下降会引起土中有效应力增加，进而引起地面沉陷。地面沉降常常造成地面塌陷、建筑物开裂、地下管线和设施损坏，从而带来巨大的社会影响和经济损失（图1-5）。

地面沉降主要与无计划抽汲地下水有关。当地下水的开采地点、开采层次、开采时间

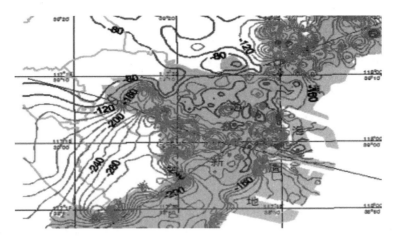

图 1-5　2013 年相对 2008 年滨海地面沉降等值线图（单位：mm）

过于集中时，地下水很难得到及时补充。集中过量抽取地下水，可使地下水的开采量大于补给量，从而导致地下水位不断下降，漏斗范围不断扩大。地下水开采模式的不合理或工业、厂矿布局的不合理，或水源地的过度集中，都会导致地下水位过大和持续下降。据上海市 20 世纪的统计，由地下水位下降引起的最大沉降当时达到了 2.63m。

除开采地下水之外，还有很多因素会引起地下水位降低。比如，河流的人工改道、截流，上游修建水库、大坝，上游新建或扩建水源地，矿床疏干，湿地开垦等。另外，工程活动如降水工程、施工排水也能造成局部地下水位下降。

通常，采用压缩用水量和回灌地下水等措施来制止或延缓地下水位下降。但随着时间的推移，人工回灌地下水的作用将逐渐减弱。到目前为止，除停止地下水开采之外，尚没有找到一个满意的解决办法。

2. 废弃物污染造成的环境岩土工程问题

随着社会的进步、经济的发展和人们生活水平的不断提高，城市废弃物总量与日俱增。这些废弃物不但污染环境、破坏城市景观，还传播疾病、威胁人类健康和生命安全。治理城市废弃物已成为世界各大城市面临的重大环境问题。

经济的快速发展提高了人们的生活水平，促进了人类社会文明进步，同时也产生了许多问题。越来越多的人口汇聚到城市，使城市人口膨胀。另外，人均垃圾废弃物数量也急剧增加。处理城市废弃物的任务越来越艰巨。废弃物如果不能合理处置，将对环境造成严重污染。目前，尚无法采用大规模资源化利用的方法解决数量如此庞大的废弃物。废弃物的贮存、处置和管理是目前亟待解决的重大课题。

处理废弃垃圾的主要方法是堆肥、焚烧和填埋。由于各地经济社会发展水平的差异和垃圾性质的不同，对生活垃圾处理技术的选择难以统一。总体而言，填埋法是目前和今后相当长的一个时期内垃圾处理的重要方法之一。

我国许多垃圾填埋场位于山谷之中（图 1-6），填埋场的稳定性计算和分析显得极为重要。因为一旦发生失稳破坏，往往需要耗费巨资才能修复，甚至根本无法补救，其后果不堪设想。

我国卫生填埋占用的土地面积至少在几千万平方米以上。这些填埋场大多在城市近

图 1-6　位于山谷中的垃圾填埋场

郊,其占用的土地具有很高的经济价值。因此,废旧填埋场的再利用已经成为人们关注的问题。废旧填埋场的再利用包括两方面:一是在原有老填埋场上继续填埋生活垃圾,从而可节省建设新填埋场所需的大量资金;二是对已稳定的填埋场进行处理,用于修建公园、种植经济树木或建造构筑物等。

3. 放射性废物的地质处置

核工业的发展产生了各种形式的核废物。核废物具有放射性和放射毒性,会对人类及其生存环境构成威胁。因此,核废物的安全处理与处置,在很大程度上影响着核工业的前途和生命力,制约着核工业特别是民用核工业的发展。

按放射性水平的不同,核废物可分为高放废物和中低放废物。高放废物的放射性水平高、毒性大、发热量大,放射性元素的半衰期长。因此,高放废物的处理与处置是核废物管理中最重要、最复杂的课题。

可通过三种途径消除放射性废物对生态环境的危害,即核嬗变法、稀释法和隔离法。隔离法又可分为地质处置、冰层处置、太空处置等。核嬗变法是一种化学元素转化成另外一种元素,或一种化学元素的某种同位素转化为另一种同位素的方法。目前,嬗变处理法尚处于探索阶段。稀释法不适宜于高放废物。而冰层处置法和太空处置法还仅是一种设想。因此,高放废物最现实可行的方法是地质处置法。

深地质处置是高放废物地质处置最主要的形式,即把高放废物埋在距离地表深 500～1000m 的地质体中,使其永久与人类的生存环境隔离。深地质处置法隔离放射性核素是基于多重屏障的概念。该屏障是由废物体、废物包装容器及回填材料组成的人工屏障和由岩石与土壤组成的天然屏障组成。实现这一隔离目标的关键是确保天然屏障和人工屏障有效。前者与场地的地质和力学稳定性及地下水有关,可通过选取有利场地、有利水文地质条件和有利围岩来实现;后者可通过完善的处置库设计和优良的固化体、包装和回填材料实现。核废料深层地质储存见图 1-7。

开发处置库是一个长期的系统过程,一般须经过基础研究、处置库选址、场址评价、地下实验室研究、处置库设计、建设和关闭等阶段。其中,地下实验室研究是建设处置库不可缺少的重要阶段。各国在进行选址和场址评价的同时还开展大量研究和开发,主要包

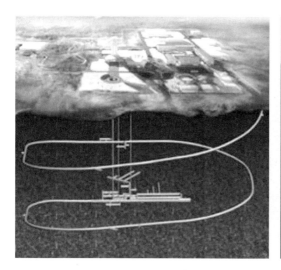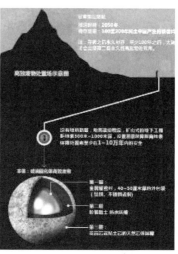

图 1-7　核废料深层地质储存

括处置库的设计、性能评价、核素迁移、人工屏障研究等。

1.4.2　工程活动引起的环境岩土工程问题

随着社会和经济的快速发展，人们对美好生活的向往与城市基础设施相对落后之间的矛盾日益加剧。道路、房屋、管线、公园、绿地、地下工程等基础设施需要不断更新和改善。由于施工空间狭小，地上、地下环境复杂，各类建筑、市政工程和地下结构施工，如基坑开挖、打桩、降水、强夯、注浆、冻结、回填、隧道与地下洞室掘进等活动，都有可能对周围土体的稳定性和地上地下工程与设施的安全与健康产生重大影响。例如，人工降水会引起地下水流动模式发生改变，影响地下水位深度和流速，从而诱发局部地表沉陷，劣化地面建筑物和道路等设施的安全与健康。地面沉陷会进一步引起建筑物倾斜、开裂甚至损坏；或引起给水管、污水管、煤气管及通信电力电缆等地下管线断裂或损坏，造成给水排水系统中断、煤气泄漏和通信线路中断等事故，给工程建设、人民生活和国家财产带来巨大损失。

上述问题的主要原因是对施工引起的岩土体性质改变和施工中结构与周边环境变形、失稳、破坏发展过程认识不足，或者虽对此有所认识，但没有合理的处理解决。由于岩土工程的区域性和个性都十分强烈，加上施工方法和施工模式的快速发展和更新，工程活动对周围环境的影响越来越复杂。

除此之外，矿山采空区的稳定性，采油、采气、采热等工程活动对地表环境的影响，库区水位上升或下降诱发的地震和滑坡，地下工程施工对周围环境的影响，广场、道路、机场等场所的不透水铺装引起的覆盖效应对地基冻融过程和土壤水气运移的影响等，都属于工程活动引起的环境岩土工程问题范畴（图 1-8、图 1-9）。

图 1-8　地下工程施工不当引起的环境岩土工程问题

图 1-9　某渣土填埋场尾矿坝失稳引起的滑坡

思考与练习

1. 什么是环境岩土工程?
2. 自然灾变引起的环境岩土工程问题有哪些?
3. 人类活动引起的环境岩土工程问题有哪些?

第 2 章　大环境岩土工程问题

大环境岩土工程问题主要是指人与自然之间的共同作用问题，包括山洪、滑坡、泥石流、地震、火山等。多年来，人类在采用岩土工程方法抵御自然灾变危害方面，已经积累了丰富的经验。本章介绍大环境岩土工程问题及防治措施。

2.1　山洪

山洪是我国乃至全球发生频率高、破坏程度大的一种严重自然灾害，每年都会造成大量人员伤亡和重大财产损失。

2.1.1　有关概念

山洪是指山区溪沟中因积雪融化或大雨之后，自山上突然奔泻而下的暴涨洪水。山洪具有突发性、水量集中、流速大、冲刷破坏力强、危害大等特点。山洪暴发后，水流中一般都挟带着泥沙甚至石块，常常造成局部性洪灾，如图 2-1 所示。

图 2-1　山洪

山洪同一般洪水的显著差别是其含沙量远大于一般洪水，密度可达 $1.3t/m^3$，但它又小于泥石流的含沙量（密度常常大于 $1.3t/m^3$）。随山洪中泥沙挟带量的增加，其性质将产生变化。在运动过程中，山洪和泥石流可相互转化。由于性质差别明显，山洪和泥石流的研究方法有很大差异。山洪一般用水力学和河流动力学的方法进行研究，而单纯的水力学方法难以解决泥石流问题。

2.1.2　山洪的分类

按其成因，山洪可分为以下几种类型。

（1）暴雨山洪：在强烈暴雨作用下，雨水迅速由坡面向沟谷汇集，形成强大的洪水冲出山谷。

（2）冰雪山洪：由于迅速融雪或冰川迅速融化而成的雪水直接形成洪水向下游倾泻形成。

（3）溃坝山洪：拦洪、蓄水设施或天然坝体突然溃决，所蓄水体破坝而出形成溃坝山洪。

以上几种成因可能单独作用，也可能联合作用。上述几种山洪中，暴雨山洪在我国分布最广，暴发频率最高，危害也最严重。本章主要介绍暴雨山洪。

2.1.3　山洪的形成条件

山洪的形成受水源条件、地形地貌条件、地质条件与人类活动影响，其中最主要和最活跃的因素是水源条件。

1. 水源条件

山洪的形成必须有快速、强烈的水源供给。我国是一个多暴雨国家，大部分地区都有暴雨出现。强烈的暴雨侵袭，往往造成不同程度的山洪灾害。表2-1是降雨分级情况。

降雨量分级表（单位：mm）　　　　　　　　表2-1

级别	微雨	小雨	中雨	大雨	暴雨	大暴雨	特大暴雨
24h	<0.1	0.1～10.0	10.1～25.0	25.1～50	50.1～100	100.1～200	>200
1h	<0.1	0.1～2.0	2.1～5.0	5.1～10	10.1～20.0	20.1～40	>40

2. 地形地貌条件

地形是指地势高低起伏的变化，即地表的形态。包括高原、山地、平原、丘陵、台地、盆地六大基本地形，可以用等高线绘制的地形图表示。我国地形复杂，山区广大。按分布百分率计，我国山地面积占33%、高原面积占26%、丘陵面积占10%。由山地、丘陵和高原构成的山区面积超过全国面积的2/3。在我国的广大山区，每年几乎都有不同程度的山洪发生。

陡峻的山坡坡度和沟道纵坡为山洪发生提供充分的流动条件。由降雨产生的径流在高差大、切割强烈、坡度陡峻的山区，有足够的动力顺坡而下，并向沟谷汇集，极易快速形成强大的洪峰流量。

起伏的地形对降雨影响也极大。湿热空气在运动中遇到山岭障碍，气流将沿山坡上升。水汽升得越高，受冷越深，容易凝结成雨滴而发生降雨。地形雨多降落在山坡的迎风面，而且往往发生在固定的地方，比如2023年7月底8月初北京门头沟、房山的特大暴雨。从理论上分析，暴雨主要出现在空气上升运动最强烈的地方。地形有抬升气流、加快气流上升的作用。因而山区的暴雨往往大于平原，这也为山洪的形成提供了更加充分的水源。

3. 地质条件

地质条件对山洪的影响主要表现在两个方面：一是为山洪提供固体物质；二是影响产流与汇流。

山洪多发生在地质构造复杂，地表岩层破碎，滑坡、崩塌、错落发育地区。这些不良地质现象为山洪提供了丰富的固体物质来源。此外，岩石的物理、化学风化及生物作用也形成松散的碎屑物，在暴雨作用下参与山洪运动。雨滴对表层土壤的冲蚀及地表水流对坡面及沟道的侵蚀，也极大地增加山洪中的固体物质含量。

岩石的透水性影响流域的产流与汇流速度。一般说来，透水性好的岩石有利于雨水的渗透。在暴雨时，一部分雨水很快渗入地下，表层水流也易于转化成地下水，使地表径流减小，这对洪峰流量有削减作用；而透水性差的岩石不利于雨水渗透，地表产流多，速度快，有利于山洪的形成。

构成流域的岩石性质，滑坡、崩塌等现象，为山洪提供物质来源，决定着山洪破坏力的大小。但决定山洪是否形成以及在什么时候形成，一般并不取决于地质变化过程。换而言之，地质变化过程只决定山洪中挟带泥沙多少的可能性，并不决定山洪何时发生。因而山洪是一种水文现象而不是一种地质现象，但是地质因素在山洪形成过程中起着十分重要的作用。

4. 土壤与植被条件

土壤厚度对山洪形成影响很大。一般说来，厚度越大，越有利于雨水的渗透与蓄积。减小和减缓地表产流，对山洪的形成有抑制作用；反之，则对山洪有促进作用。

森林植被对山洪的影响主要表现在两个方面：一是森林通过林冠截留降雨；二是枯枝落叶层吸收雨水并加速入渗，从而影响地表径流量。

5. 人类活动

就其自然属性来讲，山洪是山区水文气象条件和地质地貌因素共同作用的结果，是客观存在的一种自然现象。由于人类生存的需要和经济建设的发展，人类的经济活动越来越多地向山区拓展。人类活动增强，对自然环境影响增大，这必然增加形成山洪的松散固体物质，从而有助于山洪形成，增大洪峰流量。导致山洪活动性增强，规模增大，危害加重。

在人类活动向山区拓展过程中，若开发不当，则可能破坏生态平衡，促进山洪暴发。例如，不合理的森林采伐导致山坡荒芜、山体裸露，加剧水土流失；烧山开荒，陡坡耕种同样使植被遭到破坏而导致环境恶化。缺乏森林植被的地区在暴雨作用下，极易形成山洪。山区修路、建厂、采矿等工程建设项目形成的弃渣堆积于坡面和沟道中，极易促进山洪形成。陡坡垦殖、改沟造田、侵占沟道等活动，会压缩过流断面，致使排洪不畅，必然会增大山洪规模和危害范围。山区建设过程中，若山坡失去稳定性，会引起滑坡与崩塌；若弃土处置不当，则会堵塞排洪沟道，降低排洪能力。

2.1.4 山洪的防治

当山洪通过承灾体，例如城镇、工厂、村庄、农田、自然资源、道路和桥梁等工程建筑物时就会形成灾害。山洪灾害具有突发性、破坏性、时空性，其防治原则如下。

（1）坚持"以防为主，防治结合""以非工程措施为主，非工程措施与工程措施相结合"的原则。

（2）坚持"全面规划、统筹兼顾、标本兼治、综合治理"原则。根据山洪灾害防治的特点，统筹考虑国民经济发展、保障人民生命财产安全等多方面要求，做出全面规划，并与改善生态环境相结合，做到标本兼治。

（3）坚持"突出重点、兼顾一般"原则。山洪灾害防治要统一规划，分级分部门实施，确保重点，兼顾一般。采取综合防治措施，按轻重缓急要求，逐步完善防灾体系，逐步实现近期和远期规划的防治目标。

（4）坚持"因地制宜、经济实用"原则。山洪灾害防治点多面广，防治措施应因地制宜。既要重视应用先进技术和手段，也要充分考虑山区现实状况，尽量采用经济实用的设施、设备和方法，广泛、深入地开展群策群防工作。

山洪防治包括非工程措施与工程措施。非工程措施主要包括加强防灾宣传、开展灾害普查、建设监测预警系统、落实责任制、编制预案、搬迁避让、政策法规建设和防灾管理等。工程措施主要包括山洪沟治理、泥石流沟及滑坡治理、病险水库除险加固、水土保持等。

我国一贯重视山洪灾害防治工作。据我国山洪灾害防治网提供的消息，2022年我国多地发生强降雨过程，山洪灾害频发。各地政府、有关部门和水利工作者未雨绸缪、科学谋划，不断夯实山洪灾害防御基础、建立健全山洪灾害防御应急响应机制，全力保障人民群众生命财产安全。对湖南江华"6.22"、广西龙胜"6.22"、广东连南"6.20"等山洪灾害的预警准确，人员转移迅速，实现了成功避险。

2.2　滑坡

我国是一个山地和丘陵面积占比很大的国家，滑坡在全国各地均有发生，甚至包括偏远地区的填埋场。

2.2.1　有关概念

滑坡是指斜坡上大量的土体或岩体在重力作用下，沿一定软弱面（或带）整体向下滑动的现象，是斜坡破坏的常见形式，如图2-2所示。

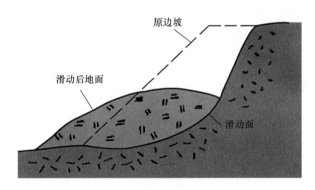

图2-2　典型滑坡

滑坡是山区公路、铁路中经常遇到的一种地质灾害。山坡或路基边坡发生滑坡，常使交通中断，影响公路正常使用。图2-3所示为甘肃省临夏州永靖县刘家峡镇国道213线k82+700～800m段发生的滑坡，滑坡体土方约$1.6\times10^4\text{m}^3$。

图 2-3 山体滑坡

2.2.2 要素及形态

发育完全的典型滑坡一般都有下列基本组成部分，如图 2-4 所示。

1. 滑坡体

滑坡体是指斜坡内沿滑动面向下滑动的那部分岩土体。这部分岩土体虽然经受了扰动，但是大体上仍保持着原来的层位和结构构造上的特点。滑坡体和周围不动岩土体的分界线，称为滑坡周界。滑坡体的体积大小不等，大型滑坡体可达几千万立方米。

2. 滑坡面

滑坡面是滑动体与下面不动滑坡床之间的分界面。有的滑坡有明显的一个或几个滑动面；有的滑坡没有明显的滑动面而有一定厚度的由软弱岩土层构成的滑动带。

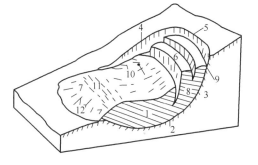

1—滑坡体；2—滑动面；3—滑坡床；4—滑坡周界；5—滑坡壁；6—滑坡台阶；7—滑坡舌；8—张裂隙；9—主裂隙；10—剪切裂隙；11—鼓胀裂隙；12—扇形裂隙

图 2-4 滑坡形态要素

滑动面的形状随着斜坡岩土体的成分和结构的不同而不同。在均质黏性土和软岩中，滑动面近于圆弧形。滑坡体沿岩层层面或构造面滑动时，滑动面多呈直线形或折线形。大多数滑动面由软弱岩土层层理面或节理面等软弱结构面贯通而成。由于滑动时的摩擦，滑动面常常是光滑的，有时有清楚的擦痕。滑动面附近的岩土体，遭受风化破坏也较厉害。滑动面附近的岩土体通常是潮湿的，甚至达到饱和状态。许多滑坡的滑动面常常有地下水活动，在滑动面出口附近常有泉水出露。确定滑动面的性质和位置，是进行滑坡整治的先决条件与主要依据。

3. 滑坡床和滑坡周界

滑坡面下稳定不动的岩土体，称为滑坡床。平面上滑坡体与周围稳定不动的岩土体分界线，称为滑坡周界。

4. 滑坡壁

滑坡体滑落后，滑坡后部和斜坡未动部分之间形成的一个陡度较大的陡壁称滑坡壁。

滑坡壁实际上是滑动面在上部的露头。滑坡壁的左右呈弧形向前延伸，其形态呈"圈椅"状，称为滑坡圈谷。

5. 滑坡台阶

滑坡体各部分下滑速度差异或滑坡体沿不同滑面多次滑动，在滑坡上部形成的阶梯状台面，称为滑坡台阶。滑坡台阶的台面往往向着滑坡壁倾斜。

6. 滑坡舌和滑坡鼓丘

滑坡体的前部如舌状向前伸出的部分，称为滑坡舌。滑坡体在向前滑动的时候，如果受到阻碍，就会形成隆起的小丘，称为滑坡鼓丘。

7. 滑坡裂隙

在滑坡运动时，由于滑坡体各部分的移动速度不均匀，在滑坡体内及表面所产生的各种裂隙统称为滑坡裂隙。在滑坡体的不同位置，因受力性质不同，滑坡裂隙的几何特征不同。滑坡后缘有一系列与滑坡壁平行的弧形张拉裂隙。其中，沿滑坡壁向下的张裂隙最深、最长、最宽，称为主裂隙。另外，还有滑坡体两侧周界生成的与周界线斜交的剪切裂隙；滑坡体前缘鼓丘上形成的与滑动方向垂直的鼓胀裂隙；滑坡舌处形成与舌前缘垂直的扇形扩散张拉裂隙。

2.2.3 滑坡的分类

滑坡形成于不同的地质环境，并表现为各种不同的形式和特征。滑坡分类的目的在于对各种环境和现象特征以及各种因素进行概括，以便正确反映滑坡规律。在实际工作中，可利用科学的滑坡分类去指导勘察工作，衡量和鉴别给定地区产生滑坡的可能性，预测斜坡的稳定性及制定相应的防滑措施。

目前滑坡的分类方法很多，各方法所侧重的分类原则不同。下面介绍我国常用的几种滑坡分类方法。

1. 按滑动面与层面的关系分类

（1）均质滑坡

发生在均质的没有明显层理的岩体或土体中的滑坡，称为均质滑坡。滑动面不受层面控制，而受控于斜坡应力状态与岩土体抗剪强度。滑面呈圆柱形或其他二次曲线形。均质滑坡在黏性土和黄土中较为常见，如图2-5（a）所示。

（2）顺层滑坡

这种滑坡一般是指沿着岩层层面发生滑动。特别是有软弱岩层存在时易成为滑坡面，

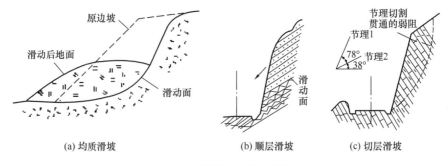

(a) 均质滑坡　　　　　　　(b) 顺层滑坡　　　　　　　(c) 切层滑坡

图 2-5　滑坡滑面与层面的关系

如图 2-5（b）所示。那些沿着断层面、大裂隙面的滑动，以及残坡积物顺其与下部基岩的不整合面下滑均属顺层滑坡。顺层滑坡是自然界分布较广的滑坡，而且规模较大。

（3）切层滑坡

滑坡面切过岩层面而发生的滑坡称为切层滑坡。滑坡面常呈圆柱形或对数螺旋曲线，如图 2-5（c）所示。

2. 按滑坡力学特征分类

（1）推移式滑坡

主要是由于斜坡上部张开裂缝发育或因堆积重物和在坡上部进行工程建设或地表水沿张拉裂隙渗入滑体等原因引起滑体上部局部破坏，上部滑动面局部贯通，向下挤压下部滑体，最后导致整个滑体失稳，如图 2-6（a）所示。

（2）牵引式滑坡

滑体下部首先失稳发生滑动，逐渐向上扩展，使上部滑体受到牵引而跟随滑动，如图 2-6（b）所示。主要有由于斜坡底部受河流冲刷或人工开挖引起的滑坡。

（3）混合式滑坡

始滑部位上、下结合，共同作用，如图 2-6（c）所示。混合式滑坡比较常见。

（4）平移式滑坡

滑动面一般较平缓，始滑部位分布于滑动面的许多点。这些点同时滑移，逐渐发展成整体滑动，如图 2-6（d）所示。

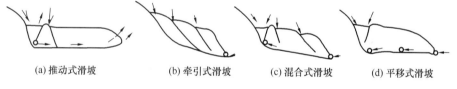

(a) 推动式滑坡　　　(b) 牵引式滑坡　　　(c) 混合式滑坡　　　(d) 平移式滑坡

图 2-6　滑坡的动力学类型

3. 按滑坡的主要物质组成分类

（1）堆积层滑坡

发生在各种松散堆积层中的滑坡，称堆积层滑坡。为工程中常见的一种滑坡类型，多出现在河谷缓坡地带或山麓的坡积、堆积及其他重力堆积层中。它的产生往往与地表水、地下水的直接参与有关。滑坡体一般多沿下伏基岩顶面、不同成因堆积物的接触面、堆积层本身的松散层面滑动。滑坡体厚度一般为几米到几十米不等。

（2）黄土滑坡

发生在黄土层中的滑坡称黄土滑坡。它的产生常与黄土固有的垂直裂隙及黄土的湿陷性有关，多见于河谷两岸高阶地的前缘斜坡上，常成群出现。其中，有些滑坡的滑动速度很快，变形剧烈，破坏力极强。

（3）黏土滑坡

发生在均质或非均质黏土层中的滑坡，称黏土滑坡。黏土滑坡的滑动面呈圆弧形，滑动带呈软塑状。黏土的干湿效应明显，干缩时多张裂，遇水作用后呈软塑或流动状态，抗剪强度急剧降低，多发生在干旱雨后或受水作用后。

（4）基岩滑坡

发生在各种基岩岩层中的滑坡，属基岩滑坡。它多沿岩层层面、裂隙面、断层面或其他构造软弱面滑动。基岩滑坡多发生在由砂岩、页岩、泥岩、泥灰岩以及片理化岩层（片岩、千枚岩等）组成的斜坡上。

2.2.4　滑坡的形成条件和影响因素

为更好地进行滑坡预报，防止和治理滑坡灾害，须了解滑坡形成的条件及影响因素。

1. 滑坡形成条件

滑坡的发生，是斜坡岩土体平衡条件遭到破坏的结果。滑坡的形成可通过斜坡的受力状况来解释。滑坡总是沿一定的滑移面运动，滑坡岩土体自重沿滑动面可分解为两个分力：一个是岩土体下滑的驱动力 T；另一个是垂直滑动面的正压力 N，该力是产生滑面阻力的主要原因，如图 2-7 所示。

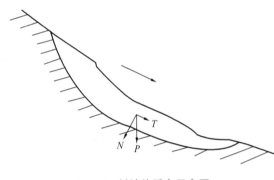

图 2-7　斜坡体受力示意图

斜坡的稳定性可通过阻力与驱动力之比来评价。如果斜坡的抗滑力与驱动力之比大于 1，即阻力超过驱动力，斜坡是稳定的。若两者之比接近 1，则斜坡处于不稳定状态。据此可以理解，任何减少阻力或增加驱动力的活动都会使斜坡的稳定性降低，增大下滑概率。例如，在坡脚开挖公路，如果开挖的部分切割滑体前缘即滑动面较缓的部分，尽管滑体部分土体被移走，减少了部分驱动力，但同时滑床也被去除一部分。滑动面的长度减少了，滑动面阻力也减少，而且由于去除的是滑动面较缓的部分，阻力的减少远远大于驱动力的减少量，有可能使原先稳定的斜坡变得不稳定。

当斜坡受外动力作用，原有的应力平衡状态被破坏时，局部应力集中，超过岩土体的力学强度，就会引起剪切破坏面或拉裂面的不断扩大并相互连通，导致岩土体与母体分离，就会发生滑坡。

因此可得出结论，滑坡形成的条件为形成一个贯通的滑动面并且总下滑驱动力大于抗滑阻力。

2. 滑坡影响因素

影响斜坡稳定性的因素十分复杂，可概括为内部条件和外部因素。内部条件主要包括组成斜坡岩土体的性质、地质构造、地形地貌等，对滑坡的形成起控制作用。外部因素包括地下水与地表水的作用、岩石风化、地震以及人为因素等。其中，水的作用是影响斜坡稳定性最重要、最活跃的外部因素。

（1）斜坡岩土体的岩性

斜坡岩土体的性质及其结构是形成滑坡的物质基础。坚硬完整岩体构成的斜坡，一般不易发生滑坡。只有当这些岩体中含有向坡外倾斜的软弱夹层、软弱结构面，且能够形成贯通滑动面时才能形成滑坡。各种易于亲水软化的土层和一些软质岩层组成的斜坡，容易发生滑坡。容易产生滑坡的土层有膨胀土、黄土以及黏性的山坡堆积层等。它们有的与水作用容易膨胀和软化；有的结构疏松，透水性好，遇水容易崩解，强度和稳定性容易受到破坏。容易产生滑坡的软质岩层有页岩、泥岩、泥灰岩等遇水易软化岩层。此外，千枚岩、片岩等在一定条件下也容易产生滑坡。

（2）地质构造

埋藏于土体或岩体中，倾向与斜坡一致的层面、夹层、基岩顶面、古剥蚀面、不整合面、层间错动面、断层面、裂隙面、片理面等，一般都是抗剪强度较低的软弱面。当斜坡受力情况突然变化时，都可能成为滑坡滑动面。如黄土滑坡的滑动面，往往是下伏的基岩面或黄土层面；有些黏土滑坡的滑动面是自身的裂隙面。

（3）地形地貌

斜坡的存在使滑动面能在斜坡前缘临空出露，这是滑坡产生的先决条件。同时，斜坡的高度、坡度、形状等要素影响斜坡内的应力状态，后者的变化可导致斜坡趋于稳定或失稳。当斜坡越陡、高度越大或斜坡中上部突起而下部凹进，且坡脚无抗滑地形时，滑坡容易发生。我国山区地形切割强烈，滑坡分布较集中，形成的规模大，危害也很严重。坡度越大，势能越高，软弱面也越暴露，斜坡越易于失稳。在两级台阶的过渡地带，地形相对切割强烈，滑坡灾害分布广泛，灾情严重。

（4）水文地质条件

滑坡区地下水和渗入滑体的地表水都能促进滑坡的形成和发展。其主要作用是增加滑体重量；湿润滑带使其抗剪强度降低；地下水和滑带岩土体相互作用，不断改变岩土体性质和强度；地下水流动和水位升降引起静水压力和动水压力。滑坡区的地下水和渗入滑体的地表水都受降雨补给，因此降雨是滑坡产生的重要诱因。

（5）地震作用

地震也是造成斜坡破坏最重要的触发因素。许多大型滑坡的发生与地震密切相关。例如，发生于 2008 年 5 月 12 日的汶川地震，诱发了至少 2 万处滑坡，造成了严重灾难。

地震对斜坡稳定性的影响主要包括以下几个方面。从震源开始分布于地壳中的弹性振动，向周围介质传递时具有一定的加速度，因此便产生地震作用，其数值等于加速度与物体质量的乘积。同时，地表物体和建筑物内部将产生一种与地震作用大小相等、方向相反的惯性力。因此地震总会在斜坡内引起附加应力。此外，地震还会使饱水的砂质斜坡因振动而液化，使抗滑力减小。

（6）人类工程活动

人类工程活动不当，常常引起短期甚至十几年后发生滑坡。如采矿、修筑房屋、建设公路铁路等开挖地堑、开挖坡脚都可能引起斜坡体失稳而形成滑坡。由于建筑、填方、筑堤等在斜坡上增加荷载可使斜坡难以支撑过大重量而失去平衡。边坡削方挖土，则会使坡脚下部失去支撑，导致滑坡发生。采空区沉陷会造成倾斜坡角增大和地面不均匀变形，激发滑坡发生。此外，水库蓄水、泄洪以及爆破、重型运输等引发的荷载，乱砍滥伐引起的水土流失和破坏，均可能成为斜坡失稳滑动的诱发因素。

2.2.5　滑坡体发展过程

滑坡体的发展过程大致可分为四个阶段。

1. 蠕滑阶段

斜坡内部由于软弱面的存在及应力分布不均匀，某一部分出现缓慢变形。主要表现为斜坡眉峰、顶面出现张开裂缝，内部产生张裂隙、剪裂面或原有结构面张裂，并逐步向连通性滑动发展。在此阶段，斜坡前部岩土体会沿软弱面向临空方向缓慢位移。

2. 滑动阶段

当若干裂隙渐渐贯通或软弱层中形成一个整体移动面时，蠕滑岩土体的后部及两侧主裂缝连通，两侧羽毛状裂缝形成，前部会断续出现鼓胀裂缝和不连续放射状裂缝。此时，滑坡体形成。

3. 剧滑阶段

随着滑坡体滑移速度加快，后缘张裂缝急剧张开，并发生错动。两侧及前缘表部坍塌，滑坡体快速向前运动，经常发出岩石挤压破碎响声。当滑移速度很大时，甚至会产生气浪。有时随滑坡体伸出，流出大量泥水，后壁不断坍塌。此阶段是滑坡破坏力最强，造成危害最大的时期。

4. 稳定阶段

经快速滑移后，滑坡体重心降低，能量逐渐消耗于克服滑床阻力和滑坡体内部变形之中。加之部分地下水的排出使滑动带土石强度有所恢复，滑坡体滑速逐渐降低并最终趋于稳定。

在上述4个阶段中，剧滑阶段不是一个必有阶段。有的滑动面倾角较平缓，抗滑地段（滑面）较长，可以不出现剧滑阶段，而由滑动阶段直接进入稳定阶段。有的滑坡主要表现为剧滑，在较短时间内即完成滑动过程，而蠕滑滑动阶段不明显。

2.2.6 滑坡的野外识别

滑坡的野外识别是滑坡勘察的基本任务之一。斜坡在发生滑动之前，常有一些先兆现象，如地下水位发生显著变化，干涸的泉水重新出水并且浑浊，坡脚附近湿地增多，范围扩大；斜坡下部不断下陷，外围出现弧形裂缝，坡面树木逐渐倾斜，建筑物开裂变形；斜坡前缘土石零星掉落，坡脚附近土石被挤紧，并出现大量鼓张裂缝等。

斜坡滑动之后，会出现一系列变异现象。这些变异现象，是滑坡野外识别的标志，主要有以下几种。

1. 地形地貌及地物标志

滑坡往往造成斜坡上出现圈椅状和马蹄状地形，其上部有陡壁及弧形拉张裂缝；滑坡中部坑洼起伏，有一级或多级台阶，其高程和特征与外围河流阶地不同，两侧可见羽毛状剪切裂缝；下部有鼓丘，呈舌状向外突出，有时甚至侵占部分河床，表面多鼓张扇形裂缝；两侧常形成沟谷，出现双沟同源现象（图2-8）；有时内部多积水洼地，喜水植物茂盛；有"醉汉林"（图2-9）及"马刀树"（图2-10）和建筑物开裂、倾斜等现象。

2. 地层构造标志

滑坡范围内地层的整体性常因滑动而破坏，有扰乱松动现象。层位不连续，出现缺失某一地层、岩层层序重叠或层位标高有升降等变化；岩层产状发生明显变化；构造不连续（如裂隙不连贯、发生错动）等，都是滑坡存在的标志。

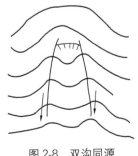

图2-8 双沟同源

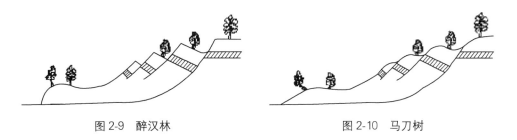

图 2-9　醉汉林　　　　　　　　　　　图 2-10　马刀树

3. 水文地质标志

滑坡地段含水层的原有状况被破坏，使滑坡体成为单独含水体，水文地质条件变得特别复杂，无规律可循。如潜水位不规则、无一定流向，斜坡下部有成排泉水溢出等。这些现象均可作为识别滑坡的标志。

上述各种变异现象是滑坡的产物，它们之间有不可分割的内在联系。因此，在实践中必须综合考虑几个方面的标志，不能根据某一标志，就轻率地得出结论。

2.2.7　滑坡的防治

1. 滑坡防治的原则

滑坡的防治原则是以防为主、整治为辅；查明因素，综合整治；一次根治，不留后患。在工程位置选择阶段，尽量避开可能发生滑坡的区域，特别是大型、巨型滑坡区域；在工程场地勘察设计阶段，必须进行详细的工程地质勘察，对可能产生的新滑坡，采取正确、合理的工程设计，避免新滑坡产生；对已有的老滑坡要防止其复活；对正在发展的滑坡进行综合整治。整治措施应在查明滑动原因、滑动面位置等主要问题的基础上有针对性提出。

2. 滑坡防治的措施

在无法避开滑坡的前提下，要对滑坡进行治理。常用的整治措施有以下几类。

（1）排水

水的作用是滑坡发生的主要诱因。因此，在滑坡防治中往往要排除地表水或地下水，减少水对滑坡岩土体的冲蚀和浮托力，同时增大滑带土的抗剪强度。有的滑坡在疏干滑带地下水之后就稳定了。在整治初期，由于采取一些排除地表水或地下水措施，往往能收到防止或减缓滑坡发展的效果。

地表排水的目的是拦截滑坡范围以外的地表水流入滑体，使滑体范围内的地表水排出滑体。地表排水工程可采用截水沟（图 2-11）和排水沟。

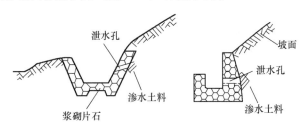

图 2-11　截水沟

排除地下水是通过地下建筑物拦截、疏干地下水以及降低地下水位，来防止或减少地下水对滑坡的影响。根据地下水的类型、埋藏条件和施工条件，可采用的地下排水工程有截水盲沟、支撑盲沟、边坡渗沟、排水隧洞以及设有水平管道的垂直渗井、水平钻孔群和渗管等。其中，截水盲沟排水如图 2-12 所示，平孔排水如图 2-13 所示。

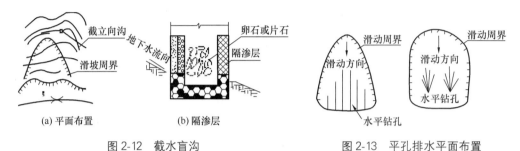

图 2-12　截水盲沟　　　　　　　　　　图 2-13　平孔排水平面布置

（2）削方减载

这种措施施工方便、技术简单，在滑坡防治中广泛采用。主要做法是将滑体上部岩土体清除，降低下滑力。清除的岩土体可堆筑在坡脚，起反压抗滑作用。

如果滑体规模不大、深度小，可考虑将不稳定的岩土体挖掉，以彻底消除隐患。但必须考虑开挖后边坡稳定性和表面复杂条件发生了变化，因而要论证是否会产生新的滑面和由此引发的连锁反应。

若滑坡规模较大、坡度较陡，可以削坡（图 2-14）以减小滑坡体自重。要注意进行稳定性验算，还要结合地质条件特别是结构面产状来判定坡体是否稳定。

图 2-14　通过削方减载防止再次滑坡的兰州九州滑坡

（3）修建支挡结构

根据斜坡的稳定状态，用减小下滑力增大抗滑力的方法，使滑坡不再滑动。常用的支挡结构有挡土墙、抗滑桩和锚固方法。

由于施工时破坏小、收效快，抗滑挡墙（图2-15）在整治滑坡中经常被采用。对于中小型滑坡可以单独采用，对于大型复杂滑坡，抗滑挡墙可作为综合措施的一部分。同时还要做好排水。设置抗滑挡墙时必须弄清滑坡的滑动范围、滑动面层数及位置、推力方向和大小等。要查清挡墙基底情况，否则会造成挡墙变形，甚至挡墙随滑体滑动而失效。

抗滑桩是以桩作为抵抗滑坡滑动的工程构筑物，如图2-16所示。这种工程措施像是在滑体和滑床间打入一系列铆钉，使两者成为一体，从而使滑坡稳定。可采用木桩、钢管桩、混凝土桩和钢筋混凝土桩等。

锚固是近二十多年发展起来的新型抗滑加固方法，包括锚杆加固和锚索加固。通过对锚杆或锚索预加应力，能增大垂直滑动面的法向压应力，从而增加滑动面抗剪强度，阻止滑坡发生（图2-17）。

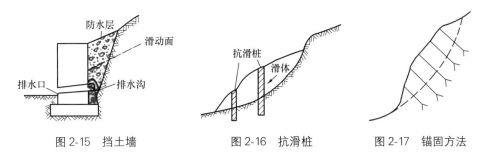

图 2-15　挡土墙　　　　　图 2-16　抗滑桩　　　　　图 2-17　锚固方法

（4）防冲护坡

主要是指对坡面的防护。采取喷射混凝土、钢筋混凝土或砌石的方式对坡面进行防护。对于土质斜坡也可种植草木以防止或减缓雨水的渗入，并可减少雨水对斜坡体表面的冲刷（图2-18）。

图 2-18　防冲护坡

（5）改善岩土性质

改善滑动带岩土性质的目的是增加滑动带岩土体的抗剪强度，达到整治滑坡要求。可采用物理或化学处理方法改变岩土体的力学性质，包括焙烧法、灌浆法、电渗法等。

灌浆法是把水泥砂浆或化学浆液注入滑动带附近的岩土中，通过凝固、胶结作用使岩土体抗剪强度提高。

电渗法是在饱和土层中通入直流电，利用电渗透原理，疏干土体以达到提高强度的目的。

焙烧法是用导洞在坡脚焙烧滑带土，使土变得坚硬从而提高其抗剪强度。

从理论上讲，改善滑带岩土性质的方法可以起到加固作用。但出于技术和经济原因，该类方法在我国应用尚不广泛，有待进一步研究和实践。

2.3 泥石流

泥石流是一种含大量泥、砂和石块等固体物质的特殊洪流。

2.3.1 泥石流的概念

泥石流是山区常见的不良地质现象，典型的泥石流具有突然暴发与流速快、流量大、物质容量大和破坏力强等特点。泥石流突然暴发，浑浊的流体沿着陡峻的山沟前推后拥、奔腾咆哮而下，在很短时间内将大量泥沙石块冲出沟外，在宽阔的堆积区横冲直撞、漫流堆积。泥石流经常冲毁公路、铁路、桥梁等交通设施，大型泥石流甚至可以冲毁工厂、城镇和农田水利工程，给人民生命财产和国家建设造成巨大损失。如图 2-19 所示，为甘肃舟曲泥石流灾害前后的情景对比。

(a) 受灾前

(b) 受灾后

图 2-19 甘肃舟曲受泥石流灾害前后的情景对比

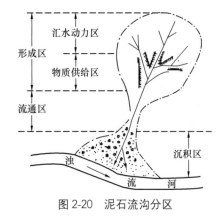

图 2-20 泥石流沟分区

典型的泥石流流域可分为形成、流通和沉积三个动态区，如图 2-20 所示。

（1）形成区

位于流域上游，包括汇水动力区和固体物质供给区。多为高山环抱的山间小盆地，山坡陡峻，沟床下切，纵坡较陡，有较大汇水面积。区内岩层破碎，风化严重，山坡不稳，植被稀少，水土流失严重，崩塌、滑坡发育，松散堆积物储量丰富。区内岩性及剥蚀强度直接影响着泥石流的性质和规模。

（2）流通区

一般位于流域的中、下游地段，多为沟谷地形，沟壁陡峻，河床狭窄、纵坡大，多陡坎或跌水。

（3）堆积区

多在沟谷出口处。地形开阔，纵坡平缓，泥石流至此多漫流扩散，流速减低，固体物质大量堆积，形成规模不同的堆积扇。

以上几个分区，仅适用于常见泥石流。由于泥石流的类型不同，以上分区常难于区分。有的流通区伴有沉积；而对于山坡型泥石流其形成区就是流通区；有的泥石流直接排入河流而被带走，无明显堆积区。

2.3.2 泥石流的分类

为了研究和有效整治泥石流，有必要对泥石流进行分类。不同行业部门对泥石流的分类有所不同，下面介绍常见的几种分类。

1. 按泥石流固体物质组成分类

（1）水石流

固体物质主要是非常不均匀的粗碎屑颗粒如块石、漂砾、碎石、岩屑及砂等，黏土质细粒物质含量少，且它们在泥石流运动过程中极易被冲洗掉。所以水石流型泥石流的堆积物常常是粗大的碎屑物质。水石流主要分布在我国干燥、寒冷，以物理风化为主的北方地区和高海拔地区。

（2）泥石流

固体物质既含有不均匀的粗碎屑物质如块石、漂石、碎石、砾石、砂砾等，又含有相当多的黏土质细粒物质如黏粒、粉粒。因黏土有一定粘结性，所以堆积物常形成联结较牢固的土石混合物。泥石流主要分布在我国温暖、潮湿、化学风化强烈的南方地区，如西南、华南等地。

（3）泥流

固体物质主要由细碎屑和黏土物质组成，仅含少量岩屑碎石，黏度大，呈泥浆状。此类泥石流主要分布在我国黄土高原地区。

2. 按泥石流流体性质分类

（1）黏性泥石流

含有大量细粒黏土物质，固体物质含量占 $40\%\sim60\%$，最高可达 80%。水和泥沙、石块凝集成黏稠整体。密度大（$1.6\sim2.4t/m^3$），浮力强（能将巨大漂石悬移），流速快，冲击力大，破坏性强，弯道处常有超高和直进性爬高现象。

（2）稀性泥石流

这类泥石流中水是主要成分，固体物质占 $10\%\sim40\%$，且细粒物质少。在运动过程中，水泥浆速度远远大于石块运动速度，石块以滚动或跃移方式下泄。该类泥石流具有极强的冲刷力，常在短时间内将原先填满堆积物的沟床下切成几米至十几米的深槽。

稀性泥石流在堆积区呈扇状散流，将原先的堆积扇切成条条深沟。停止堆积后水泥浆慢慢流失，形成的堆积扇较平坦。堆积物结构较松散，层次不明显，沿流途的沉积物有一定分选性。

3. 按泥石流地貌特征分类

（1）沟谷型泥石流

为典型的泥石流，流域呈扇形，流域面积较大，能明显地划分出形成区、流通区和堆积区。

（2）河谷型泥石流

流域呈狭长条形，其形成区多为河流上游沟谷，固体物质来源较分散，沟谷中有时常年有水，水源较丰富。流通区与堆积区往往不能明显区分。

（3）山坡型泥石流

沿山坡坡面上的冲沟发育。沟谷浅而短，流域呈斗状，其面积一般小于 $1km^2$。无明显流通区，形成区与堆积区直接相连。

2.3.3　泥石流的形成条件

泥石流的形成和发展，与流域的地质、地形和水文气象条件有密切关系，同时也受人类活动的深刻影响。

1. 地质条件

凡是泥石流发育的地区都是岩性软弱，风化强烈，地质构造复杂，褶皱、断裂发育，新构造运动强烈，地震频繁的地区。这些原因导致岩层破碎，崩塌、滑坡等各种不良地质现象普遍发育，为形成泥石流提供了丰富的固体物质来源。

2. 地形条件

流域地形山高谷深，地形陡峻，沟床纵坡大。流域的形状便于松散物质和水汇集。完整的泥石流流域，上游多是三面环山一面出口的漏斗状圈谷。区内山坡较陡为 $30°\sim60°$，坡面植被稀少岩土裸露，沟谷幽深沟壁陡峭沟床坡降大。沟的下游多位于沟口外河谷两侧，地形开阔、平坦，是泥石流的沉积处。这样的地形既利于储积来自周围山坡的固体物质，也有利于汇集坡面径流。

3. 水文气象条件

水既是泥石流的重要组成部分，又是泥石流的重要激发条件和搬运介质（动力来源）。泥石流的发生与短时区内大量流水密切相关，没有大量流水，泥石流是不可能形成的。因此，水是形成泥石流的基本条件之一。泥石流的水源有暴雨、冰雪融水和湖库存水等形式。我国泥石流的水源主要是短时暴雨和连续降雨。长时期高温干燥，有利于岩石的风化破碎。水对山坡岩土的软化、潜蚀、侵蚀和冲刷使破碎物质得以迅速增加，有利于泥石流的产生。

4. 人类活动的影响

人类活动不当可促使泥石流发生、发展或加剧。乱砍滥伐森林、开垦陡坡破坏了植被，使山体裸露。开矿、采石、筑路中任意堆放弃渣，直接或间接地为泥石流提供物质条件和地表流水迅速汇聚条件。

综上所述，形成泥石流必须具备三个基本条件，即陡峻便于集水集物的地形条件；上游丰富的松散固体物质；短期突然性大量流水。

2.3.4　泥石流的防治

泥石流不但损毁房屋、造成人员伤亡，还威胁铁路、公路安全，破坏农田、水利设施。因其携带数量巨大的岩土物质进入水体，还会形成临时堤坝和堰塞湖等次生环境问题。因此，对泥石流应深入研究，科学合理防治。

1. 防治原则

泥石流防治的基本原则是避强制弱、局部防护、重点处理、以防为主、综合整理。

2. 防治措施

从泥石流发育不同区段的特点考虑，针对不同区段采取不同的治理措施。在泥石流形成区，应主要采取水土保持措施，包括平整山坡、植林种草、坡面排水、截流防冲等措施；在泥石流流通区，应重点采取支挡措施，设置各种拦挡坝削弱泥石流的能量；在泥石流堆积区，应设置排洪道、导流堤、停淤场等，为泥石流堆积物寻找一个合理的堆置场所而不至于直接冲击居民区和工程设施。

我国非常重视泥石流灾害的防治，近年来在防灾减灾方面取得了巨大进步。虽然极端气候越来越多，但我国因灾死亡人数基本呈递减趋势。因泥石流死亡人数年度变化见图 2-21。

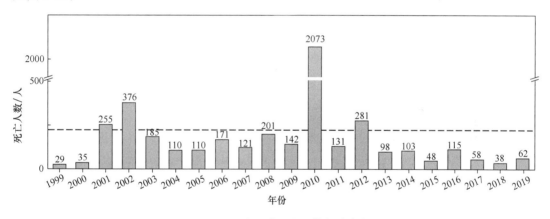

图 2-21　因泥石流死亡人数年度变化

2.4　地震

地震是一种严重突发性自然灾害。地球内部缓慢积累的能量突然释放，引起岩层突然破裂或塌陷，或由于火山喷发等产生地震动，并以弹性波的形式传递到地表的现象称为地震。地震发生在海底时称为海震。地震是一种特殊形式的地壳运动，发生迅速，振动剧烈。常引起地表开裂、错动、隆起、喷水冒砂、山崩、滑坡等地质现象，可引起工程变形、断裂、倒塌，造成巨大的生命财产损失。

2.4.1　地震的有关概念

1. 震源、震中和震中距

地面以下始发震动的位置叫震源（图 2-22），它是地震能量积聚和释放的地方。震源

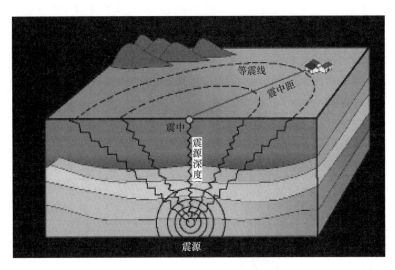

图 2-22   震源、震中和震中距

一般是具有一定空间范围的区间，故可称为震源区。震源在地面上的垂直投影叫震中。震中也是有一定范围的，称为震中区。震中附近震动最大，远离震中处的震动会逐渐减弱。震中到震源的距离叫震源深度。地表上任何一个地点到震中的水平距离叫震中距。从震源到地面任一点的距离，叫震源距离。

2. 地震波

震源释放的能量以波动的形式向四面八方传播，这种弹性波称为地震波。地震波在地壳内部传播部分称为体波。体波到达地面后，引起沿地表面传播的波称为面波。体波包括纵波与横波。纵波又称压缩波或 P 波，它是由于岩土介质对体积变化的反应而产生的。在纵波作用下，岩土质点振动方向与波的前进方向一致。由于质点开始简谐运动的时刻先后不一，故在传播方向上会形成疏密分布。纵波振幅小，周期短，传播速度快，在近地表岩石中速度为 5～6km/s，可以在固体或液体中传播。横波又称剪切波或 S 波，是介质形状变化的因素。在横波作用下，岩土质点振动方向与传播方向垂直，各质点间发生周期性剪切振动。横波传播速度平均为 4～7km/s，比纵波慢，且只能在固体介质中传播。面波只限于在地面传播，是体波经地层界面多次反射后形成的次生波。面波包括沿地面滚动传播的瑞利波和沿地面蛇形传播的勒夫波。面波传播速度最慢，平均速度为 3～4km/s。

地震时，纵波先到，其次是横波，最后是面波。纵波引起地面上下颠簸，横波使地面水平摇摆，面波则引起地面波状起伏。横波和面波振幅较大，造成的破坏也最大。随震中距增加，地震能量不断消耗，振动逐渐减弱，破坏逐渐减小，直至消失。

3. 地震震级与烈度

（1）地震震级

表示一次地震释放能量大小的量度。震源发出的能量越大，震级就越大。震级是以地震仪记录的地震波的最大振幅来计算的。

震级（M）和震源发出的总能量（E）之间的关系是：

$$\log E = 11.8 + 1.5M \tag{2-1}$$

其中，E 的单位是尔格，M 和 E 的关系如表 2-2 所示。

震级与能量关系　　　　　　　　　　　　　　　　　　　表 2-2

震级	能量/J	地震震级	能量/J
1	2.00×10^6	6	6.31×10^{13}
2	6.31×10^7	7	2.00×10^{15}
3	2.00×10^9	8	6.31×10^{16}
4	6.31×10^6	8.5	3.55×10^{17}
5	2.00×10^{12}	8.9	1.41×10^{18}

从表 2-2 可以看出，1 级地震的能量约为 2.00×10^6J，震级增加一级，能量约增加 32 倍。一个 7 级地震，相当于近 30 个两万吨级原子弹的能量。小于 2 级的地震称为微震，人们感觉不到；2～4 级为有感地震；5～6 级为破坏性地震；7 级以上的地震称为强震。已记录的最大地震震级是 1960 年发生于南美洲智利沿海的 8.9 级海震。

（2）地震烈度

是指地震时地面振动的强弱程度。一次地震只有一个震级，但距震中不同的距离，地面振动的强烈程度不同，故有不同的地震烈度区。所以，地震烈度是相对于震中某点的某一范围内平均振动水平而言的。地震烈度不仅与震级有关，还和震源深度、震中距离以及地震波通过的介质条件（如岩石性质、地质构造、地下水埋深、地形等）有关。一般情况下，震级越高，震源越浅，震中距小，地震烈度就越高。地震烈度随震中距加大而逐渐减小，形成多个不同的地震烈度区，烈度由大到小依次分布。但因地质条件不同，可出现偏大或偏小的烈度异常区。我国地震部门广泛采用以下经验公式表示震中烈度（I_0）与震级（M）的关系：

$$M = 0.68I_0 + 0.98 \tag{2-2}$$

地震烈度的鉴定是根据地震后地面的宏观破坏现象和定量指标（如地震加速度等）两方面标准划定的。据中国科学院工程力学研究所的研究，地面运动加速度平均值的对数与宏观烈度间有线性关系。为规范取值，建设部以建标〔1992〕419 号文件形式将该参数定义为设计基本地震加速度值，简称地震加速度。

如表 2-3 所示，这是中国科学院地球物理研究所根据我国实际情况编制的地震烈度鉴定标准表。工程实际中，地震烈度又分为基本烈度、建筑场地烈度和设计烈度。

地震烈度鉴定表（据中国科学院地球物理研究所）　　　　表 2-3

地震烈度	名称	加速度 $a/$ (cm/s^2)	地震系数 K	地震情况
I	无感震	<0.25	$<\dfrac{1}{4000}$	人不能感觉，只有仪器可以记录到
II	微震	$0.26 \sim 0.50$	$\dfrac{1}{4000} \sim \dfrac{1}{2000}$	少数在休息中极宁静环境中的人能感觉，住在楼上者更容易感觉
III	轻震	$0.6 \sim 1.0$	$\dfrac{1}{2000} \sim \dfrac{1}{1000}$	少数人感觉地动（像有汽车从旁边经过），不能即刻断定是地震。震动来自方向或持续时间有时约略可定
IV	弱震	$1.1 \sim 2.5$	$\dfrac{1}{1000} \sim \dfrac{1}{400}$	少数在室外的人和绝大多数在室内的人都有感觉。家具等有些摇动，盘、碗和窗户玻璃振动有声。屋梁、顶棚等略咯作响，缸里的水或敞口皿中的液体有些荡漾，个别情况下惊醒睡觉的人

地震烈度	名称	加速度 a/ (cm/s^2)	地震系数 K	地震情况
V	次强震	2.6～5.0	$\frac{1}{400}$～$\frac{1}{200}$	差不多人人有感觉，树木摇晃，如有风吹动。房屋及室内物件全部振动，并咯咯作响。悬吊物如帘子、灯笼、电灯等来回摆动，挂钟停摆或乱打，盛满器皿中的水溅出。窗户玻璃出现裂纹。睡觉的人惊逃户外
VI	强震	5.1～10.0	$\frac{1}{200}$～$\frac{1}{100}$	人人感觉，大部分惊骇跑到户外，缸里的水剧烈荡漾，墙上挂图、架上书籍掉落，碗碟器皿打碎，家具移动位置或翻倒，墙上灰泥发生裂缝，坚固的庙堂房屋亦不免有些地方掉落一些泥灰，不好的房屋受相当的损伤，但较轻
VII	损害震	10.1～25.0	$\frac{1}{100}$～$\frac{1}{40}$	室内陈设物品及家具损伤甚大。庙里的风铃叮当作响，池塘里腾起波浪并翻起浊泥，河岸河弯处有崩滑，井泉水位有改变，房屋有裂缝，灰泥及雕塑装饰大量脱落，烟囱破裂，骨架建筑的隔墙亦有损伤，不好的房屋严重损伤
VIII	破坏震	25.1～50.0	$\frac{1}{40}$～$\frac{1}{20}$	树木发生摇摆，有的断折。重的家具物件移动很远或抛翻，纪念碑从座下扭转或倒下，建筑较坚固的房屋如庙宇也被损害，墙壁裂缝或部分裂坏，骨架建筑隔墙倾脱，塔或工厂烟囱倒塌，建筑特别好的烟囱顶部亦遭损坏。陡坡或潮湿的地方发生小裂缝，有些地方涌出泥水
IX	毁坏震	50.1～100.0	$\frac{1}{20}$～$\frac{1}{10}$	坚固建筑物如庙宇等损坏严重，一般砖砌房屋严重破坏，有相当数量的倒塌，不能再住人。骨架建筑根基移动，骨架歪斜，地上裂缝颇多
X	大毁震	100.1～250.0	$\frac{1}{10}$～$\frac{1}{4}$	大的庙宇，大的砖墙及骨架建筑连基础遭受破坏，坚固砖墙发生危险的裂缝，河堤、坝、桥梁、城垣均严重损伤，个别的被破坏，钢轨亦挠曲，地下输送管道破坏，马路及柏油街道起了裂缝与皱纹，松散软湿之地开裂有相当宽而深的长沟，且有局部崩滑。崖顶岩石有部分剥落，水边惊涛拍岸
XI	灾震	250.1～500.0	$\frac{1}{4}$～$\frac{1}{2}$	砖砌建筑全部坍塌，大的庙宇与骨架建筑亦只部分保存，坚固的大桥破坏，桥墩崩裂，钢梁弯曲（弹性大的木桥损坏较轻），城墙开裂崩坏，路基堤坝断开，错离很远，铁轨弯曲且鼓起，地下输送管完全破坏，不能使用，地面开裂甚大，沟道纵横错乱，到处土滑山崩，地下水夹泥沙从地下涌出
XII	大灾震	500.1～1000	$>\frac{1}{2}$	一切人工建筑物无不毁坏，物体抛掷空中，山川风景变异，范围广大，河流堵塞，造成瀑布，湖底升高，地裂山崩，水道改变等

　　基本烈度是指一个地区未来 100 年内，在一般场地条件下可能遇到的最大地震烈度。它是对地震危险性作出的综合性平均估计和对未来地层破坏程度的预测，是工程设计的依

据和抗震标准。

建筑场地烈度也称小区域烈度，它是指建筑场地范围内，因地质条件、地形地貌条件、水文地质条件不同而引起基本烈度降低或提高后的烈度。通常建筑场地烈度比基本烈度提高或降低半度至一度。

设计烈度是指抗震设计中实际采用的烈度，又称设防烈度或计算烈度。它是根据建筑物的重要性、永久性、抗震性，对基本烈度的适当调整。大多数一般性建筑物不需调整，基本烈度即为设计烈度。对特别重要的建筑物，如特大桥梁、长大隧道、高层建筑、水库大坝等应提高一度，并按规定上报有关部门批准。对次要建筑物，如仓库、临时建筑物等，设计烈度可降低一度。但基本烈度为Ⅵ度以上时，不降低。

2.4.2　地震类型

根据发生机理和研究内容的不同，地震有不同的分类方法。

1. 按震源深度分类

按震源深度不同，可将地震分为浅源地震、中源地震和深源地震。震源深度在70km以内为浅源地震，浅源地震具有更大的危害性。由于震源浅对地面造成的破坏更严重，所有灾害性地震均属此类。中源地震的震源深度为70～300km。震源深度300km以上者为深源地震。

据统计，有72%的地震发生于地表以下33km范围内，24%的地震发生于33～300km范围内，深度大于300km的地震仅占地震总数的4%。我国地震多为浅源地震，如唐山地震震源深度约13km，汶川地震震源深度约16km。

2. 按成因分类

地震按成因可分为构造地震、火山地震、陷落地震、诱发地震和人工地震五类。

（1）构造地震

由地壳运动引起的地震称为构造地震。地壳运动使组成地壳的岩层发生倾斜、褶皱、断裂、错动以及大规模岩浆活动。在此过程中，因应力释放、断层错动而造成地壳震动。构造地震约占地震总数的90%。其特点是活动频繁、分布普遍、延续时间长、影响范围广、破坏性强、灾害大，世界上大多数地震和大的海震均属此类。我国唐山、汶川地震都属于构造地震。

（2）火山地震

火山活动引起的地震称为火山地震，其特点是震源常限于火山活动地带，一般为深度不超过10km的浅源地震，震级较小，多属于没有主震的地震群型，影响范围很小。这类地震只占地震总数的7%。

（3）陷落地震

由于洞穴崩塌、地层陷落等原因引起的地震，称为陷落地震。此外，将山崩、巨型滑坡引起的地震也归入这一类。这类地震能量小，震级小，发生次数很少，仅占地震总数的3%。

（4）诱发地震

由于水库蓄水、油田注水等活动而引发的地震称为诱发地震。这类地震在某些特定的水库库区或油田发生。

（5）人工地震

地下核爆炸、炸药爆破等人为引起的地面振动称为人工地震。随着人类工程活动日益加剧，人工地震也越来越引起人们的关注。

2.4.3　地震效应

在地震作用下，地面会出现各种震害和破坏现象，称为地震效应。主要包括由地震所引起的地表位移、断裂，地震所造成的建筑物和地面毁坏（如地面倾斜、土壤液化、不均匀沉降、滑坡等），以及水面的异常波动（如海啸和湖啸）等。地震效应主要与震级大小、震中距和场地的工程地质条件等因素有关。地震效应主要表现为地震作用效应、地震破裂效应、地震液化效应和地震激发地质灾害效应等方面。

1. 地震作用效应

地震波对建筑物所直接产生的惯性力称为地震作用。当建筑物经受不住这种地震作用时，建筑物将会发生变形、开裂，甚至倒塌（图 2-23），即产生地震作用效应。

图 2-23　地震导致的建筑物倒塌

从物理学知道，力的大小可以用传至单位质量上物体的加速度来测定。如果受力物体的加速度已知，即可计算受力物体所受的外力。对于建筑物来说，地震作用是一种外加的强迫运动。当地震发生时，如果建筑物为刚性体，那么将承受一个均匀不变的水平加速度，这时的地震作用就是地震时建筑物自身的惯性力。若建筑物重 Q，作用在建筑物上的地震作用 P 为：

$$P = \frac{a_{max}}{g}Q \tag{2-3}$$

式中　g——重力加速度；

　　　a_{max}——地面最大加速度。

　令

$$K = \frac{a_{max}}{g}Q \tag{2-4}$$

$$P = KQ \tag{2-5}$$

其中，K 为地震系数。它是地震时地面最大加速度与重力加速度之比。我国的地震烈度表（表 2-3）已列出各级烈度相应的地震最大加速度值。二者关系是，烈度每增一度最大地面加速度大致增大 1 倍，即地震系数 K 增大 1 倍。

地震作用对地表建筑物的作用分为垂直方向和水平方向两个振动力。垂直力使建筑物上下颠簸，水平力使建筑物受到剪切作用，产生水平扭动或拉、挤。两种力同时存在、共同作用，但水平力危害较大。地震对建筑物的破坏，主要是由地面强烈的水平晃动造成的，垂直力破坏居次要地位。因此，在工程设计中，通常主要考虑水平方向地震作用。此外，地震对建筑物的破坏还与振动周期有关，如果建筑物的自振周期与地基卓越周期相等或接近，将发生共振，使建筑物振幅加大而加重破坏。地震振动时间越长，建筑物破坏也越严重。

2. 地震破裂效应

地震时，以弹性波方式释放的能量从震源传播到周围的地层上，引起相邻岩石振动，以作用力的方式作用于岩石上。当这些作用力超过了岩石的强度时，岩石就要发生突然破裂和位移，形成断层和地裂缝，引发建筑物变形和破坏，这种现象称为地震破裂效应。地震破裂效应主要有断裂错动、地裂缝与地倾斜等。

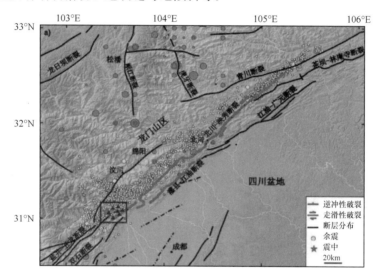

图 2-24 汶川地震引起的地表破裂（引自徐锡伟等，2009）

断裂错动是浅源断层地震发生断裂错动时在地面上的表现。地震造成的地面断裂和错动，能引起断裂附近及跨越断裂的建筑物发生位移或破坏，如图 2-24 所示，此为汶川地震引起的地表破裂。地震地裂缝是因地震产生的构造应力作用而使岩土层产生破裂的现象。它对建筑物危害甚大，是地震区一种常见的地震效应。

地裂缝的成因有两方面，一是与构造活动有关，与其下或邻近的活动断裂带变形有关；二是地震时地震波传播，产生的地震作用使岩土层开裂。前一种成因的地裂缝，其分布是严格按照一定方位排列组合，方向性十分明显，主裂缝带的延伸完全不受地形、地貌控制，但与附近的断裂带或地震断层的力学关系一致。由地震波传播产生的地裂缝，与地震波传播的方向及能量有关，受地形、地貌影响较大。

3. 地震液化效应

干的松散粉细砂受振动时有变密趋势。当粉细砂土层饱和时，振动使得饱和砂土中的孔隙水压力骤然上升。而在地震过程的短暂时间内，骤然上升的孔隙水压力来不及消散，使原来由砂粒通过接触点所传递的压力（称有效应力）减小。当有效应力完全消失时，砂土层会完全丧失抗剪强度和承载能力，变成像液体一样的状态，这就是通常所说的砂土液

图 2-25　1964 年日本新潟地震地基液化

化现象。发生震动液化时，地表开裂、喷砂、冒水，引起滑坡和地基失效，引起上部建筑物下陷、浮起、倾斜、开裂等震害。如图 2-25 所示，为 1964 年日本新潟地震引起地基土液化，导致其上建筑物倒塌的现象。

4. 地震激发地质灾害效应

强烈的地震作用能激发斜坡上岩土体松动、失稳，发生滑坡和崩塌、泥石流等不良地质现象。如震前下雨，则更易发生。在山区，地震激发的滑坡、崩塌和流石流所造成的灾害和损失，常常比地震本身直接造成的损失还要严重。规模巨大的崩塌、滑坡和泥石流，可摧毁房屋、道路，甚至整个村庄也能被掩埋。崩塌和滑坡堵塞河道，使河水淹没两岸村镇和道路。地震时可能发生大规模滑坡、崩塌的地段视为抗震危险地段，建筑场址和主要线路应避开（图 2-26、图 2-27）。

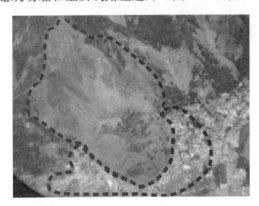

图 2-26　摧毁北川老县城的滑坡
（引自谢礼立，2008）

图 2-27　北川陈家坝滑坡
（引自陈运泰，2008）

2.5　火山活动

火山活动是地下的岩浆沿地壳中的裂隙通道或地壳的薄弱环节喷出地表的一种自然现象，是自然界最剧烈的地质活动现象之一（图 2-28）。火山活动与地震一样，是由地球内部强大能量释放导致的地质灾难。如果火山爆发在人口稠密地区附近，将会是一场大灾难。

2.5.1　火山的分布

火山是地球内部的物质喷发而形成的山体，由熔岩与火山碎屑组成。多数分布于地球板块的边缘地带，其活动原因多与板块构造有关。由于岩石圈板块的扩张下沉与地球其他物质的相互作用而产生岩浆，能量积累到一定极限时喷发出地表就形成了火山。目前，世

图 2-28　火山喷发

界上大约有 850 座活火山，主要分布在地中海火山带、大西洋海岭火山带、东非火山带与
环太平洋火山带四个火山带上。其中，超过 3/4 的火山环绕太平洋形成环太平洋火山带。

我国地域辽阔，虽然缺少现代火山喷发，但是新生代火山分布广泛，目前已发现的火
山锥有 660 座，其中绝大部分为第四纪死火山。只有少数在近代有过活动，如我国台湾省
的大屯火山群（包括有 16 座活火山）。

我国的火山分布在成因上与两大板块边缘有关，一是受太平样板块向西俯冲的影响，
形成我国东部大量火山分布群；二是受印度板块碰撞影响，形成了青藏高原及周边地区火
山分布群。其中很多地区是人口稠密的都市或旅游胜地，如长白山天池、五大连池、腾
冲、海南和台湾省等地区。

2.5.2　火山的分类

根据火山活动期、活动类型和活动形成的地形特征，可以对火山进行分类。

1. 按活动期分类

在历史上有过喷发记录的火山称为活火山，否则就称其为休眠火山或死火山。有许多
火山被认为是死火山，但过了一段时间后这些火山可能重新爆发，从而给原以为安全地区
的居民带来灾难。火山可以在重新爆发之前休眠几百或几千年。

我国的火山喷发有多处历史记载，如五大连池、长白山等，在过去 300 年内都有过喷
发，最近一次火山活动是发生于 1951 年 5 月 27 日的西昆仑阿什火山喷发。这些火山都是
活火山，只是现在处于休眠状态。

2. 按活动类型

多数情况下，可根据火山喷发的剧烈程度和爆发程度对火山进行分类。

（1）培雷式火山

熔岩黏性大，不易流动，含气体多，爆发猛烈，呈中心式喷发（图 2-29（a）），比如
西印度群岛的培雷火山。

（2）维苏威式火山

喷发时宁静与猛烈阶段性明显，间歇时间长，节奏性喷发，比如意大利的维苏威火山
（图 2-29（b））。

（3）斯特隆博利式火山

爆发时形成炽热的碎片及白色烟云（图 2-29（c）），比如意大利斯特隆博利火山和黑

龙江五大连池火山。

（4）夏威夷式火山

流动性大，含气体少，没有爆炸现象，呈中心式喷发（图 2-29（d））。

（5）冰岛式火山

熔岩沿构造裂隙溢出，非中心式喷发（图 2-29（e））。

(a) 培雷式火山

(b) 维苏威式火山

(c) 斯特隆博利式火山

(d) 夏威夷式火山

(e) 冰岛式火山

图 2-29   火山活动类型

3. 按地形地貌

根据火山喷发形成的地形地貌，可以把火山分为 4 种基本类型。

（1）火山锥（图 2-30（a））

火山锥是一种由中心溢出的火山碎屑物形成的四周陡峭堆积体，形成的地形呈锥形。喷发的火山碎屑物包括火山灰、火山渣，以及在爆发过程中被抛到天空的火山弹和岩石块。

（2）盾式火山（图 2-30（b））

这类火山具有广阔的隆状特征，山体坡度很缓（2°～10°），通常由玄武岩、熔岩流和大的喷火山口组成。世界上最大的单个盾火山体是夏威夷的冒纳罗亚火山，长约 96km、宽 48km、高 9000m（距太平洋海底），总体积达 67000km²。盾火山的玄武岩浆多呈液体状，黏滞性小，熔岩多从山体裂隙中缓慢溢出，气体释放稳定。

（3）复式火山（图 2-30（c））

是一种完全不同的火山体，由内部层状分布的熔岩如安山岩和玄武岩组成的山体匀称而陡峭，爆发时可达几千米高度，景象壮观，火山活动具有不可预测性，常常在沉睡几个世纪后产生灾难性活动。由于内部气体、岩体的快速积聚，常常导致内部形成巨大压力，造成突然"冲顶"爆发。美国俄勒冈州的 1200m 深的火山口，目前变成了火山湖，就是复式火山的典型实例。

（4）火山穹隆（图 2-30（d））

这种火山爆发时，极其黏稠的流纹岩浆从火山口喷出地表。由于岩浆的黏滞性，且夹带部分岩石块体，因此岩浆流动距离较短，且多堆积于火山口周围。世界上著名的穹隆火山是美国加州北部爆发于 1915—1917 年的拉森火山。

(a) 火山锥

(b) 盾式火山

(c) 复式火山

(d) 火山穹隆

图 2-30　火山活动类型

2.5.3　火山的影响

虽然火山活动比较稀少，但从历史上看，它所造成的危害是非常严重的。公元 79 年，意大利维苏威火山爆发，将附近的庞贝古城全部埋葬，直到1595年才被重新发现。

火山活动的影响主要由两部分造成，首先是火山爆发时喷出的熔岩流和火山屑烟雾云；其次是二次灾害如泥石流和火灾。

1. 熔岩流

地下熔岩上升，从火山口流出（图2-31）。二氧化硅含量低的熔岩流，通常不是喷发性的，只是从火山口溢出。而二氧化硅含量高的熔岩流，则会爆炸性喷出。有些熔岩流的流动速度很快，但大多数熔岩流具有黏滞性，移动很慢。

熔岩流具有两种压力类型，一种是岩浆具有垂直压力差；另一种是由流动冲量造成的压力。因此，可以采用3种方法引导熔岩流使它不至于毁坏住房和设施。这3种方法分别是：（1）构筑导墙；（2）水力冷却；（3）投掷炸弹。

导墙是用石块堆成的墙，可根据地形设置，通常高约3m，可以阻止熔岩奔越而过。另外，导墙可以改变熔岩流动方向。这种方法在夏威夷和意大利都取得了成功经验。

水力冷却办法主要是促使熔岩凝结。但使用这一方法时，必须仔细计划，制定控制的时间和程序。

投掷炸弹的方法主要是破坏熔岩流边缘凝结成块，这样可以更有效地控制它的流向。

2. 火山碎屑

火山爆发时，大量的喷出物进入大气。喷出有两种形式，一种称为火山灰喷出，含有大量岩块、天然玻璃屑和气体（图2-32）；另一种形式是火山灰流，喷出物从火山口急速流出。火山喷出物对人类的影响表现在4个方面：第一毁坏植被；第二污染地面水，使水的酸度增加；第三毁坏地面人工设施；第四影响人的身体健康，引起呼吸系统和眼睛发炎。

图2-31　熔岩流

图2-32　火山碎屑

火山灰流的速度很大，可达100km/h，而且温度很高，若流过人口稠密区会导致大灾难。例如，1902年5月8日马提尼的Mt.Pelee火山爆发，火山灰流呼啸着流过西印第斯镇，瞬间造成3万人丧生。

3. 泥石流和火灾

泥石流和火灾是火山活动的次生灾害，由于火山喷出物温度极高，常会导致山顶冰川和积雪融化，产生洪水和泥石流。炽热的火山灰还会引发大火。

2.6　水土整治

随着人口增长以及工业化发展，水土流失和土地沙漠化成为一个极其威胁的环境生态问题。

2.6.1　水土流失

土壤被流水侵蚀和冲刷而去，称为水土流失，是世界范围内的一个严重问题。它可造成农田肥力下降，河湖淤积，洪水泛滥以及生态环境恶化。据统计，全世界每年因水土流失约损失可耕地1亿亩。据1994年统计，我国水土流失面积由新中国成立之初的 $1.16 \times 10^6 \, \mathrm{km^2}$ 增加到 $3.6 \times 10^6 \, \mathrm{km^2}$，占当时全国总面积的39%。水土流失殃及近千个县，而且还在扩大之中。如图2-33所示，为水土流失严重的黄土高原。

图2-33　水土流失的黄土高原

1. 水土流失的形成因素

水土流失的形成因素可概括为自然因素和人为因素两类。自然因素引起的水土流失过程较缓慢，且常与土壤形成过程处于相对平衡状态。人为因素可快速诱发水土流失。

（1）自然因素

主要有地形、降雨和植被三个方面。地形的影响表现为地面坡度越陡，地表径流流速越快，对土壤的冲刷侵蚀力就越强。坡面越长，汇集地表径流量越多，冲刷力也越强。

产生水土流失的降雨，一般是强度较大的暴雨，降雨强度超过土壤入渗强度才会产生地表（超渗）径流，造成对地表的冲刷侵蚀。

（2）人为因素

人类对土地不合理的利用，破坏了地面植被和稳定的地形，如盲目开垦坡地，毁林毁草，不合理工程建设等，均会快速诱发水土流失。

2. 水土流失的类型

根据产生水土流失的"动力"，水土流失可分为水力侵蚀、重力侵蚀和风力侵蚀3种类型。

（1）水力侵蚀

分布最广泛，在山区、丘陵区和一切有坡度的地面，暴雨时都会产生水力侵蚀。它的特点是以地面的水为动力冲走土壤。

（2）重力侵蚀

主要分布在山区、丘陵区的沟壑和陡坡上，在陡坡和沟的两岸沟壁，下部部分被水流淘空，由于重力作用，上部土层不能继续保留在原来位置而分散或成片地塌落。

（3）风力侵蚀

由于风力扬起砂粒离开原来位置，随风飘浮到别处降落。

另外，还有冻融侵蚀、冰川侵蚀、混合侵蚀、风力侵蚀、植物侵蚀和化学侵蚀等。

3. 水土流失对环境的影响

（1）使土壤肥力下降甚至丧失。由于水土流失，耕作层中有机质得不到有效积累，土壤肥力下降，裸露坡地一经暴雨冲刷就会使含腐殖质多的表层土流失，造成肥力下降。据分析，当表层腐殖质含量为 2%～3% 时，如果流失土层 1cm，那么每年每平方公里土地流失腐殖质 200 t，同时带走 6～15 t 氮，10～15 t 磷、200～300 t 钾。

（2）淤积河道、湖泊、水库。严重的水土流失，使大量泥沙下泄河道和渠道，导致水库报废。湖南省洞庭湖由于风沙太多，每年有 1400 多公顷沙洲露出水面。

（3）生态失调，旱涝灾害频繁。水土流失导致生态失调、旱涝灾害频繁发生且愈演愈烈。由于上游流域水土流失，汇入河道的泥沙量会增大。当挟带泥沙的河水流经中、下游河床、水库、河道时，流速降低，泥沙逐渐沉降，使得水库淤浅容量减小，河道阻塞会缩短通航里程，严重影响水利工程和航运事业。

（4）冲毁土地，破坏良田。由于暴雨径流冲刷，沟壑面积越来越大，坡面和耕地越来越小。

4. 水土流失防治对策

优化生态环境必须与水土保持紧密配合，水土保持必须遵循自然规律。坚持山水田林路统一规划，集中治理、综合治理、连续治理，坚持工程措施、生态效益、社会效益和经济效益统筹兼顾。这样形成的防护体系才是治理水土保持和改善生态环境的根本大计，才能发挥保水保土的作用。保持水土资源，优化生态环境，达到山川秀美效果。

（1）制定、完善水土保持政策及相关法律法规，加大执法力度

我国各个地区的水利及水土保持部门必须加强对水土保持问题的研究，制定积极有效的水土保持政策，将水土保持法律法规制定不断推进深化。

（2）坚持自然恢复和人工恢复并举，充分发挥大自然的生态修复能力

保持水土的重大措施之一就是充分发挥生态环境的自我修复能力。坚持人与自然和谐的科学发展观，既要积极开展综合治理，更要注重发挥生态的自我修复能力，依靠大自然力量，加快植被恢复和生态系统改善。

（3）大力兴建具有拦蓄功能的水利水保工程，提高防洪综合能力

大力兴建具有拦蓄功能的水利水保工程，包括拦沙坝和蓄水池等。根据"蓄泄兼筹，以泄为主"的综合治理方针，建立统一的建设规划，分步实施。通过修水坝、堤防，进行水道整治，采用蓄泄兼顾的办法防治洪灾。通过加固加高河堤、疏浚河道、疏导主河道、修建导流堤等工程措施进行河道整治。

扩大江河湖泊拦蓄洪水的能力。坚持贯彻落实党和政府关于灾后江河综合整治的有关政策，对大江大河中下游干堤之间及湖泊中的圩垸分类处理。采取"平垸防洪，退田还湖，以工代赈，移民建镇"措施，扩大河道、湖泊行蓄洪水能力，保证人民群众生命财产安全。

维修加固山区山塘、水库也是加强水土保持的一项重要措施。山塘、水库能起到拦截泥沙和径流的作用，能防止带有大量泥沙的径流进入江河湖泊。

（4）增强保水保土意识

水土资源是人类赖以生存的基础，是兴国安邦、富国富民的基础。水土保持不仅是生

态问题，同时对社会的发展有巨大的制约作用。水土流失恶性循环局面的加剧，使贫困问题越来越突出。由此看来，做好水土保持工作是解决我国生态问题的关键环节。

水土保持是系统性工作，这就要求各级单位及各级管理部门携起手来，参与到水土保持工作当中，承担起监督、检查、规划及技术指导职责。除此之外，应该在水土保持受益的区域开展各类建设工程及经济开发工作，按合理比例给予水土保持补偿。

2.6.2 土地沙漠化

土地沙漠化是在具有一定砂质物质基础和干旱大风动力条件下，由于过度人为活动与资源、环境不协调而产生的一种以风沙活动为主要标志的环境退化（图 2-34）。土地沙漠化对风沙区自然资源、生产建设和人民生活造成严重影响。沙漠化（荒漠化）是一个世界性环境问题，全球荒漠化土地面积达 3600 万 km^2，占整个陆地面积的 1/4。

图 2-34 土地沙漠化

沙化土地主要分布在我国西北、华北和东北西部，是世界上沙漠化危害最严重的国家之一，且沙化土地面积仍在不断扩大。目前，我国每年土地沙化扩展面积已从 20 世纪 70 年代的 1560km^2，增加到 20 世纪 80 年代的 2100km^2 和 20 世纪 90 年代的 2460 多 km^2，相当于一年损失一个中等县的土地面积。内蒙古阿拉善、新疆塔里木河下游、青海柴达木盆地东南部、河北坝上等地区，沙化土地年均扩展速度达 4% 以上。

党的十八大以来，我国非常重视土地荒漠化防治。近年来，我国荒漠化和土地沙化面积持续"双缩减"。2023 年与 2009 年相比，荒漠化土地净减少 5 万 km^2，沙化土地净减少 4.33 万 km^2。

1. 土地沙漠化的成因

导致土地沙漠化的原因是多方面的，既有全球气候变化的自然因素，又有不合理的人为活动因素，但主要是后者。

（1）自然原因

自然原因主要是指气候因素和土壤因素。气候因素对荒漠化的影响是一个缓慢而渐进的过程，主要通过对土壤、植被、水文循环的影响。气候变化使沙漠化发展速度和强度发生变化，特别是气候要素（气温、降水、风等）中的降水起着关键作用。一般认为，当气候变干冷时，沙漠的范围就扩展，固定沙丘向流动沙区发展；气候变湿热时，沙漠就会收缩或固定。

土壤结构疏松是沙漠化土地形成的物质基础。沙丘的形成除外来沙尘因素外，最重要的是土体结构疏松。在干旱少雨，植被覆盖度低，风力强劲的条件下极易形成扬沙天气。

（2）人类因素

随着科学技术水平的不断进步，人类干预自然的能力得到了前所未有的增强，人类活动已经成为沙漠化的最主要原因。也就是说，原来非沙漠化的土地演变成沙漠，这是潜在沙漠化土地"就地起沙"的结果。所谓潜在沙漠化土地，主要是指植被生长较好，基本无风沙流动的土地。这些土地一旦失去水分保养和植被保护，特别是受人为活动影响，将导致风蚀流沙。因此，在自然因素基础上叠加人类活动，将加快沙漠化进程。

在半干旱、干旱地区尤其是半干旱草原区与干旱区的天然绿洲沙漠化过程中，人类活动的影响远大于自然因素，主要表现为过度放牧、过度采伐与滥用水资源等。

2. 土地沙漠化的危害

土地沙漠化的危害可归纳为沙埋、风蚀和填淤。沙埋是指在沙丘前移过程中，对农田、草场、房屋、道路、煤田等的埋压；风力作为土地沙漠化产生与扩展的一种主要营力，表现在对地表的剥蚀，其后果为土壤表层粗化、土壤肥力下降乃至土地生产力丧失。填淤是指由于沙丘移动及风沙流活动，沙被风带入河流、水库、渠道、水井等发生的填淤现象。

有资料表明，土地沙化正急剧缩减着人类可以利用的土地。沙漠化对农业的危害特别大，尤其在风沙危害严重地区，粮食产量长期低而不稳。沙漠化引起的草场退化，使适于牲畜食用的优势草种逐渐减少，甚至完全丧失。

我国城市空气污染物主要是微小颗粒物，这与沙漠化密切相关。沙尘污染影响广大地区人民的生产生活环境和健康。土地的沙化给大风起沙制造了物质源泉。因此，我国北方地区沙尘暴发生越来越频繁，且强度大、范围广。随着绿水青山就是金山银山理念深入人心和国家治理环境力度的加大，党的十八大以来，我国沙漠化治理取得了前所未有的成绩，沙尘暴次数和强度大幅度缩减。

3. 土地沙漠化治理的原则

（1）开发与治理相结合

以开发促治理，以治理保证顺利开发，并形成地面与地下资源开发相结合的统一的生态—经济体。需要把开发沙漠化地区的地下资源与农业资源结合起来，并以地下资源优势弥补农业资源劣势。形成既开采地下矿藏，又改造地面环境，从而促使当地经济发展的良好局面。

（2）以防为主、防治结合

土地沙漠化是不合理人类活动与自然因素综合作用的产物。所以防止土地沙漠化，很大程度上是对人类活动的控制，如防止"三滥"、封育保护植被、合理利用土地、调整农林牧结构等，均是以防为主的重要体现。对已产生的沙漠化土地，则应积极治理。

（3）开发与治理同步

"破坏容易治理难"，不能走"先破坏后治理"的老路，而应当采取以防为主的开发治理策略。在开发的同时，采取各种监督措施，使破坏面积限制在最小程度。使开发与治理同步进行，应将防治沙漠化规划设计纳入开发规划设计，防治沙漠化工程与开发工程同步进行。

（4）综合治理

防治土地沙漠化既有自然科学问题，又有社会科学问题，只顾及一个方面，则达不到治理目标。另外，从防治措施看，单项措施难以收到良好效果，需要生物措施、工程措施配合使用充分发挥综合治理作用。

4. 沙漠化的治理措施

抗沙漠化的措施，目前主要有：

（1）植物固沙。研究植物固沙生态原理和绿色防护体系技术措施。

（2）化学固沙。在极端干旱区，植物固沙难以奏效时，可利用高分子聚合物固定流沙。

（3）沙化喷灌。引水灌溉，改良土壤。

（4）工程固沙。构筑防沙挡墙、挡板等，阻止沙丘移动。这种方法奏效快，如果与植物固沙方法结合起来，效果更好。

2.7 冻土

冻土是指零温或负温度且含有冰的土和岩石（图 2-35）。我国北方和西部与西南高山地区，分布着广大冻土区。在这些地区的生产活动和经济活动，以及自然环境利用和保护，都受冻土影响。

图 2-35 冻土

2.7.1 冻土的分类

根据在地层中存在的时间长短，可将冻土划分多年冻土、季节冻土和瞬时冻土。多年冻土是指冻结时间在两年以上的土或岩石。季节冻土是指冻结时间在半个月至数月之间的土或岩石。瞬时冻土冻结时间在数小时至半个月之间。

瞬时冻土和季节冻土分布在地表不同深度；多年冻土埋藏在距地表一定深度以下通过能量和水分循环与气候变化和人类社会密切相关。

我国的多年冻土按其成因可分为高纬度多年冻土和高海拔多年冻土，后者按其特征及发育程度又分为高原多年冻土和高山多年冻土。

按照年均气温多年冻土又可划分为连续多年冻土区和不连续多年冻土区。连续多年冻土区指区域内 95% 的地方都有多年冻土存在的区域，大致以年平均温度 −8℃ 为界。不连续多年冻土区是指多年冻土占区域总面积的 50%～90%，大致以年平均温度 −4℃ 为界。连续性在 50% 以下的称为岛状多年冻土区。

2.7.2　冻土的分布

世界上冻土总面积约 $3500 \times 10^4 \mathrm{km}^2$，占陆地总面积的 25%。主要分布在俄罗斯、加拿大、美国的阿拉斯加、南极和格陵兰无冰盖地区及高山地区。我国冻土的总面积约占全国总面积的 22.3%。多年冻土主要分布在东北北部山区、西部高山区及青藏高原。长江流域以北广大地区均有季节冻土分布，总面积约 514 万 km^2，占我国领土的 54% 左右。瞬时冻土分布于长江淮河流域及以南地区，其面积约 230 万 km^2，占我国领土的 23.9% 左右。

冻土在地球上的分布，具有明显的纬度地带性和垂直地带性规律。在水平方向上，自高纬到中纬，多年冻土的埋藏深度逐渐增加，其厚度则不断减小。由连续多年冻土带过渡为不连续多年冻土带、季节冻土带。

冻土在垂直方向上的分布，主要受海拔高度控制。海拔愈高，地温愈低，冻土埋藏愈浅，厚度愈大。

2.7.3　冻土的影响因素

除受纬度和高度控制外，下列因素一般通过水热条件影响冻土的发育。

1. 气候

冻土的形成首先取决于温度，只有在土层温度低于 0℃ 以下时才能形成冻土。同时只有在每年冬季冻结深度大于夏季融化深度时，冻层才能保存。如果土层的散热量长期大于吸热量，冻层就会逐渐向深处发展，一直到地热不允许冻层发生的地方为止。所以冻土的厚度主要取决于吸热量和放热量的对比关系，以及气候多年变化情况。另外，温暖湿润的海洋性气候不利于冻土发育。对于海洋性气候强烈影响的阿拉斯加西海岸，即使在高纬度地区也无多年冻土。

2. 地形

主要表现在坡向和坡度上。阳坡日照时间长，受热和水分蒸发多于阴坡，所以阳坡的冻土厚度比阴坡薄。据报道，昆仑山西大滩不同坡向的山坡，同一高度与同一深度处的地温相差 2～3℃，阴坡冻土下界高度比阳坡低 100m。另外，坡向对冻土的发育，随着坡度减小而减弱。

3. 岩性特点

含细颗粒和黏土多的土体以及泥炭，热容量大，导热率低，不易透水，利于冻土的形成；相反，颗粒粗大的砂土则不利于冻土的发育。

4. 植被与雪盖

植被和雪盖阻止土层中的热量散失。夏季，植被和雪盖可减少太阳对土体的辐射，进而使得地面温差减小。如大兴安岭落叶松桦树林和青藏高原的高山草甸区，能使地表年温差降低 4～5℃，进而影响冻土发育。

2.7.4　多年冻土退化

由于全球气候变暖以及人类工程活动的双重影响，多年冻土出现了明显退化。主要表现为地温升高、冻结深度减小、冻土厚度减薄、冻结期缩短、融区扩大、南界北移和多年冻土面积变化、局地冻土岛消失和地表沉降。

（1）多年冻土地温升高。比如，地温在从－3℃逐渐上升到－1℃的过程中，多年冻土仍处于冻结状态，但是如果从－1℃继续升温至1℃，冻结状态就会变成融化状态，从而发生巨大改变。

（2）活动层厚度增加。活动层底层通常有冰层，冰在融化的过程中会吸收大量热量。因此夏季的热量很难继续往下传导，活动层厚度也相对稳定。但是全球变暖已经导致很多地区的地下冰融化，活动层厚度也在逐年增加。

（3）多年冻土面积减小。高温多年冻土消失，导致多年冻土面积减小。

（4）多年冻土厚度减小。活动层向下增加，同时多年冻土底板受到地热的影响，逐渐向上融化，导致冻土厚度整体变薄。

（5）地面沉降。沉降是热喀斯特地貌的一种，实际上也是地下冰融化的结果。地下冰融化后形成液态水并流失，地表失去支撑，导致地表沉降。

2.7.5　多年冻土退化的影响

近50年来，随着全球气候变化加剧，我国青藏高原和东北大小兴安岭两大冻土区的多年冻土均出现明显退化。多年冻土退化不仅带来水资源储备减少和寒区地表植物演替等环境生态问题，同时由于冻土融化产生的泥石流、山体滑坡、地基不均匀沉降等工程地质问题也严重影响多年冻土地区公路、铁路等重要基础设施建设、维护与运营。随着气候变化进程加快和基础设施建设的发展，与多年冻土相关的工程地质问题不断增多，对地质环境和生态环境产生重要影响。

1. 冻土退化对寒区工程建设的影响

许多已建和拟建的重大工程，不同程度穿越或位于冻土区，因此冻土环境变化必然会对这些工程带来威胁或不利影响。

青藏高原多年冻土退化，导致冻土不均匀沉降，墙壁开裂，甚至倒塌，造成很大的经济损失。冻土区常见的工程地质问题是冻胀和融沉，冻土发育中这两种相反的过程都直接影响工程的稳定性。多年冻土及其退化导致我国东北部分地区铁路等基础设施损坏，如部分铁路路基夏季融沉、冬季冻胀、山体滑坡及边坡涎流冰等。此外，冻土融化能够引发热融湖塘洼地（图2-36）、融冻泥流、斜坡热融滑塌（图2-37）等地质灾害，对各类工程稳定性造成危害。

图 2-36　热融湖塘

图 2-37　热融滑塌

　　我国在冻土研究和利用方面取得了很多成就，比如冻土区的公路、铁路、机场建设，以及冻结法施工技术（图 2-38）。

图 2-38　地铁冻结法施工技术

　　2. 冻土退化对寒区水文水资源的影响

　　由于冻土状态可以直接减少土壤入渗，从而对雨水和雪融水的入渗产生影响，对地表径流和陆面水文循环起到调节作用，因而多年冻土退化必将对冻土地区水文循环产生影响。相关研究表明一些多年冻土区河流冬季径流和地下水径流增加与多年冻土退化有关，入渗区域的加大和活动层的加厚使流域地下水库容量增加，导致流域退水过程更为缓慢。此外，在浅层与深层地下水之间不存在隔水层的地区，受污染地表水、冻结层上水、沼泽水的入渗会使深层地下水遭受污染。如大兴安岭多年冻土浅层地下水已遭到污染。

　　3. 冻土变化对寒区生态环境的影响

　　多年冻土是寒区生态系统的重要组成部分，也是响应气候变化的重要指示器。多年冻土退化对寒区工程造成威胁，使森林、草地和湿地生态系统退化，改变了微生物的冻土环境，同时将储存在冻土中的大陆土壤有机碳以温室气体形式迅速释放出来，加剧了全球气候变暖和冻土退化进程，形成恶性循环。

2.8　盐渍土及土壤盐渍化

　　盐土、碱土和脱碱土统称为盐渍土（图 2-39）。土壤盐渍化是指土壤中积聚盐、碱且其含量超过正常耕作土壤水平，导致作物生长受到伤害的现象。盐渍化是一种渐变性地质灾害，它是盐分在地表土层中逐渐富集的结果。由于人类不合理灌溉造成的盐渍化过程，称为次盐渍化，其形成的盐渍土，称为次生盐渍土。

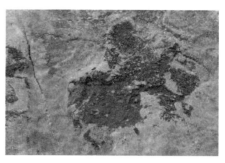

图 2-39 盐渍土

2.8.1 土壤盐渍化的形成

盐渍化问题实质上就是土壤中盐分的蓄积过程。当土壤中大量的水分蒸发或排放后，盐分就在土壤表面或土壤中蓄积起来。在盐渍化严重的情况下，盐分的淀积往往呈白色盐结皮出现在土壤表面，成为不毛之地。我国西北内陆地区盐分的富集主要有两个方面的原因，一是含有盐分的地表水以地面蒸发消耗为主，水流流程较短，所带盐分集聚在地表；二是盐分被水带入湖泊和洼地，盐分逐渐积累，含盐浓度增加，这种水渗入地下，再经毛细作用上升到地表，造成地表盐分富集。

沿海地带由于海水入侵或海岸退移，经过蒸发，盐分残留地表，也会形成盐渍土。

平原地区由于河床淤积抬高或修建水库，使沿岸地下水位升高，造成土壤盐渍化。灌溉渠道附近，地下水位升高，也会导致盐渍化。

干旱气候是发生土壤盐渍化的主要外因。蒸发量与大气降水量的比值和土壤盐渍化关系十分密切。地形地貌直接影响地表水和地下水的径流，土壤盐渍化程度表现为随地形从高到低、从上游向下游逐渐加剧的趋势。

2.8.2 土壤盐渍化的危害

土壤盐渍化的危害主要表现为农作物减产或绝收、影响植被生长并间接造成生态环境恶化。采用盐渍土填筑路基时，会使基床强度降低、膨胀松软、翻浆冒泥。有的地方还会因盐渍土被溶蚀，形成地下空洞，导致地基下沉。盐渍土还可侵蚀桥梁、房屋等建筑物基础，引起基础开裂或破坏。

1. 恶化生态环境

盐渍化严重的地区生态环境脆弱，严重制约着经济发展和人民生活水平的提高。

2. 影响农牧业生产

土地盐渍化严重危害农作物生长。一般轻度盐渍化土壤，农作物减产 25%，中度盐渍化土壤减产 50%，重度盐渍化则减产 75% 以上。牧区盐渍化，使草场生产力下降，牧草质量降低，从而影响畜牧业的发展。

3. 毁坏道路路基

硫酸盐盐渍土随着温度变化，本身体积也产生变化，引起土体变形松胀。结果导致路肩坍塌、路基下陷，影响交通运输安全。由于降雨淋溶造成的退盐作用，会使路基变松。

透水性减弱、膨胀性增大，从而降低路基的稳定性。

4. 腐蚀建筑材料，破坏工程设施

盐渍土中的易溶盐，对砖、钢铁、橡胶等材料有不同程度的腐蚀作用。硫酸盐含量超过1‰或氯盐含量超过4‰时，对水泥将产生腐蚀作用，使水泥砂浆和混凝土疏松、剥落或掉皮。

2.8.3　土壤盐渍化的防治对策

土地盐渍化的防治应以盐渍化土壤的综合治理与农业可持续发展为目标，统一规划，因地制宜，采取水利措施与农业生物措施相结合的技术途径，推广节水灌溉技术和渠道防渗、防漏技术，提高水资源利用效率，防止地下水位抬升。开展区域水盐运动的监测与预报技术研究，建立土地资源质量及盐渍化监测预报体系。

对盐碱地和盐渍化土地进行改良，排除土壤中过多的可溶性盐类，降低土壤溶液浓度，改善土壤理化性质和空气、水分状况，使有益的微生物活动增强，提高土壤肥力，以减轻土地盐渍化程度，改善农业生态环境（图2-40）。

图 2-40　东北盐碱地改良和 2021 年的水稻种植

2.9　海岸灾害及岸坡保护

海岸灾害是指海啸、飓风和海岸侵蚀等地质作用给滨海地区人民和环境所造成的威胁和危害。海岸地带一般人口较为集中，海岸灾害造成的损失很大，成为人们关心的环境问题。

2.9.1　海岸灾害类型

海岸灾害包括热带气旋、海啸以及冲刷等营力作用造成的海岸破坏。当今世界上，人口密集、经济繁荣的地区都集中在沿海地区，一旦发生海岸灾害，常常会造成巨大的生命和财产损失。

1. 热带气旋

热带风暴在太平洋沿岸等地称为台风，而大西洋则习惯称当地的热带气旋为飓风。在单次暴风雨中，热带气旋能夺走数十万条生命。1970年11月，一个热带气旋袭击了孟加拉湾北部，引起海平面升高了6m，由此造成的洪灾夺走了约30万人的生命，沿海约

65％的捕鱼设备遭到破坏，造成巨大损失。1991年春季，另一个具破坏性的旋风袭击孟加拉国，超过10万人丧生，造成超过10亿美元财产损失。被人们认为是最致命的大西洋飓风米奇，1998年在洪都拉斯和尼加拉瓜西部造成了超1.1万人死亡。

台风或飓风产生于热带气流紊乱带，通常进入陆地后消散。这些风暴的风速超过119km/h，呈大型螺旋状围绕着一个相对宁静的中心运动（图2-41）。据记录，时速达119km/h甚至更大的风暴经过某一地区时，其直径约为160km，如果时速超过50km/h，可形成的直径约640km。

图2-41　飓风

大多数台风或飓风在北纬8°至南纬15°之间形成。平均每年大约会形成5个飓风，伴随着雷电交加的暴风雨，时常袭击大西洋和海湾沿岸。随着该类灾害资料的不断积累，更精确地预测飓风着陆时间和地点是有可能的，这对减少人身伤亡和避免不必要的财产损失是非常重要的。

2. 海啸

海啸是由海底突发事件（海底地震即海震及火山爆发的滑坡或塌陷）所激起的巨浪，这些巨浪引起海水激荡上涌，形成惊涛骇浪，咆哮声如虎啸，故称海啸（图2-42）。

图2-42　海啸

由于海啸是海底扰动产生的一系列波浪，海啸的波长通常超过100km，而海啸运动的时速也高达数百千米。海啸的能量在深海中传播时，海面波浪可能不超过1m，因此很难被觉察到。从海啸的第一个浪头到达岸边直至整个海啸结束，持续时间能长达数小时。而一旦到达近海或陆地，海啸表现出的能量相当惊人。冲上陆地后所向披靡，重达数吨的岩石混杂着船只和废墟等物会随着海浪运动向内陆前进数千米，甚至会沿着入海河流逆流而上，沿途地势低洼地区都会被淹没。2011年，日本3·11地震引发的海啸导致近两万人死亡和人类历史上最严重核泄漏事件。时至今日，东电公司的核泄漏事件仍然是重大世界事件，每天产生的核污染水数以万吨。如图2-43所示，为海啸引起的破坏情况。

图2-43　海啸引起的破坏

海啸造成的死因主要是溺水，以及海浪冲击、海水带来的碎片残骸造成的伤亡。海啸过后会产生大量重伤者，如严重淹溺、吸入性肺炎、骨折、开放性伤口感染者等。次生性灾害，如水灾、爆炸以及公共设施破坏造成水源污染，体温过低、蚊虫叮咬、核物质泄漏等带来的生物性、化学性、物理性损害，又进一步增加了死亡率。

3. 海岸侵蚀

海岸侵蚀是指在自然（包括风、浪、流、潮）作用下，海洋泥沙支出大于输入，沉积物净损失的过程，即海水动力的冲击造成海岸线后退和海滩下蚀。由于海平面上升和不合理开发海岸带，海岸侵蚀正在变成世界性严重问题。与其他自然灾害如地震、热带风暴或洪灾相比，海岸侵蚀一般是一个持续性的可预测过程。如果持续过度开发海岸带、发展休闲度假娱乐设施，那么海岸侵蚀必将会越演越烈。如图2-44所示，为辽宁绥中砂质海岸侵蚀现状图。

海岸侵蚀现象普遍存在，我国70％左右的砂质海岸线以及几乎所有开阔的淤泥质岸线均存在海岸侵蚀现象。引起海岸侵蚀的原因有两种：一是自然原因，如河流改道或大海泥沙减少、海面上升或地面沉降、海洋动力作用增强等；二是人为原因，如拦河坝的建造、滩涂围垦、开采海滩沙和珊瑚礁、滥伐红树林，以及不适当的海岸工程等，均会引起海岸侵蚀。

图 2-44　辽宁绥中砂质海岸侵蚀现状

2.9.2　岸坡保护

目前常用一些工程措施来保护海岸环境，改善航道，阻止岸坡冲刷破坏。工程建筑物包括海堤、丁坝、防浪堤和防波堤，它们主要用于改善航道或阻碍侵蚀。然而，由于它们可以干扰海滩泥沙的沿岸搬运，因此也会造成沉积和侵蚀。

1. 海堤

是一种与海岸带平行的构筑物（图 2-45），其目的是防止海岸侵蚀后退。所用材料可以是大块坚硬岩石、木块或其他材料。

海堤是直立结构工程，与推进波碰撞后能使波浪回弹，这种作用会加大海滩的侵蚀作用。另外，几十年后的海堤还会形成一个较窄小的少沙海滩。有人认为，修筑海堤引发的问题多于它能解决的问题，应该较少利用。如果必要，也须因地制宜地设计，避免海堤修筑引发环境和美学上的退化。

2. 丁坝

丁坝通常是一种与海岸线垂直相交的线形实体结构（图 2-46），其修筑目的是为了挡截沿岸搬运的部分泥沙，保护海岸线免遭侵蚀。然而，丁坝的存在也带来一个常见问题，即上游易淤积，下游则易受侵蚀。因此，一个丁坝或丁坝群可以在规划区域内营造一个更

图 2-45　海堤

图 2-46　丁坝

宽阔、更有保护力的海滩，但同时也可能在相邻下游海岸带形成区域侵蚀。因此，通过人工填沙措施把每个丁坝补满后，或许能减少侵蚀作用。

　　3. 防波堤和防浪堤

　　防波堤和防浪堤都是用来保护海岸线免受波浪侵蚀的海防工程。防波堤用于防止波浪侵袭，为船只停泊提供港湾。设计时可以利用海滩环境，也可以单独存在，如图 2-47 所示。不管是哪一种情况，防波堤会堵塞海滩泥沙的天然沿岸搬运系统，导致海岸形状发生局部改变，例如形成新的海滩和新的侵蚀区域。此外，还有可能填满或堵塞港湾入口，形成沙嘴或栅栏沉积物，在下游引发严重的侵蚀问题。因此，时常需要通过疏浚确保港湾的开放和泥沙的清除。

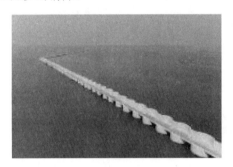

图 2-47　防波堤和防浪堤

　　防波堤通常成对地被修筑在河口、泻湖或海湾入口处，用于稳固河道，防止或减少河道中泥沙沉积。另外，防波堤通常可以保护河道免遭大波浪侵袭。但是，防波堤一般都会堵塞沿岸泥沙流，导致防波堤上游开阔而下游侵蚀。防波堤拦截的泥沙最终可能会填满河道，使河道作用失效，而下游岸的侵蚀也会破坏海岸的发展。

2. 10　海平面上升引起的环境岩土工程问题

　　海平面上升的现象是由海水变暖发生的热膨胀以及冰川冰架消融造成的。研究表明，由于温室效应等原因，全球大部分海平面都在上升，在近 100 年间上升了约 12cm，预测至 2050 年将再上升 20~30cm。

　　全世界大约有 1/3 的人口生活在沿海岸线 60km 范围内。那里经济发达，城市密集。海平面上升将危及全球沿海地区，特别是人口稠密、经济发达的河口和沿海低地。

　　海平面上升是一种持续性地质灾害，将扩大对海岸的侵蚀和海水入侵。全球气候变暖带来的严重飓风台风和海平面上升将有可能加重洪涝灾害。

　　沿海地区可能会遭受淹没或海水入侵危害，海滩和海岸也会遭受侵蚀。海水倒灌和洪水加剧会损害港口，并影响沿海养殖业，破坏供排水系统。

　　海平面上升最严重的影响是增加了风暴潮和台风发生的频率和强度，海水入侵和沿海侵蚀也将引起经济和社会的巨大损失。如果任由温室效应发展，那么地球上约 90% 的滨海地区会遭受灾害。预测到 2050 年，南北极和永冻层冰盖及高山冰川将大幅度融化，沿海城市如上海、东京、纽约和悉尼都将受到不同程度淹没。

思考与练习

1. 简述大环境岩土工程中的主要问题。
2. 简述山洪、滑坡与泥石流的形成条件。
3. 简述火山对环境的影响。
4. 简述水土流失的防治对策。
5. 简述冻土退化的影响。
6. 简述海岸灾害类型与岸坡防护的工程措施。

第 3 章　地下水与环境岩土工程

随着城市化的发展，由人类工程活动引发的地下水灾害问题日趋显著，已经引起国内外专家的高度重视。其中地面沉降、地下水质下降是当前城市环境岩土工程中比较突出的两大问题。

3.1　地下水的赋存和运动

全球总水量为 $1.386 \times 10^9 \, m^3$，其中绝大部分（96.5%）是贮存于海洋中的咸水。陆地上的各种水体储量（加上大气水）只有 3.5%，扣除深层咸地下水和湖泊、内海咸水后，真正的陆地淡水只有 2.53%。若再把难以被人类利用的冰川及多年积雪、多年冻土层中的水，以及沼泽水、生物水等也扣除在外，真正能为人类利用的水（地下淡水和河湖淡水）只占全球水体储量的 0.766%。由此可见，全球目前能被人类直接利用的水体储量非常有限，并非取之不尽、用之不竭。

3.1.1　水资源和水循环

水资源是指自然界中全部任意形态的水，包括气态水、液态水和固态水。水资源为人类生存和发展所需要的水，既有数量和质量含义，又包括使用价值和经济价值。水资源有广义和狭义之分，狭义上的水资源指人类能够直接使用的淡水，即自然界水循环过程中，大气降水落到地面后形成径流，流入江河、湖泊、沼泽和水库中的地表水，以及渗入地下的地下水；广义上的水资源指人类能够直接或间接使用的各种水和水中物质，包括地球上所有的淡水和咸水。

分布在地球上的各部分水彼此密切联系，经常不断互相转化。这种转化过程，就形成了自然界的水循环。自然界的水循环，包括地质循环系统和水文循环系统。地质循环系统是指水参与沉积、变质、岩浆作用过程。在这种地质历史进程中的水循环，具有循环途径长、循环速度慢等特点。水文循环系统是指在大气圈、水圈的地表水与地壳浅部（2km以内）地下水之间进行的水循环。

地球上的水绝大部分存在于海洋中。海水在太阳辐射热和重力作用下，蒸发成水汽进入大气圈，被风吹向大陆，凝结成云，通过降水落在陆地地表。其中，一部分由地形高处向低处流动，汇成江河，成为地表径流；另一部分渗入地下，形成地下水，由水头高的地方向水头低的地方运动，成为地下径流。地表径流和地下径流最后都汇入大海。这种由海洋出发最后又回到海洋，周而复始的水循环称为大循环。从海洋蒸发的水，有相当一部分在海洋上就冷凝，以降水形式重新落到海洋。从海洋出发到陆地的水，只有一部分回到海洋，另一部分从大陆表面蒸发进入大气，然后又变成降水落到陆地表面。这种从海洋到海洋，从陆地到陆地的局部水循环，称为小循环。因此，地球上的水处于一种动态平衡状态，如图 3-1 所示。

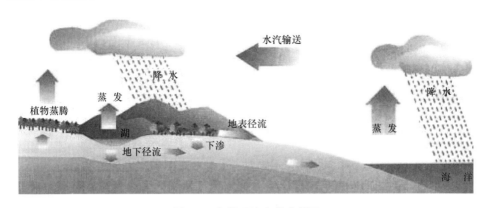

图 3-1 自然环境中的水循环

在漫长的地质演化过程中，始终伴随着水的参与。水的循环与运动作为一种外动力地质作用，改变着地球的地表形态。水是生命之源，一切生物体内都含有水，人体 70% 由水组成，哺乳动物含水 60%～68%，植物含水 75%～90%。此外，水还是景观资源中不可替代的物质。因此，水是地质环境演化、生态健康、人类生存和可持续发展不可替代的自然资源。

一个地区若水资源储量适宜且时空分布均匀，将为该地区的经济发展、自然环境循环和社会进步做出巨大贡献。反之，水资源匮乏或水资源开发利用不当，则会影响该地区的发展甚至祸及人类。如水利工程设计不当、管理不善，常造成垮坝事故或引起土壤次生盐碱化，有时还会引起生态环境发生重大变化。如埃及阿斯旺水坝建成后，血吸虫病蔓延，对库区居民健康造成极大危害。工业废水、生活污水、有毒农药的施用常造成水质污染，环境恶化。过量抽取地下水会造成地面下沉、诱发地震等灾害。

3.1.2 地下水赋存

地下水资源是有使用价值的各种地下水量的总称，包括淡水、卤水、矿水、热水等。对供水有意义的地下水是分布广泛、数量多、用途广的淡水资源。地下水资源的形成须具备两个基本条件，一是有储存地下水的空间，即含水层；二是有补充来源。两者缺一不可。

1. 岩土介质的空隙性

地下水之所以存在于岩石或松散土层中，是因为岩土具有空隙。空隙是地下水的储存空间，也是地下水的运动场所。因而空隙的大小、形状、数量、连通情况对地下水的赋存具有重要意义。根据岩土性质的差异，空隙分为孔隙、裂隙、溶隙，如图 3-2 所示。

（1）孔隙

孔隙是指疏松、未完全胶结的沉积岩颗粒或集合体之间的空隙。岩土中孔隙体积的多少常用孔隙率来表示，它是影响贮容水能力大小的重要因素。所谓孔隙率（n），是指孔隙体积 V_n 与包括孔隙体积在内的岩石体积 V 之比。其大小与颗粒排列状况、颗粒分选程度等因素有关，可用小数或百分数表示，即：

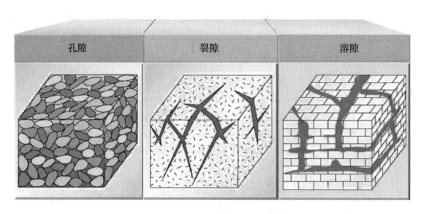

图 3-2　岩土介质的空隙分类

$$n = \frac{V_n}{V} \text{ 或 } n = \frac{V_n}{V} \times 100\% \tag{3-1}$$

此外，还可用孔隙比（e）表示孔隙的多少，它是孔隙体积 V_n 与固体颗粒体积 V_s 之比，同样可用小数或百分数表示，即：

$$e = \frac{V_n}{V_s} \text{ 或 } e = \frac{V_n}{V_s} \times 100\% \tag{3-2}$$

（2）裂隙

裂隙是指由于岩浆的冷凝作用、构造作用、风化作用而使岩石产生的各种各样的裂缝。按其成因可分为成岩裂隙、构造裂隙、风化裂隙。裂隙的多少以裂隙率表示。裂隙率（K_R）是裂隙体积（V_R）与包括裂隙在内的岩石体积（V）的比值，用小数或百分数表示，即：

$$K_R = \frac{V_R}{V} \text{ 或 } K_R = \frac{V_R}{V} \times 100\% \tag{3-3}$$

（3）溶隙

溶隙是指可溶性岩石（石灰岩、白云岩、石膏等）在原有裂隙基础上发生溶蚀作用形成的各种溶孔、溶洞、溶蚀裂隙。溶隙体积的大小用岩溶率表示。岩溶率（K_K）是溶隙体积（V_k）与包括溶隙在内的岩石体积（V）的比值，用小数或百分数表示，即：

$$K_K = \frac{V_k}{V} \text{ 或 } K_K = \frac{V_k}{V} \times 100\% \tag{3-4}$$

不同的空隙类型可以构成不同类型的含水层，如孔隙含水层、裂隙含水层、岩溶含水层。含水层是指能透过且能给出相当水量的岩层。隔水层是不能透过也不能给出水量的岩层。自然界中，砾石层、卵石层、砂层、粉砂层、裂隙和岩溶发育的地层都属于含水层。黏土层、粉质黏土层以及完整的致密岩层则属于隔水层。含水层和隔水层之间没有严格的界限。在特殊情况下，黏土层能够透过或给出一定量的水，但是较弱。因此黏土层常常被看成弱透水层。

2. 地下水的存在形式

根据存在形态，岩土体中的水包括岩石骨架中的水（又称矿物结合水），主要有结晶水、沸石水和结构水；岩石空隙中的水，主要有结合水（强结合水、弱结合水，也称吸着水、薄膜水）、重力水、毛细水、固态水和气态水。

（1）结合水

土壤颗粒主要由各种矿物颗粒或岩石碎屑构成，其表面带有负电荷。水分子是偶极体，在静电力作用下，水分子便会被吸附在颗粒表面，并受颗粒表面静电场束缚。根据库仑定律，电场强度与距离的平方成反比。距颗粒表面近处的电场强度大，对水分子的束缚力大，常温下水分子很难移动，只有在高温条件下水分子才能摆脱颗粒表面电场的束缚，转化为气态水，这部分水称为强结合水。强结合水外围水分子受静电场的束缚力随距离增加而减小，这部分受束缚较小的水称为弱结合水（或称薄膜水），如图3-3所示。

（2）重力水

能在自身重力影响下运动的水称为重力水。它不受颗粒引力影响而可以自由运动。重力水能传递静水压力，流速小时呈层流运动，流速大时可做紊流运动，具有冲刷、侵蚀和溶解能力。重力水通常在土壤表层停滞时间较短，在重力作用下向下渗漏，补给潜水。

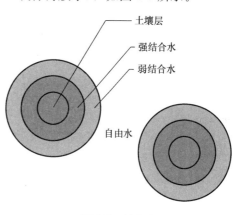

图3-3 结合水

（3）毛细水

由毛细力支持充满细小空隙（小于1mm的孔隙或宽度小于0.25mm的裂隙）的水称为毛细水。

（4）固态水

岩石温度低于0℃时，孔隙中的液态水转化为固态水。我国东北地区和青藏高原寒冷地带空隙中的水常以固态的形式赋存于冻土层中，形成季节性冻土或多年冻土。

（5）气态水

呈水蒸气状态存在或运动于不饱和空隙中的水称为气态水。气态水可随空气流动，既可由地表大气中的水汽移入空隙，也可由岩土中的其他水分蒸发而成。在一定压力、温度条件下气态水和液态水可以相互转化，形成动态平衡。

3. 地下水分类

地下水的分类原则是要反映地下水的赋存特征。埋藏条件和含水介质是最主要的两个赋存特征，它们对地下水水量和水质的时空分布有重要意义。地下水按埋藏条件可分为包气带水、潜水和承压水，如图3-4所示。

（1）包气带水

地表以下一定深度内的岩石空隙会被重力水充满，地下水面以上称为包气带，地下水面以下称为饱水带。包气带中赋存着毛细水、结合水、重力水，统称为包气带水。包气带具有过滤、吸附、降解等功能，对地下水的保护具有重要意义。污染物一旦穿透包气带，将对地下水造成重大危害。

（2）潜水

潜水是地表下第一个连续隔水层之上具有自由水面的重力水。它的上部没有连续完整的隔水顶板。潜水的水面为自由水面，称为潜水面。潜水面上任一点到基准面的绝对标高

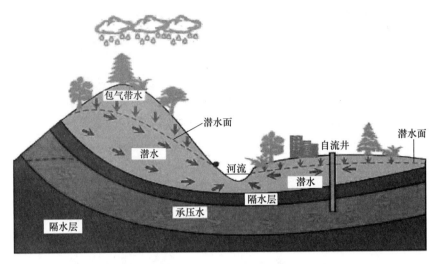

图 3-4　地下水埋藏示意图

称为潜水位。潜水面至地表的垂直距离称为潜水埋藏深度，而潜水位至隔水层顶板之间充满重力水的部分称为潜水含水层厚度。

潜水的埋藏条件，使其具有以下特征：①大气降水、地表水直接补给，补给区与分布区一致；②潜水在重力作用下由高处往低处流动；③含水层厚度随季节变化；④水量、水位、水质、水温与外界气象水文因素变化关系密切；⑤由于无隔水顶板，因此容易污染。

（3）承压水

承压水是指充满于两个稳定隔水层之间的，承受一定水压力的含水层中的地下水。承压水含水层上部的隔水层（弱透水层）称为隔水顶板，承压水含水层下部的隔水层（弱透水层）称为隔水底板。隔水顶板与隔水底板之间的距离为承压水含水层的厚度。

承压水存在于一个由补给区、承压区、排泄区组成的承压含水系统中。承压水的主要特点是有稳定的隔水顶板，没有自由水面，水体承受静水压力。承压含水层的埋藏深度一般较潜水大，在水位、水量、水温、水质等方面受水文气象因素、人为因素及季节变化影响较小，因此富水性好的承压含水层是理想的供水水源。

3.1.3　地下水运动

地下水运动是自然界水循环的重要组成部分，包括重力水、结合水及包气带中各种形式地下水的运动，本教材重点介绍重力水运动。含水层或含水系统通过补给，从外界获得水量。地下水在孔隙、裂隙、溶隙中运移，然后通过各种方式向外界排泄。地下水的补给来源主要为大气降水和地表水的渗入以及大气中水汽和土壤中水汽的凝结，在一定条件下尚有人工补给。地下水排泄的方式有泉、河流、蒸发、人工排泄等。补给、径流与排泄决定着含水层或含水系统的水动力场、化学场和温度场在空间和时间上的演化。地下水的补、径、排条件是地下水资源开发、利用、保护的控制性因素。

地下水在岩石空隙中的运动称为渗流（渗透）。由于地下水在岩石空隙介质中的运移阻力较大，因而地下水流动远较地表水缓慢。

地下水渗流时，水质点做有序而又不互相混杂的流动，称为层流，如图 3-5（a）所示。多数情况下地下水的流动属于层流，只有在大溶穴和宽裂隙中当流速较大时，才会出现水质点做无序而又互相混杂的流动，这时地下水的运动称为紊流运动，如图 3-5 （b）所示。

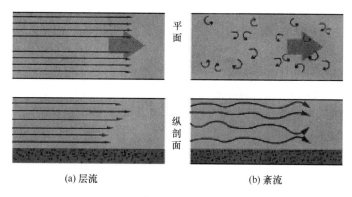

(a) 层流   (b) 紊流

图 3-5 孔隙岩石中地下水的层流与紊流

水在渗流场的运动过程中，各运动要素如水位、流速、流向等不随时间改变时称为稳定流；一个或全部运动要素随时间而变化，则称为非（不）稳定流。确切地说，地下水的运动都是非稳定流，但解决实际问题时为了简化起见，可简化为稳定流。

1. 线性渗透定律（达西定律）

1856 年，法国水利学家达西（H. P. G. Darcy）在装满砂的圆筒中（图 3-6）进行试验，得到了如下关系式：

$$Q = KA \frac{H_1 - H_2}{l} \tag{3-5}$$

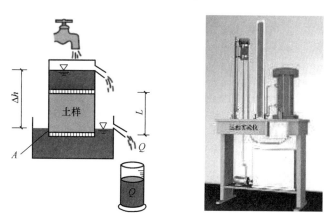

图 3-6 达西试验装置

式中，Q 为渗流量；H_1、H_2 为通过砂样前后的水头；l 为砂样沿水流方向的长度；A 为试验圆筒的横截面积，包括空隙和颗粒面积；K 为渗透系数，是表示岩石渗透性的指标，空隙越大，裂隙越宽，渗透性越好。

式（3-5）中的 $\frac{H_1 - H_2}{l}$ 即水力坡度 J，故式（3-5）可改写为：

$$v = \frac{Q}{A} = KJ \tag{3-6}$$

水力坡度是渗流方向上水头差与渗透距离的比值。上述两个关系式称为达西定律。渗透速度 v 与水力坡度 J 呈线性关系，故又称线性渗透定律。

由于水只在岩石空隙中流动，若已知岩石的空隙度为 n，则实际空隙面积为 nA，即 $u = Q/nA = v/n$，u 为实际流速，v 为达西流速。

2. 非线性渗透定律（哲才定律）

只有在雷诺数不超过 $1 \sim 10$ 的时候，层流运动才符合达西定律。在绝大多数情况下，地下水运动都符合线性渗透定律。但是对于雷诺数大于 10 的渗流，比较常用的是哲才（Chezy）公式，即：

$$v = K_c J^{\frac{1}{2}} \tag{3-7}$$

式中，K_c 为非线性渗透系数。

3.1.4　地下水资源的开发和利用

1. 地下水资源分类

国内外学者对地下水资源进行了多方面研究，提出了各种分类方法。但是由于地下水的特殊性以及各国政府对地下水资源认识和开发利用价值观念的不同，至今为止，对地下水资源还没有统一的分类方案。现介绍以水均衡为基础的分类方法。

一个地下水均衡单元（例如，某一地下水流域，或某一地下水蓄水构造，或某一含水层开采地段等）在其均衡时段内，地下水的循环总是表现为补给、消耗、贮存变化量三种形式，三者的均衡关系可以用地下水均衡方程表示，即：

$$Q_{补} - Q_m = \pm \Delta Q \tag{3-8}$$

补给量（$Q_补$）、消耗量（Q_m）、贮存量变化量（ΔQ）三者无论是在天然状态下还是人工开采条件下，上述关系总是成立的。因此，地下水资源可分为补给量、消耗量和贮存量。

（1）补给量

补给量是指单位时间内进入某一含水层或含水岩体中的重力水量体积。又可分为天然补给量、人工补给量和开采补给量。

天然补给量是天然状态下进入某一含水层的地下水量，例如，降水入渗补给、地表水渗漏补给和邻区流入量等。人工补给量是采用人工引水入渗补给地下水的水量，例如，引河水灌溉入渗补给地下水。开采补给量是开采条件下，除天然补给量之外获得的补给量，例如，由于降落漏斗的扩展使得属于邻区的地下水流入本区，从而获得额外补给。

（2）消耗量

消耗量是单位时间内从某一含水层或含水岩体中排泄出去的水量体积。消耗量可分为天然排泄量和人工开采量两类。

天然排泄量有潜水蒸发、流入河道、侧向径流渗入邻区等。人工开采量是从人工取水构筑物（水井）中汲取出来的地下水量。人工开采量反映了取水建筑物的产水能力，是实际开采值，但并不一定合理。鉴于此，有人提出了"允许开采量"概念。允许开采量是通过技术经济合理的取水建筑物，在整个开采期内水量和水位不超过设计要求，水质、水温变化在允许范围内，不影响已建水源地正常生产，不发生危害性工程地质现象的前提下，单位时间内从水文地质单元（或取水地段）能够取得的水量。

（3）贮存量

贮存量是指储存在含水层内的重力水体积。可分为容积贮存量和弹性贮存量。

容积贮存量是含水层空隙中所容纳的重力水体积，亦即将含水层疏干时所能得到的重力水体积，潜水含水层中的贮存量主要是容积贮存量。弹性贮存量是将承压含水层的水头降至含水层顶板时，由于含水层弹性压缩或水的体积弹性膨胀所释放出来的水量。

由于地下水的水位是随时间不断变化的，所以地下水贮存量也随时间而增减。天然条件下，补给期的补给量大于消耗量，多余的水量便在含水层中贮存起来；在非补给期，地下水的消耗大于补给量，需要动用贮存量来满足地下水的消耗。所以，地下水贮存量起着调节作用。在人工开采条件下，如开采量大于补给量，则需要动用贮存量以支付不足；在补给量大于开采量时，则多余的水量可用来回补。

2. 地下水资源的特征

地下水资源与其他地质矿产资源相比，既有共性也有其特殊性。共性主要表现为都是地质历史的产物，资源的形成由于埋藏分布均严格地受地质条件控制。然而，地下水属于可再生资源，它既不同于固体矿产资源，也不同于其他液体矿产资源，与可再生的地表水资源相比也有区别。其特殊性主要表现在以下几个方面。

（1）可恢复性

这是地下水资源区别于其他地质矿产资源的主要特征。地下水资源是一种可以不断得到补充和更新的资源。只要合理开采、科学管理，所动用的资源量是可以恢复的，不致出现资源枯竭问题。只有当开采强度长时间超过补给能力或由于某种原因削弱了补给能力时，才会出现地下水资源减少和枯竭问题，甚至造成环境问题。

（2）可流动性

地下水资源具有流动性和补充更新能力。由于地下水的补给和更新条件随时间而变化，因此无论其是静态储量还是动态径流量，都随时间变化而变化。

（3）可调节性

这是地下水资源和一般地表水资源的主要差异。虽然两者都具有可恢复性，但是地下水资源具有较大的贮存量和调蓄能力。

（4）系统性

一般来说，地下水资源受一定地质环境条件控制，形成了不同层次的含水系统。同一系统内，地下水资源是一个不可分割的整体，有共同的补给来源。若开采系统中某一处地下水，则会对同一系统中不同地点的地下水位和地下水量产生影响。不同含水系统地下水之间，一般没有或只有极少水力联系。

（5）复杂性

地下水是环境的一个重要组成部分，它的形成与环境条件有紧密联系。同时，地下水资源状况的改变也将对环境产生重大影响。因此，地下水系统及其演变规律远比地表水系统复杂得多。

3. 地下水资源的开发利用及存在的问题

我国总降水量年平均为 $6×10^{12}\,\mathrm{m}^3$。除蒸发、泄漏外，地表径流量为 $2.6×10^{12}\,\mathrm{m}^3$。天然资源主要是直接或间接接受降水或地表水转化入渗的地下水多年平均补给量，一般用各项补给量总和表征。地下水具有水质好、温差小、易开采、费用低等特点。同时，地表水容易受污染，因此地下水越来越成为城市、农业、工业的重要水源。

地下水开发利用中存在比较突出的一个问题是超量开采。浅层地下水降落漏斗主要分布在华北、华东地区，漏斗面积从 $10\sim10000\mathrm{km}^2$ 不等。西北和东北地区浅层地下水降落漏斗面积多为 $10\sim1000\mathrm{km}^2$。中南和西南地区地下水降落漏斗较少，且面积较小，多在 $10\mathrm{km}^2$ 以下。深层地下水降落漏斗主要分布在华北、华东地区，漏斗面积多在 $100\mathrm{km}^2$ 以上，甚至达 $10000\mathrm{km}^2$。地下水超量开采不仅破坏水资源，而且危害生态环境，并导致泉水断流、地面沉降、海水入侵及荒漠化等问题。

3.2　地下水引起的岩土工程问题

岩土工程是建筑工程的重要分支，施工工作涉及岩石、土壤、地下水等物质。岩土工程容易受地下水的影响，部分施工单位对地下水问题并不重视，从而为岩土工程埋下了安全隐患。地下水长时间浸泡岩土地基将严重降低地基的强度，进而危害地表建筑物的安全，极有可能引发建筑物塌陷事故，造成经济损失与人员伤亡。纵观国内岩土工程施工状况，发现不少施工单位并不重视水文地质勘察工作，部分施工单位虽然在开工前开展了水文地质勘察工作，但是由于勘察工作没有把握重点、工作人员不认真等因素的影响，实际勘察质量较差，致使岩土施工中水文地质问题频频出现，既延误了施工工期、又增加了建设成本。

3.2.1　环境对地下水位的影响

1. 温室效应引起的水位上升

近年来，温室效应及其对社会的影响越来越引起人们的注意。长期以来，人类不加节制大规模地伐木燃煤、燃烧石油及石油产品，释放出了大量二氧化碳，农业生产也排放大量甲烷等气体，地球的生态平衡遭到了破坏，致使气温不断上升（图3-7）。温室效应使得全球变暖，这在延长降雨历时、增大降雨强度的同时，加速了寒冷地区的冰雪消融，促使海平面大幅度上升。海平面上升和地面径流的增加，导致局部地区地下水位上升。

(a) 滥伐森林　　　　　　　　　　　(b) 燃煤发电

图3-7　温室效应的主要来源（一）

(c) 石化燃烧

(d) 北溪天然气泄漏

图 3-7　温室效应的主要来源 (二)

2. 人类活动引起的地下水位降低

随着世界人口的不断增长和工农业生产的不断发展，人类不得不面对全球性缺水环境问题。人类在以往改造自然的过程中，没有注意对环境的保护，大量淡水资源被污染，使得原本就很有限的水资源愈发紧张。地下水开采地区、开采层次、开采时间过于集中，地下水开采量大于补给量，导致地下水位不断下降，漏斗范围不断扩大 (图 3-8)。由于开采设计上的错误或工业、厂矿布局不合理和水源地过分集中，也常导致地下水位过大和持续下降 (图 3-9)。以上海为例，由于地下水位下降引起的最大沉降达 2.63 m。

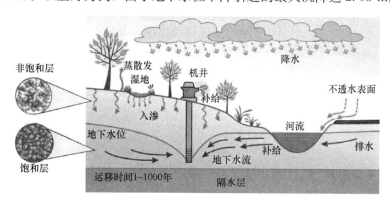

图 3-8　地下水的开采与补给

除了人为开采外，其他许多因素也能引起地下水位降低。如河流的人工改道，上游修建水库、筑坝截流或上游地区新建或扩建水源地，截夺下游地下水补给；矿床疏干、排水疏干、改良土壤等活动。另外，工程活动如降水、排水施工活动也能造成局部地下水位下降。

3.2.2　地下水位上升引起的岩土工程问题

1. 浅基础地基承载力降低

无论是砂性土还是黏性土地基，其承载能力都随地下水位的上升而下降。由于黏性土存在黏聚力作用，故其承载力下降幅度较小，最大降幅在 50% 左右；而砂性土地基承载力的最大下降幅度可达 70%。

图 3-9　地下水开采引起的地下水位下降和地面沉降

2. 地震液化加剧

地下水与砂土液化密切相关，没有水，也就没有所谓砂土液化。研究发现，随着地下水位的上升，砂土抗地震液化能力随之减弱。在上覆土层为 3m 的情况下，地下水位从埋深 6m 处上升至地表时，砂土抗液化能力降低可达 74% 左右。

3. 建筑物震陷加剧

对饱和疏松的细粉砂地基而言，地震作用下的液化现象可导致建筑物产生附加沉降，即液化震陷。对软弱黏性土而言，地下水位上升会增加饱和度并扩大饱和范围。由此降低承载力，扩大震陷幅度。

4. 土壤沼泽化、盐渍化

当地下潜水位上升接近地表时，由于毛细作用可导致地表土层过湿而呈沼泽化，或由强烈的蒸发浓缩作用而形成盐渍土。这不仅改变了岩土原来的物理性质，而且改变了潜水的化学成分，增强了岩土及地下水对建筑物的腐蚀。

5. 产生变形、滑移、崩塌等不良地质现象

在河谷阶地、斜坡及岸边地带，地下潜水位或河水位上升时，岩土体的浸润范围会增大，浸润程度会加剧。岩土被水饱和、软化，会大幅度降低其抗剪强度。地表水位下降时，会发生向坡外的渗流，由此可能产生潜蚀、流沙、管涌等现象，破坏岩土体的结构和强度。地下水的升降变化还可能增大动水压力。以上物理力学变化会促使岩土体产生变形、崩塌、滑移等地质灾害。因此，在河谷、岸边、斜坡地带修建建筑物时，应特别重视地下水位上升、下降变化对斜坡稳定性的影响。

6. 冻胀作用的影响

在寒冷地区，地下潜水位升高会导致地基含水量的增多。由于冻结作用，岩土中的水分往往迁移并集中聚集，形成冰夹层或冰锥，致使地基产生冻胀、隆起等灾害。冻结状态

的岩土体具有较高的强度和较低的压缩性，但温度升高岩土解冻后，其抗压和抗剪强度大大降低。对于含水量很大的岩土体，融化后的黏聚力约为冻胀时的1/10，压缩性也增高很多，致使地基产生融沉，极易导致建筑物失稳或开裂。

7. 对建筑物的影响

当地下水位在基础底面以下压缩层范围内变化时，会直接影响建筑物的稳定性。若水位在压缩层范围内上升，水浸湿、软化地基土，使其强度降低、压缩性增大，建筑物可能产生较大沉降。地下水位上升还可能引起基础上浮和建筑物失稳。

8. 对湿陷性黄土、崩解性岩土、盐渍岩土的影响

当地下水位上升后，水与岩土相互作用，湿陷性黄土、崩解性岩土、盐渍岩土将可能产生湿陷、崩解、软化，其岩土结构破坏、强度降低、压缩性增大。这些变化将导致岩土体产生不均匀沉降，引起上部建筑物倾斜、失稳、开裂，地面或地下管道被拉断。地下水位上升对结构不稳定湿陷性黄土的影响更为严重。

9. 对膨胀性岩土的影响

在膨胀性岩土地区，浅层地下水多为上层滞水或裂隙水，无统一水位，且水位季节性变化显著。地下水位季节性升、降变化或岩土体中水分的增减变化，可引起膨胀性岩土产生不均匀胀缩变形。当地下水位变化频繁或变化幅度较大时，不仅岩土的膨胀收缩变形会交替发生，而且胀缩幅度也会增大。地下水位上升还能引起坚硬岩土软化、水解、膨胀、抗剪强度与力学强度降低，引起滑坡（沿裂隙面）、地裂、坍塌等不良地质现象，导致强度降低甚至消失，引起建筑物破坏。因此，对膨胀性岩土地基进行评价时，应特别注意对场区水文地质条件的分析，科学预测在自然及人类活动条件下水文地质条件的变化趋势。

3.2.3 地下水位下降引起的岩土工程问题

地下水位下降往往会引起地表塌陷、地面沉降、海水入侵、地裂缝产生和复活以及地下水源枯竭、水质恶化等一系列生态问题，并将对建筑物产生不良影响。

1. 地表塌陷

塌陷是地下水动力条件改变的产物（图3-10）。水位下降与塌陷有密切关系。当地下

图3-10 地表坍塌

水位降幅保持在基岩面以上且较稳定时，不易产生塌陷。水位降深小，地表塌陷坑数量少，规模小；地下水位下降幅度增大，则水动力条件急剧改变，水对土体的潜蚀能力增强，地表塌陷坑数量增多，规模相应增大。

2. 地面沉降

地下水抽汲会导致地下水位下降，严重时会引起区域性地面沉降。国内外地面沉降的实例表明，抽汲液体引起液压下降使地层压密是导致地面沉降的主要原因。国内有些地区，由于大量抽汲地下水，已先后出现了严重的地面沉降（图3-11）。

图 3-11　地面沉降

3. 海（咸）水入侵

近海地区的潜水或承压水往往与海水相连。在天然状态下，陆地的地下淡水向海洋排泄，含水层保持较高水头，淡水与海水保持某种动态平衡，因而陆地淡水含水层能阻止海水的入侵。如果大量开采陆地地下淡水，会引起地下水位大面积下降，可导致海水向地下水开采层的入侵，使淡水水质变坏，并增加地下水的腐蚀性（图3-12）。

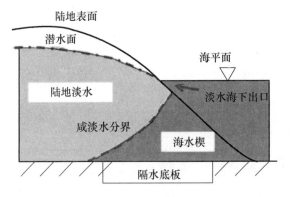

图 3-12　海水入侵示意图

4. 地裂缝复活与产生

近年来，我国不仅在西安、关中盆地发现地裂缝，在山西、河南、江苏、山东等地也发现了地裂缝（图3-13）。据分析，地下水位大面积、大幅度下降是发生地裂缝的重要诱因之一。

5. 地下水源枯竭，水质恶化

当地下水开采量大于补给量时，地下水资源就会逐渐减少，以致枯竭，会造成泉水断

图 3-13　地裂缝

流，井水枯干，有害离子增多，矿化度增高等不良现象（图 3-14）。

图 3-14　河水枯竭

6. 对建筑物的影响

当地下水位升降只在地基基础底面以下某一范围内发生时，对地基基础的影响不大，地下水位的下降仅会轻微增加基础的下沉量。当地下水位在基础底面以下压缩层范围内发生较大变化时，将导致岩土自重应力明显增加，基础的附加沉降显著增大。如果土质不均匀或地下水位突然下降，还可能引起建筑物发生不均匀沉降、变形甚至破坏（图 3-15）。

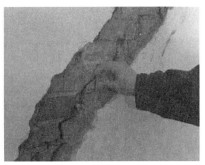

(a) 地基不均匀沉降　　　　　　　　　　　(b) 墙体变形

图 3-15　地下水位下降对建筑物的影响

3.3　地下水与地面沉降

地面沉降指地面在垂直方向发生的下沉现象，对人类社会和环境有严重影响。地面下沉是一个循序渐进的过程，可能会持续几个月甚至几年。地下水过度开采是产生地面沉降的主要原因之一。当地下水被过度抽取时，地下水位下降，土壤会因有效重量增加而下沉。

3.3.1　地面沉降的危害

地面沉降是一个全球性地质灾害，带来的损失非常严重。地面沉降往往造成建筑物开裂破坏、深井井管倾斜、港口码头失效、桥墩下沉、桥梁净空减小、地下水排泄不畅、洼地积水、海平面上升、海水入侵、地下水环境破坏等严重后果。

1. 地面沉降引起区域性海水内侵

在近海岸地带，地面沉降使地面标高低于水平潮位，因此常受大海潮侵袭。如日本的东京、新潟，美国的长滩市，我国的上海市等，许多地方因地面下沉处于平均潮位以下，经常受到海潮袭击，造成城区被淹，港口、码头、堤岸失效或作用力下降。

2. 桥墩下沉，桥梁净空减小，影响水上和陆上交通

如上海苏州河，原来每天可通行 2000 条船，吞吐量达 $1 \times 10^6 \sim 1.2 \times 10^6$ t。后因桥梁净空减小，大船已无法通行，中小船的通行时间也受到了限制，通航能力大大减小。

3. 伴生水平位移的危害

一些地面沉降强烈的地区，伴随着地面垂直沉降而发生较大水平位移，引起地表开裂，使地面和地下建筑物遭到损坏。例如美国长滩市，在垂直沉降的同时相伴而生的水平位移最大达 3m 左右，在土层中产生巨大剪应力，使铁轨与桥墩、建筑物墙与支柱和桁架以及油井和其他管道遭到了严重破坏。

4. 破坏市政工程，引起沉陷区域积水

地面沉降造成深井管相对上升，引起原来深井泵座因高出地面而失去取水功能。还会造成沉降区域积水，增大了城市防洪压力。

地面沉降对环境的危害还表现出以下主要特点：一般发生比较缓慢，难以察觉；一旦发生了沉降，即使消除了产生沉降的原因，沉降后的地面也是不可能完全复原的。由于地面沉降主要发生在人口密集、工业发达的城市和工业区，往往会造成严重后果。因此，关于地面沉降的环境岩土工程研究不仅有重要的理论价值，而且对城市建设、工农业生产、国民经济发展和人民生活具有重要的实际意义。

3.3.2　地面沉降的影响因素及机理

地面沉降是一个多因素综合作用的环境岩土工程问题。这些因素大致可分为两类，一类是自然动力地质因素，包括内营力（如新构造作用大地震、火山活动）及某些外营力（如溶解、冻融和蒸发等）；另一类是人类工程经济活动作用，包括建筑物的静、动荷载，开采地下油、气、水等液态矿藏。内营力是地面沉降产生的基本因素，这些因素往往构成地面沉降的基本地质环境；外营力是地面沉降的诱发因素，但开采地下流体这一诱发因素

往往能转变为地面沉降发生、发展的控制因素。

目前普遍采用有效应力原理解释地面沉降机理。有效应力原理是指开采地下水之前，含水层上覆荷载由含水层固体颗粒骨架及地下水共同承担，即：

$$\sigma_\text{总} = \sigma + u \qquad (3\text{-}9)$$

式中，$\sigma_\text{总}$ 为上覆荷载总应力；σ 为骨架承担的压力，为有效应力；u 为水体承受的压力，为孔隙水压力。

当开采地下水后，孔隙水压力 u 由于水位下降而减小，但是上覆荷载总应力 $\sigma_\text{总}$ 并未改变，从而引起含水层中的有效应力增加，即原来由水承担的一部分荷载转向由土骨架承担。这样，骨架由于附加的有效应力而受到压缩。土体颗粒的压缩量与孔隙压缩量相比可以忽略，骨架的压缩实际上是土体孔隙的压缩，土体孔隙的压缩变形则表现为地面下沉。理论上讲，抽水一开始即有沉降出现，只是短时间内水位下降不会使含水层发生固结变形，而是可恢复变形。因而，当抽水停止后水位即可恢复到原始状态，基本上不发生地面沉降。但若地下水位保持长期持续下降状态，含水层就会因为发生固结变形而形成地面沉降现象。事实上，地面沉降受众多因素控制，地面沉降机理仍是一个尚需要深入研究的问题。

3.3.3 地面沉降典型案例

1. 京津冀地面沉降之谜——过量开采地下水

经常坐京津城际高铁的人会发现，高铁在经过天津杨村或北京亦庄附近时往往会降速，从将近时速 300km 变成时速 150km 左右。从亦庄往北延伸 50km，在北京高丽营地区的田野里，地面上有一个裂开了的大口——地裂缝。京津冀地区是世界上最大的地下水降落漏斗，发生地面沉降面积达 $7\times10^4\,km^2$。京津冀地区地面沉降主要是由于过量开采地下水引起的，但其他因素如构造运动、地表荷载、土体自然固结和有机质氧化也是影响因素。不均匀地面沉降地区会引起部分地段路基和桥梁变形。当高铁经过地面沉降区域时，为安全运行不得不降低速度。

地面沉降严重威胁建筑、管线、高铁和防洪安全。缓慢的地面沉降常常不被大家察觉，只有当不均匀沉降比较突出并诱发地裂缝等次生灾害，或对房屋、道路造成明显破坏时，才会感受到它的存在并被特别重视。据统计，目前世界上已有 150 多个国家和地区发生地面沉降，包括美国、日本、墨西哥、荷兰和意大利等国家。地面沉降已经成为一个全球性环境岩土工程问题。

2. 天津地裂

2023 年 5 月，天津津南区八里台镇发生了住宅楼沉降问题，地面开裂并凸起，住宅楼墙体出现裂缝（图 3-16）。八里台东路的碧桂园凤锦庭院是地裂主要小区。5 月 31 日下午，马路突然发生了爆裂，随后地面出现裂缝，小区地下停车场出现裂痕渗水，小区住宅楼墙面出现裂痕。小区内 10 多栋楼受到了不同程度影响。

3.3.4 地面沉降的防治

地面沉降的预防与治理在当前是一个较为突出的问题，采取限制开采地下水、人工回灌、调整含水层开采层位等措施可使地面沉降得到缓解。但已经产生的地面沉降很难恢

图 3-16　天津地裂

复，治理难度很大。因此，地面沉降重在预防，在掌握其变化规律和影响因素的情况下，可采取有效的针对性措施防止其进一步发展。

（1）不断提高全民的防灾减灾意识和严格依法管理地下水资源。地面沉降与其他环境岩土工程问题一样，均与人类的工程经济活动有密切关系。因此，首先要加强环境保护宣传，唤起全民防灾减灾意识，使防灾减灾和环境保护成为全民共识。其次要建立健全保护地下水资源管理机构和管理制度，严格依法管理，做到保护和合理利用地下水资源，预防地下水开发诱发的地面沉降。

（2）限制地下水开采量。地面沉降与地下水开采量在时间、地区、层位及开采强度等方面有明显的一致性。因此，为了合理利用地下水资源，必须严格限制和压缩地下水开采量。具体措施包括以地表水代替地下水源；以人工制冷设备代替地下水冷源；实行一水多用，最大限度做到地下水的综合利用。

（3）人工回灌补给地下水。对过量开采地区，进行地表水人工回灌以促使地下水位回升，达到控制地面沉降的目的。但地面沉降是一个复杂过程，采用人工回灌措施可以部分恢复地面沉降，而土体的固结变形是无法完全恢复的。

（4）调整地下水开采层次。造成地面沉降的主要原因是地下水的集中开采（开采时间集中、地区集中、层次集中），适当调整地下水开采层次和合理分配开采时间，可以有效控制地面沉降。

（5）建立完善的地面沉降动态监测网，加强地面沉降监测设施的建设和保护，逐步建立监测预警机制，随时监测地面沉降变化情况，做到早发现、早治理。

3.4 地下水对岩溶塌陷的影响

岩溶又称喀斯特，指流动的侵蚀性水流与可溶岩石之间的相互作用过程和由此产生的结果。岩溶会诱发塌陷地质灾害。

3.4.1 岩溶和岩溶塌陷

岩溶作用包括化学溶解、沉淀、水流冲蚀、重力崩塌及生物溶蚀等。岩溶作用可形成溶沟、石芽、溶槽、落水洞、漏斗、洼地、峰林等地表形态和溶孔、溶隙、溶洞、管道等地下空间。赋存于各种岩溶空隙中的地下水称为岩溶水。岩溶地区占全球陆地面积的15%，全世界至少有10亿人居住于岩溶区或以岩溶水作为主要供水水源。

岩溶发育的基本条件包括透水的可溶岩存在和有侵蚀能力并不断流动的水。岩溶发育程度和速度与可溶岩的透水性和水流性密切相关。岩溶塌陷指岩溶洞隙上方的岩、土体在自然或人为因素作用下发生变形，在地表形成塌陷坑（洞）的一种岩溶动力地质作用与现象，是岩溶地区因岩溶作用而发生的一种地面变形和破坏灾害，也是我国主要的地质灾害之一。岩溶塌陷可分为基岩塌陷和上覆土层塌陷，前者由于下部岩体中的洞穴扩大而导致顶板岩体的塌落，后者则由于上覆土层中的土洞顶板因自然或人为因素失去平衡而产生下陷或塌落。

在天然条件和人类生产活动影响下，特别是大量抽取和疏干岩溶地下水，也会引起地面塌陷、沉降和开裂等地面变形问题。因此，近年岩溶地区地面塌陷已成为环境岩土工程研究的主要问题之一。

3.4.2 我国岩溶塌陷的分布及其危害

据不完全统计，全球有16个国家存在严重的塌陷问题。我国可溶岩分布面积为$3.63 \times 10^6 \text{km}^2$，是世界上岩溶塌陷发育最广泛的国家之一，除上海、宁夏、新疆等地以外，全国在24个省（市、区）内共有岩溶塌陷903处，塌陷坑约32000个。其中，尤以南方的桂、黔、湘、赣、川、滇等省最为发育。北方则以冀、鲁、豫、晋、辽等省区较为发育，在京、苏、皖等地也发生过不同程度的岩溶塌陷灾害。

岩溶塌陷对土地资源、地下水资源和人类居住环境均会造成极大危害，同时破坏生态系统的稳定和平衡，降低生态环境承载力，严重时可造成人员伤亡和巨大经济损失。岩溶塌陷对土地资源的危害主要表现在土地资源退化、污染、农作物减产、土壤侵蚀等方面。岩溶塌陷发生在耕地区还会减少耕地面积，所形成的低洼区域会使土地受到污染、侵蚀的可能性大大增大，原有土地功能遭受重大损失。岩溶塌陷多发生在水源地抽水造成的降落漏斗中心附近。地表受污染水体、上层受污染潜水和工业废水或生活污水通过岩溶洞穴等通道更容易进入地下深层岩溶水，使地下水资源污染加剧。岩溶塌陷对人类居住环境的危害主要表现在对房屋、道路、管线、其他设施的破坏。在岩溶塌陷区，房屋地基不均匀沉陷会使墙体开裂，甚至倒塌，造成人员伤亡、地下管道破裂、输电或通信线路中断(图 3-17)。

图 3-17　岩溶塌陷

3.4.3　岩溶塌陷形成的基本条件及因素

1. 岩溶地面塌陷形成的基本条件

溶洞的存在为地面塌陷提供了必要的空间条件。洞隙的发育和分布受岩溶发育条件制约，因此洞隙一般主要沿构造断裂破碎带、褶皱轴部、张裂隙发育带、质纯厚层的可溶岩分布地段或者与非可溶岩接触地带分布。

在溶蚀洼地、谷地、槽谷、喀斯特平原和河流低阶地等地区，地下水活动频繁、交替强烈，浅部岩溶洞穴发育。不仅为塌陷物提供了必要的储集空间和运移场所，还直接控制着塌陷的分布。喀斯特发育的程度和不均一性影响着地面塌陷的规模和强度，也是塌陷具有带状、零星状和面状等分布特点的原因。

地面塌陷体的物质成分可以是各类岩石，也可以是第四纪松散堆积物。第四纪松散堆积物是已知塌陷体的主要组成部分，形成的塌陷称为土层塌陷。

由于黏土在饱水情况下呈软塑至流塑状态，容易在地下水活动下流失。因此，在覆盖型岩溶地区的黏性土中，常常发育土洞。土洞主要沿两个部位分布，一是岩土接触界面附近，二是地下水位季节变动带。当土层较薄、地下水位埋深较浅时，两部位经常合在一起，使土洞更易发育，直至形成地面塌陷。

地下水是地面塌陷形成过程中最积极、最活跃的因素。土层中含水量的增减改变着土体的重度和状态。渗透水流产生的渗透压力会引起潜蚀作用而使土粒和土体迁移，出现管涌和流土现象。地下水位上升，可使地下水位以下的土体所受的浮托力产生变化或使封闭较好的溶洞气体出现向上的冲压（正压力）或形成负压腔，由此出现冲爆或吸蚀现象，引起岩土体破坏。

地下水除具有溶蚀作用外，还具有侵蚀、搬运能力，并由此改变洞穴空间的大小和形状。地下水的这些作用将使岩土体产生失托增荷效应、渗透潜蚀效应、负压吸蚀效应、水气冲爆效应、触变液化效应、溶蚀效应等多种物理力学效应，从而引起岩土体破坏，形成土洞或溶洞，或直接导致塌陷。

2. 影响岩溶地面塌陷产生的因素

岩溶塌陷的产生，除上述三个基本条件外，一些自然和人为因素都可影响和诱发塌陷。这些因素包括地形条件、降雨和蓄水、干旱与抽排水、地震与振动、重力与荷载、酸碱溶液溶蚀等。

喀斯特地区内的洼地、谷地、盆地、河谷等，往往是构造裂隙发育和喀斯特发育部位。且多形成汇水中心或是地下水主径流带和排泄带，极易产生地面塌陷。

降雨和蓄水是引起地下水活动的重要原因，其中降雨对塌陷的影响十分重要。通过湿润和饱和岩土，可增加岩土体重度并降低其强度，同时形成渗透水流，促使渗透潜蚀作用产生和发展。地下水位上升，造成岩溶洞穴正压力增大，静水压力和荷载的增加会诱发塌陷。

干旱、人工抽水和矿坑排水是引起地下水位下降的主要因素。由于地下水位下降，岩土体失去浮力，同时渗透压力增大潜蚀作用和水击作用增强。在一些封闭较好的地段会出现真空负压并产生负压吸蚀作用。覆盖土层或溶洞充填物可能产生触变液化，从而破坏岩土体结构，引起塌陷。湖南水口山矿、广西泗顶矿、广东凡口矿等众多矿山，都因矿坑排水、突水而诱发了大面积塌陷。

地震和振动会引发地震裂缝破裂效应、斜坡变形破坏效应、土体压密下沉效应、振动液化效应、流塑变形效应等，并破坏岩土体。在有溶洞分布的地区，常常引发地面塌陷。当重力和外荷载变化时，作用于溶洞或土洞顶板的效应相应变化，也会引起岩土体破坏和塌陷。

地表污水下渗溶滤，特别是一些废酸液体的排放，对岩溶地区岩土体具有强烈的溶蚀破坏作用。这种作用会改变岩土体结构并降低强度，大量溶解并带走可溶物质而形成土洞，并可进一步诱发塌陷。

3. 岩溶塌陷的形成机理

按塌陷产生时的受力状态可以划分为潜蚀塌陷、重力塌陷、吸蚀塌陷、压缩气团冲爆塌陷、振动塌陷、荷载塌陷等。

（1）潜蚀塌陷

潜蚀塌陷是由于地下水的潜蚀作用造成的塌陷。由于地下水位的下降，水力坡度增加，由此产生较大的动水压力，地下水的渗透压力也随之逐渐增大。当水力坡度增加到可使洞穴充填物或土层中细小颗粒发生迁移时便产生了潜蚀作用。首先在土层中形成一些细小空洞，然后逐渐形成一些土洞，随着土洞由下向上逐渐扩大，最后造成地面塌陷。产生土粒迁移的初始水力坡度称为临界水力坡度。

潜蚀塌陷的产生，一是要有足够大的水力坡度；二是要有水流的不断作用。一般情况下，潜蚀塌陷是经多次水位变化产生多次潜蚀作用形成的。

（2）重力塌陷

在覆盖较浅的岩溶区，暂时处于相对稳定状态的土洞，当土层再次饱水时其力学性能将迅速劣化，在土洞周围形成减压拱。当减压拱不能抵抗上覆土层的自重荷载时土体将沿土洞产生自下而上的间断性剥落，土洞迅速扩大，发生瞬间陷落而引发地面塌陷。

（3）吸蚀塌陷

负压是指低于1个标准大气压的压力。封闭较好的洞穴空间，在负压条件下岩土体爆裂并发生吸蚀作用，引发垮塌而造成的地面塌陷称为吸蚀塌陷。

（4）冲爆塌陷

在自然和人为因素作用下，若地下水位迅速升高，封闭较好的洞穴空间会产生高压气团或较大的静水压力。当这种高压气团和静水压力超过洞穴顶板允许强度时，会冲破顶部岩土体产生爆裂，接着在岩土自重及水流作用下引起地面塌陷。这种塌陷称为冲爆塌陷。

（5）振动塌陷

喀斯特区饱水沙土在受到爆破、机械振动作用时，出现沙土液化现象。如果液化沙土下部有土洞和溶洞，可使土洞扩展并诱发潜蚀作用，进而造成地面塌陷。振动作用也可使岩土体结构遭受破坏，力学强度降低，岩土体可能沿下部洞穴陷落，造成塌陷。

（6）荷载塌陷

喀斯特地区隐伏的溶洞和土洞，当其顶部附加荷载超过允许强度时，将造成洞顶塌陷。这种塌陷称为荷载塌陷。

综上所述，地面塌陷的形成机理是复杂的，影响和触发因素多种多样，必须具体问题具体分析，才能认识和把握塌陷产生的主导和影响因素，正确地进行预测、评价和合理选择预防和治理措施。

3.5   地下水污染

地下水赋存环境复杂，流动极其缓慢。因此，地下水污染具有过程缓慢、难以发现和难以治理等特点。地下水一旦受到污染，即使彻底消除污染源，也得十几年甚至几十年才能使水质复原。若要进行人工地下含水层更新，问题将更为复杂。

3.5.1   地下水污染

1. 地下水污染的概念

受人类活动影响，某些污染物质、微生物或热能会以各种形式通过各种途径进入地下水系统，引起水质恶化，影响国民经济建设与人民正常利用，危害健康，破坏生态平衡，损害优美环境的现象，统称为"地下水污染"（图3-18）。

图 3-18   地下水污染

地下水污染的表现形式包括：（1）地下水中出现了本不应该存在的各种有机化合物（如合成洗涤剂、去污剂、有机农药等）；（2）天然水中含量极微的毒性金属元素（如汞、铬、镉、砷铅及某些放射性元素）大量进入地下水；（3）各种细菌、病毒在地下水中大量繁殖，其含量远超出国家饮用水水质标准界限指标；（4）地下水的硬度、矿化度、酸度和某些常规离子含量不断增加，超过了规定标准。

引起地下水污染的各种物质或能量，称为"污染物"。地下水污染物大致可分为下列3大类：（1）无机污染物。包括微量非金属组分，主要有砷、磷酸盐、氟化物等和微量金属组分，主要有铬、汞、镉、锌、铁、锰、铜等。（2）有机污染物。目前在地下水中已检出的有酚类化合物、氰化物及农药等。（3）病原体污染物。目前在已污染的地下水中经常检出的是大肠杆菌、伤寒沙门氏杆菌等。

污染物的来源或者该来源的发源地，称为"污染源"（图3-19）。地下水污染源通常可归纳为以下4类：（1）生活污染源，主要是城市和乡村生活污水和生活垃圾（图3-20）。（2）工业污染源，主要是工业污水和工业垃圾、废渣、腐物，其次是工业废气、放射性物质（图3-21）。（3）农业污染源，主要是农药、化肥、杀虫剂、污水灌溉的返水等（图3-22）。（4）环境污染源，主要是天然咸水含水层、海水，其次是矿区疏干地层中的易溶物质。

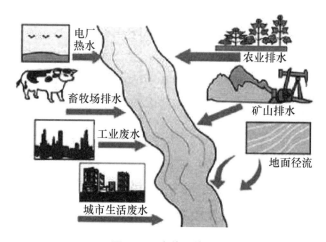

图 3-19 水体污染源

图 3-20 城市生活垃圾

图 3-21　工业污染

图 3-22　农业污染

2. 地下水污染的途径

污染物从污染源进入地下水中所经历的路线或者方式，称为"污染途径"或"污染方式"。地下水污染途径是复杂多样的，大致可分为三类，即通过包气带渗入、由地表水侧向渗入和由集中通道直接注入。

（1）通过包气带渗入，指污染物通过包气带向地下水面垂直下渗。如污水池、垃圾填埋场等。其污染程度主要取决于包气带岩土层的厚度、包气带岩性对污染物的吸附和自净能力、污染物的迁移强度等。

（2）由地表水侧向渗入，指被污染的地表水从水源地外围侧向进入地下含水层，或海水入侵到淡水含水层。污染程度取决于含水介质的结构、水动力条件和水源地到地表水的距离。

（3）由集中通道直接注入，集中通道包括天然通道和人为通道。天然通道指与污染源相通的各种导水断裂、岩溶裂隙带及隔水顶板缺失区（天窗）。一般多呈线状或点状分布，可使埋深较大的承压水体受到污染。人为通道指在各种地下工程、水井施工中，因破坏了含水层隔水顶、底板的防污作用，使工程本身出现了劣质水进入含水层的通道。

另外，地下水处于复杂多样的污染途径中，污染方式还可归纳为直接污染和间接污染两种。直接污染是地下水的污染物直接来源于污染源，污染物在污染过程中，性质没有改变，因此比较容易发现污染来源及污染途径。间接污染指地下水污染物在污染源中含量并不高或不存在，它是污染过程中新产生的污染物。这种污染方式是一个复杂的渐变过程，由于人为活动引起地下水硬度升高即属此类。

地下水污染可减少地下水可采资源量，影响人体健康，损害工业产品质量和产量，改变土壤的性质使农作物大幅度减产，增加水处理成本等。

3. 地下水污染的调查和监测

做好地下水污染调查和监测工作，掌握污染物在地下水系统中的运移和分布规律，对保护地下水具有重要意义。

在自然条件下，受地质、地貌、土壤、植被等要素分带影响，产生了地下水的区域性地球化学分带。不同地区的水质状况具有明显的地带性特征；而且在一定流域内，水中物质一般按地下水流方向由上游向下游有规律迁移、扩散。在人为因素影响下，地下水的原生水文地球化学环境受到干扰和破坏，水质成分日趋复杂，水中溶质在空间和时间上的非均质性增强。由于超量开采地下水，降落漏斗大量出现，地下水水流方向变化很大。地下水被污染后，水中污染物在平面上的迁移、扩散规律发生很大变化。因此，在这些地区进行地下水水质监测，必须精确绘制开采条件下的等水位线图，正确掌握污染物在空间和时间上的迁移分布规律，以便制定有效防治对策和措施。

地下水污染监测对象不仅包括含水层本身，还包括污染物排放源的监测和潜水位以上包气带监测。包气带对地下水污染具有特殊作用，它既对含水层起着保护作用，又是地下水污染的二次污染源。包气带土颗粒的吸附过滤作用使污水在下渗过程中得到一定程度的净化，从而对含水层起到防护作用。在地下水污染监测过程中，必须从地表污染源、包气带到含水层进行全方位系统监测，全面分析研究地下水在这一系统内的时空分布和转化规律，为根治地下水污染提供科学依据。

4. 地下水污染的防治措施

地下水污染的防治是一项综合性很强的系统工程。在地下水未被污染之前，必须建立地下水水源地防护带以保护良好的地下水环境。如水源地邻近的地下水已受到污染或水质不符合水质标准，必须采取物理、化学、生物化学或综合方法以使水质达到要求。

（1）地下水污染的预防

地下水一旦遭受污染，其治理是非常困难的。因此，保护地下水资源免遭污染应以预防为主。合理的开采方式是保护地下水水质的基本保证。尤其在同时开采多层地下水时，对半咸水层、咸水层、卤水层、已受污染的地下水层、有价值的矿水层以及含有有害元素的介质层地下水均应适度开采或禁止开采。报废水井应做善后处理，以防水质较差的浅层水渗透到深层含水层。用于回灌的水源应严格控制水质。

为了更好地预防地下水污染，还必须加强环境水文地质工作，加强对各类污染源的监督管理。依靠技术进步，改革工艺，提高废、污水净化率、达标率及综合利用率。定点、保质、限量排放各种废、污水。

（2）地下水污染的治理

污染物进入含水层后，一方面随着地下水在含水层中的整体流动而发生渗流迁移，另一方面则因浓度差而发生扩散迁移。浓度差存在于水流的上、下游之间或地下水与含水层固体颗粒之间。地下水污染治理的对象包括地下水中发生渗流迁移的污染物和固体颗粒表面所吸附的污染物。其基本原理是人为地为地下水污染物创造迁移、转化条件，使地下水水质得到净化。

我国一贯重视地下水防治工作。生态环境部于2019年印发了《地下水污染防治实施方案》和《地下水污染防治分区划分工作指南》，对地下水污染防治分区划分做出了安排部署。

3.5.2　地下水污染源和污染途径

1. 地下水污染和地下水水质恶化

地下水水质恶化主要是指地下水因环境污染、水动力及水化学条件改变，而使水中某些化学、微生物成分含量不断增加以致超出规定使用标准的水质变化过程，主要表现在以下几个方面。

（1）许多地下水天然化学成分中不存在的有机化合物（如各种合成染料、去污剂、洗涤剂、溶剂、油类以及有机农药等）出现在地下水中。

（2）在天然地下水中含量甚微的毒性金属元素（如汞、铬、镉、砷、铅以及某些放射性元素等）大量进入地下水中。

（3）各种细菌、病毒在地下水中大量繁殖，远远超过饮用水水质标准（生物污染标志是水中的氨、亚硝酸盐、硝酸盐、硫化氢、磷酸盐及生物需氧量和化学需氧量剧增）。

（4）地下水的总硬度、矿化度、酸度和某些单项的常规离子含量不断上升，以致超过使用标准。

地下水水质恶化现象是世界上许多国家地下水开发利用中共同面临的又一个严重问题，是全球性日趋严重环境污染问题的一个组成部分。地下水水质恶化不仅破坏了地下水化学成分天然平衡，而且严重损坏了地下水资源的使用价值，给人类社会带来了严重后果。

2. 地下水污染源及污染物

（1）地下水污染源

引起地下水质恶化的污染物，既可存在于地上，也可存在于地下。从成因来看，可分为天然污染源和人为污染源两大类。天然污染源指自然界中天然存在的海水、地下高矿化水或其他劣质水体。此外，含水层或包气带中所含的某些矿物（特别是各种易溶盐类）也可构成地下水污染源。人为污染源指因人类活动所形成的污染源，如工业废水、生活污水、工业固体弃物和生活垃圾、农业化肥、农药等所形成的地下水污染源。

按污染源的空间分布特征，可分为点状污染源、带状污染源和面状污染源。

（2）地下水中的污染物

地下水污染物种类繁多，按其性质可分为三类，即化学污染物、生物污染物、放射性污染物。化学污染物包括无机污染物和有机污染物。地下水中最普遍的无机污染物是 NO_3、NO_2、NH_t、Cl^-、SO、F^-、CN^-、总硬度、溶解性总固体及微量重金属铬、镉、汞、铅和类金属砷等。其中总硬度、溶解性总固体、Cl^-、SO、NO_3 和 NH^+ 等为无直接毒害作用的无机污染物。但当这些组分达到一定浓度后,同样会对其利用价值或对环境甚至人类健康造成不同影响或危害。属于有直接毒害作用的无机污染物(非金属氰化物、类金属砷和重金属中的铬、镉、汞、铅)是国际上公认的六大毒性物质。

目前,地下水中已发现的有机污染物有 180 多种,包括芳香烃类、卤代烃类、农药等,且数量和种类仍在迅速增加,甚至还发现了一些没有注册的农药。许多为环境所关注的有机污染物含量甚微,但对人类身体健康却可造成严重威胁。面对这些问题,一些发达国家,例如美国环保部把此项研究集中在 120 种有机化合物上,并把这些化合物列为优先监测项目。美国已在 17 个州进行某些有机化合物的监测,其中经常发现的有二氯乙烯、三氯乙烯、四氯乙烯等。

生物污染物包括细菌、病毒和寄生虫三类。在人和动物的粪便中有 400 多种细菌,已鉴定出的病毒有 100 多种。在未经消毒的污水中,常含有大量细菌和病毒,它们都有可能进入含水层污染地下水。

地下水中的放射性核素主要是 Ra-226、Sr-90、Pu-289、Cs-137 等。它们可能来自于核电厂等人为污染源,也可能来自放射性矿床等天然污染源。

受 2011 年大地震及海啸影响,福岛第一核电站 1~3 号机组堆芯熔毁。事故发生后,东京电力公司持续向 1~3 号机组安全壳内注水以冷却堆芯并回收污水。福岛核电站放射性废水主要有三个来源,反应堆原有的冷却剂、事故后为持续冷却堆芯而新注入的冷却水、大量渗入反应堆的地下水及雨水等(图 3-23)。发生辐射泄漏后,为控制反应堆温度,需要持续注水进行冷却以降低温度。虽然核废水可以用来循环冷却,但是由于福岛核电站临海、地势低,地下水和雨水不断渗入,核废水就变得越来越多。根据 2020 年 8 月卫星监测,可以发现污水罐只占据福岛核电站周围的一片空间,当时仍有一些区域可以用来储存废水。截至 2021 年 3 月,已储存了 1.25×10^6 t 核污水,且每天新增 140t。东京电

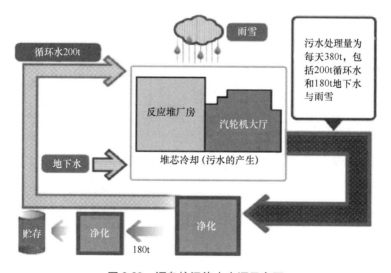

图 3-23 福岛核污染水来源示意图

力公司称到 2022 年秋现有储水罐将全部装满，且无更多空地用于大量建设储水罐
（图 3-24）。依据该公司计划，这些核污水将从靠近海岸的储水罐中排放入海。

图 3-24　福岛核污染水存储情况

当地时间 2023 年 8 月 24 日 13 时，日本福岛第一核电站启动核污染水排海。首次排
海每天将排放约 460t，持续 17d，合计排放约 7800m³ 核污染水（图 3-25）。

图 3-25　福岛核污染水排海后，海面呈现出两种颜色

2023 年 8 月 26 日，据日本 TBS 电视台报道，东电方面承认，目前储罐中约有 66%
的核污染水放射性物质含量超标。根据计划，排海时间至少持续 30 年。

思考与练习

1. 液体废弃物的主要来源有哪些?
2. 液体废弃物能造成哪些环境地质问题?
3. 地下水污染的特点是什么?
4. 污染物在地下水系统迁移过程中的主要效应是什么?

第 4 章　河湖泥沙资源化利用

党的十八大以来，习近平总书记多次赴长江、黄河考察，狠抓江河保护与高质量发展、生态文明建设，统筹确立了"江河战略"，我国江河治理取得历史性成就。

泥沙主要是指在水流中运动或经风力、重力作用沉积而产生的肉眼可见的固体颗粒集合体。河流挟运泥沙是一种客观自然行为，有水流运动必有泥沙输移。然而，由于人类对流域内自然生态环境和河流本身的干预加重，进入河流的沙量越来越多，由此导致泥沙在某些位置产生累积性淤积。泥沙在不适当部位的淤积已成为环境、防洪、航运等多方面严重问题。

4.1　河湖泥沙资源化背景

泥沙有危害性和资源性两大属性。泥沙危害性主要体现在：（1）庞大体量的泥沙会以泥石流、洪水泛滥、污染的形式给生态环境和人类社会带来危害；（2）水库淤积，影响河流泄洪及通航、影响农业生产和水利工程。泥沙资源性主要体现在泥沙中含有营养元素、有机质及石英、长石、黏土等硅铝酸盐矿物，在建筑材料、土壤修复、环境保护等方面具备应用潜力。目前，细颗粒泥沙的大量堆存不仅占用了宝贵的土地资源，而且还带来了严重的生态环境和安全问题。随着国家环保政策愈发严格，如何实现泥沙的大规模资源化利用，已成为泥沙研究的重点与难点。所谓的"资源化"，指的是通过一定技术手段实现废物充分利用，这也是循环经济的重要内容。泥沙作为一种天然资源，在充分认识其资源性基础上，发挥泥沙资源属性并有效实现最大化利用，已成为我国建设资源节约型、环境友好型社会和循环经济的基本要求。黄河泥沙见图 4-1。

图 4-1　黄河泥沙

针对严重的泥沙问题，以往提出了许多措施以减沙消灾，但在除害的同时对泥沙的利用研究甚少。实际上，泥沙是一种优良的天然资源。泥沙蚀高淤低，曾经造就了河流中下游大片平原，而且至今也在河口等区域缓慢的造地。泥沙具有许多优良特性，比如河流泥沙从上游搬运来大量矿物元素和有机质，对改良土壤结构、提高土壤肥力有显著作用。再如泥沙不仅是传统的优良建筑材料，而且是开发新型建筑材料的优质原料。泥沙在临堤、背堤的放淤是加固加高堤防的重要技术。对泥沙资源的合理开发利用可实现一举多得，有着广阔的潜在应用前景和经济效益。

在汛期利用一些圩垸行洪，不但可以增加洪水调蓄场所以降低洪水位高度，减少河道淤积，而且能够改良土壤，减少生产和施用化肥、农药，提高作物产量，降低成本，减少水质污染。采取疏浚或淤临淤背措施加高加固堤防，既可避免不顾淤积盲目加高堤防的恶性循环，又可解决疏浚航道泥沙处置问题，节省堤防建材，减少资源、环境破坏。

当前，很多河道的治理模式存在一定不足。一方面，大量泥沙淤积在河道中造成洪水位抬高、航道水深变浅，泥沙携带的大量肥料白白流入大海；另一方面，又要花费大量人力物力疏浚航道、加高巩固堤防、改良土地，造成大量资源、环境破坏。所以，泥沙资源化即采取一定措施在减小或避免其危害的同时对其加以开发利用，对减灾兴利是非常必要的。

4.2　当前泥沙问题及根源

泥沙是陆地和海洋相互作用的产物，主要由风、水和冰的侵蚀、破坏和运动形成。

4.2.1　当前的泥沙问题

河流作为地球水圈中联系陆地大气降水与海洋的纽带，不仅是宣泄水流的通道，同时也担负着输移泥沙功能。在漫长的历史进程中，江河不断从上游搬运泥沙填平中下游湖泊洼地和海湾，形成了广大的冲积平原。远古时期，由于人们生产力水平低下，对自然的干扰较小，流域的侵蚀输沙处于一种无约束纯自然状态，人类居住范围也限于洪泛区之外的高地。随着文明的发展，人类改造自然的幅度越来越大，耕作规模、范围不断扩大，在河流上兴修了一些防洪整治工程对其进行约束。人类的干预可能加重流域水土流失，致使中下游一些地区发生累积性泥沙淤积。同时，人类财产和活动范围逐渐向高洪水风险区扩展，航运等与河流相关的产业相继出现，泥沙问题开始在防洪、航运、水力发电、农业灌溉、生态环境等方面逐渐突出。在一些河流或者某些河流的特定河段，泥沙淤积问题更成为各种矛盾的焦点。

江河水沙情势变化是共同关注的全球问题。近几十年来，全球河流径流总量约 $4 \times 10^4 \mathrm{km}^3$，总体上没有明显的变化。约 50% 的河流输沙量发生了显著变化，河流入海沙量约 $1.26 \times 10^{10} \mathrm{t}$。由于人类对流域的干扰，特别是大坝的建设，使河流入海输沙量减少了约 $2/3$。

我国 12 条主要河流代表性水文站多年平均总径流量为 $1.4035 \times 10^{12} \mathrm{m}^3$，年总径流量的 M-K 统计变量基本在 $-1.96 \sim 1.96$ 波动，2020 年 M-K 统计变量为 -0.43，表明年总径流量随时间没有明显变化趋势。我国主要河流代表水文站多年平均总输沙量为 $14.03 \times$

10^8 t，2020 年的 M-K 统计变量为 -8.25，其绝对值远大于 3.01，表明年总输沙量呈明显持续减小态势。实测资料显示，20 世纪 50 年代我国 12 条主要河流平均总输沙量为 2.452×10^9 t，20 世纪 70 年代减至 1.941×10^9 t，20 世纪 90 年代减至 1.304×10^9 t，2001—2010 年减少为 5.88×10^8 t，2011—2020 年仅为 3.81×10^8 t。

　　黄河下游河道受泥沙淤积影响，河床不断抬高，过流能力不断降低，如图 4-2 所示。黄河是世界上输沙量最大的河流，其输沙量约占我国江河的 60%。从百年尺度看，1919—2020 年黄河干流实测径流量和输沙量呈显著减少趋势。1919—1959 年黄河潼关站实测年平均径流量和输沙量分别为 4.26×10^{10} m^3 和 1.6×10^9 t，该时期水利工程和水土保持措施影响小，常作为人类活动影响较小的基准期。2010—2020 年潼关站实测年平均径流量和输沙量分别较基准期减少 30% 和 89%。

图 4-2　黄河泥沙淤积

　　黄河上游头道拐站径流量和输沙量分别占黄河中下游的 62% 和 10%。实测资料表明（图 4-3），1919—1986 年头道拐站年平均径流量和输沙量变化不大，2000—2020 年年平均径流量较基准期减少 25%，1987—2020 年年平均输沙量较基准期减少 65%。黄河中游段头道拐、龙门、潼关各水文站泥沙沿程减少幅度不断增大。头道拐至潼关区间主要支流皇甫川、窟野河、无定河、延河、汾河、北洛河和渭河等为中游主要产沙区，2010 年以来各支流输沙量较 1956—1986 年减少 88%～99%。黄河下游花园口站水沙变化趋势与潼关站一致，2010—2020 年年平均径流量和输沙量较 1950—1986 年分别减少 30% 和 90%。1999 年小浪底水利枢纽蓄水启用以来，下游河道由累积性淤积转为累积性冲刷。河口利津站 2010—2020 年年平均径流量和输沙量较 1952—1986 年分别减少 48% 和 86%。黄河流域总体呈现山变绿、沙变少、水变清的良好态势。

　　从多年平均含沙量来看，长江干流从宜昌站的 1.18 kg/m^3，向下递减至汉口站仅有 0.61 kg/m^3，再向下递减到大通站只剩下 0.53 kg/m^3，泥沙沿程发生沉积。九江至大通 241.2 km 的河段中，江心洲连续分布。由于江心洲对水流的影响，常常出现主汊冲、支汊淤；洲头冲、洲尾淤，从而形成了多个卡口，造成江槽泄流不畅、水位壅高。在长江中

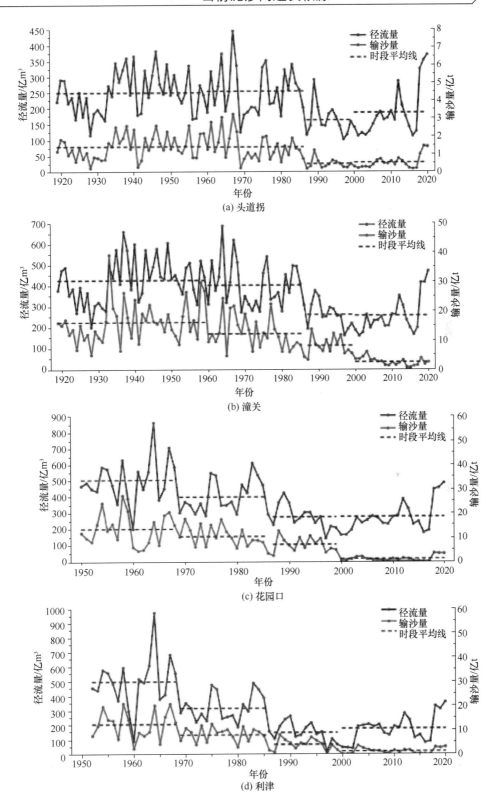

图 4-3　黄河上中下游主要水文站 1919（1950）—2020 年水沙变化过程

游，由于三口的萎缩等自然和人类活动作用，长江和洞庭湖江湖关系发生了变化，入湖水沙量减少导致洞庭湖的天然沉沙功能衰减，本应淤在湖区的泥沙被转移到干流淤积，造成了城陵矶至汉口河段迅速淤积。

近几十年来长江输沙量也呈大幅度减少趋势。分析表明，三峡入库水量变化不大，呈略微减少趋势，而入库沙量大幅减少。以三峡入库卵石推移质来量（简称卵推量）为例，朱沱站卵推量为 $3 \times 10^4 \sim 5 \times 10^4$ t，寸滩站卵推量为 $2 \times 10^4 \sim 3 \times 10^4$ t。采用梯级水库群拦沙效果评估模型对单一水库拦沙率、梯级水库群拦沙率、分组拦沙率综合分析表明，在新的水沙情势及上游梯级水库拦沙作用下，三峡入库来沙量减幅明显。不考虑未控区间时未来 $30 \sim 50$ 年三峡入库年均沙量为 8.5×10^7 t，考虑未控区间时三峡入库年均输沙量为 1.0×10^8 t。

除黄河、长江之外，海（滦）河、淮河等各大流域都存在各种泥沙问题。由于历史上的长期累积淤积，许多地方出现了土地盐渍化，形成了易涝洼地等次生环境问题。累积性的淤积使许多河段成为地上悬河，河床与周围地面高差不断增加，不仅造成平原排涝沟渠入河困难，而且使地下水向悬河两侧平原地区的渗透量增加，土地沼泽化趋势加剧。例如，沿黄河下游大堤两侧的背河洼地经常发生涝碱灾害；海河流域潮白河、永定河、滹沱河等含沙量较高，河床淤积严重，在堤防约束下形成了明显的地上河，加之海河扇形水系下游向天津附近集中的特点，河道之间发育了大片易涝洼地。

4.2.2　泥沙问题的根源

泥沙问题在各大江河都存在。不同流域的泥沙问题可能严重程度不一、影响范围不同，有些是流域性的，如上中游的生态破坏引起水土大量流失，超出河流的挟运能力，造成下游全局性河床淤积抬升从而抬升黄河大堤（图4-4）。有些只体现在流域内一定区域，如由于泥沙不断淤积或某种原因的触发，区域内的泥沙淤积部位发生改变，局部河段发生急剧的累积性淤积（如荆江洞庭湖区）。还有一些是人类整治活动对河流的约束引起的河流自调整作用，导致局部河段水沙输移规律改变，随后带来防洪、航运等一系列问题。

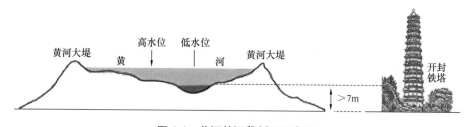

图 4-4　黄河某河段剖面示意图

无论何种原因引起的淤积都可以归结为河道中沙量过多，超出了河道承载能力，造成局部或长河段淤积，甚至殃及河口。分析泥沙问题的根源，离不开对河流演变历史的回顾。在远古时代的自然状态下，之所以沙患甚少是因为河流上游来沙量适度，而且在中下游平坦低洼区有分沙或沉沙区。如在帝尧时代（公元前 2600—公元前 2100 年），黄河"洪水横流、泛滥天下"。东周春秋（公元前 770—公元前 256 年）初期，黄河下游沿岸诸侯筑坝自保，黄河水流有了堤防的约束，泥沙也开始在堤内沉积，致使河床抬高并在春秋中期形成了地上河。周定王五年（公元前 602 年），发生了有历史记载的第一次大改道。此后黄河就处于筑堤—淤积—悬河—决溢—改道—筑堤的恶性循环之中。人类对黄河中上游，特别是黄土高原区植被的严重破坏造成的大量水土流失是泥沙淤积的主要原因。修筑堤防保护生产则使泥沙淤积被限制在大堤之间的河道和滩地上。由于泥沙淤积存在累积效应，随着淤积量的增多，其危险也逐步加大，直至发生溃决。由此可见，像黄河下游这样的全局性泥沙淤积，除了来沙原因，还与泥沙淤积场所的限制直接相关。

黄河淤积是因为来沙量太大，超出水流输运能力造成的。而长江中游荆江洞庭湖区的洪灾却与区域内部泥沙淤积部位的调整有关。秦汉以前，长江水沙出三峡和下游丘陵地带后，汇入云梦泽调蓄，此时云梦泽发挥着巨大的沉沙作用。当北岸的云梦泽逐渐淤积开发，并修筑荆江大堤之后，洪水冲向南岸，形成四口向洞庭湖分洪的局面，洞庭湖代替云梦泽成为调洪淤沙的主要场所。随着淤积的增加，四口（三口）分洪河道逐年延伸，分流分沙比不断减小，洞庭湖沉沙作用减弱，本应淤在湖中的大量泥沙被输移到下游，使得长江干流产生大量淤积，水位急剧抬升。排除汉江影响之后，1955 年以来，宜昌及四水控制站来水来沙量变幅不大，汉口站水量沙量及水位流量关系也较稳定，然而螺山—汉口段却年均淤积 $5.5 \times 10^7 t$。泥沙淤积在干流所减小的洞庭湖有效调节湖容远较淤在湖中大。由该区域的演变历史可见，自然和人为等因素引起了泥沙淤积部位的不断调整，先是从北岸的云梦泽移到南岸的洞庭湖，又从洞庭湖到干流。泥沙淤积位置的不当，是长江中游洪灾频发的根本原因。

在自然状态下，因水流就低的自然规律，在流域内的既定地理条件下河流寻求和维持一种水流和泥沙平衡状态，往往通过在流域内的湖泊洼地沉沙或者下游平原不断的洪水泛滥和摆动改道沉沙。为保护生产，人类修建了堤防。在直至现在的很长历史时期内，堤防保护着两岸大片土地上的经济生产和人类生命财产安全。但堤防在防止洪水泛滥的同时，限制了泥沙的分淤出路。短时期内泥沙的淤积后果可能不明显，但淤积量缓慢地累积使矛盾逐渐激化，表现在河床抬高、河流与两岸高差增加、洪水风险越来越严重。

4.3 泥沙问题治理途径

以自然资源的概念和属性为基础，通过对流域泥沙的离散性、吸附性、可搬运性等属性，以及水沙不可分性、水沙不协调性、水沙时空分布不均匀性、水沙异源等特征的研究发现，泥沙具有自然资源的有效性、可控性和稀缺性等属性，是可以做到资源化利用的。

泥沙问题的解决有赖于危险部位淤积的减少，一是从源头减少，即减少流域水土流失；二是通过如放淤、泥沙利用等措施直接减轻河段的沙量负担。以往对防止水土流失、截断沙源等防治泥沙灾害的措施研究及应用较多，而对中下游直接分沙，将泥沙作为资源利用的关注较少。河流演变历史表明，在中下游分淤、沉积泥沙是河流演变的自然规律，各种原因触发的淤积场所减小或改变是泥沙问题的根源。所以在减少上游来沙的同时，在中下游采取人为可控措施弥补河流的分淤作用，将泥沙转移，淤积在危险较小的部位或者直接开采利用，符合河流的自然发展规律。同时，与最近提出的扩大河流分洪调蓄场所的理念是一致的。

中下游的分沙、减沙措施，也是一种防患于未然策略。人们修筑堤防防御洪水，在泥沙累积淤积到一定程度之前,对洪水的影响不甚明显,堤防确实可以起到很好的效果。但河床累积抬高到一定程度之后,可能投入极大的人力物力加高堤防也收效甚微。所以在险况出现之前,就应采取各种方法减少淤积。

4.4　泥沙的就地利用

泥沙资源化利用的重要性不言而喻。首先,泥沙资源是一种非常丰富的自然资源,其储量庞大,可以用于建筑、农业、工业等多个领域。其次,泥沙资源的开发利用可以减轻对传统原材料的依赖,降低生产成本,提高资源利用效率。此外,泥沙资源的开发利用还可以改善生态环境,减少土地沙化和水土流失,促进可持续发展。

通过对流域泥沙资源化可行性分析,提出流域泥沙资源化目标和途径,包括填海造陆、改良土壤、修复生态、塑造湿地、加固大堤、建筑材料等。水库按淤损率 0.45% 计,全国水库年均淤积量在 $1.0\times10^9\,\mathrm{m^3}$ 以上。据统计,1950 年以来,长江上游水库累计淤积泥沙约 $1.0\times10^{10}\,\mathrm{t}$;黄河三门峡、小浪底水库累计淤积泥沙约 $1.0\times10^{10}\,\mathrm{t}$;黄河下游河道累计淤积约 $1.0\times10^{10}\,\mathrm{t}$,黄河入海泥沙约 $4.6\times10^{10}\,\mathrm{t}$,可见泥沙资源化利用潜力巨大。

4.4.1　填海造地

河流泥沙最原始的作用即为堆积造地,直至今天这个过程仍在继续。我国河流每年约将 $1.85\times10^9\,\mathrm{t}$ 泥沙挟带入海。这些泥沙的大部分堆积在河口,使海岸不断向海推进。其中,进入黄河干流的多年平均输沙量大约为 $1.6\times10^9\,\mathrm{t}$,含沙量约为 $35\mathrm{kg/m^3}$,由此可见黄河泥沙含量之大。除部分被海流带走外,堆积在河口的泥沙使三角洲以 $26\mathrm{km^2/a}$ 的速度扩大,大约可使 120km 长的岸线向海推进 220m。随着胜利油田的开发、东营市经济的发展,黄河利津清七断面 80km 长河段内 $6000\mathrm{km^2}$ 的三角洲扇面地区,已经步入现代化城市行列。长江流域代表水文站实测输沙量和泥沙淤积量,如图 4-5 所示。泥沙进入大通以下河口段,其中有 $4.36\times10^8\,\mathrm{t}$ 淤积在河口段,使河口不断向海延伸。泥沙在河口的造地作用除了增加国土面积之外,对防止岸线侵蚀、缓解将来可能的海面上升影响都有积极作

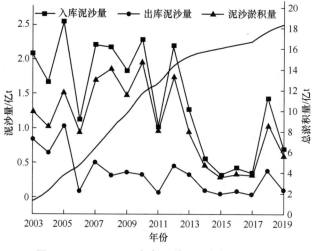

图 4-5　2003—2019 年长江输沙量与泥沙淤积量

用，如图 4-6 所示。在黄河入海口的胜利油田，还有变海上开采为陆地开采降低采油成本的作用。

(a) 1984年　　　　　　　　　　　　　(b) 2023年

图 4-6　长江上海入海口陆地面积对比

　　过去，河口淤积过程是多种因素综合作用的自然演变，例如黄河入海流路遵循"淤积延伸，摆动改道"的原则。河口淤积不但影响河流下游流态，而且对淤地的防洪排涝、滩涂开发利用也有影响。如何在考虑兴利的同时对河流造地作用因势利导，是一个值得研究的课题。因为受到海洋潮汐作用，动力条件复杂，有些河口滩涂发育、水流散乱，影响排洪纳潮；有些河口易形成拦门沙，严重阻碍巷道。在保持河口淤积造地功能的同时，如何减少和避免这些问题也值得深入研究。

4.4.2　土壤改良

　　对我国东部广大冲积平原和河口三角洲的土壤组成元素分析表明，不同流域土壤中微量元素含量很大程度上与上游侵蚀区的土壤和岩石有密切联系。虽然各大流域由于上游物质来源有很大差别，其冲积平原元素含量不同，但是在冲积平原内部，由于各支流搬运来的物质已经经过了河流的充分混合，因而差异较小。河流泥沙与其流域土壤在元素成分上存在同一性。另外，河流泥沙特别是汛期泥沙极具肥力。黄土高原流失的每吨泥土中含有氮 0.8～1.5kg、全磷 1.5kg、全钾 20kg。按每年流失 16 亿 t 泥土计算，带走的肥料相当于 1983 年全国化肥生产量的 2.7 倍。泥沙的这些天然特点使它对所在流域的土壤而言成为优良的改良原料。人们从长期的生产实践中已逐渐认识到，黄河泥沙是一项十分重要的生产资源。汛期洪水具有含沙量高、泥沙细的特点，而且所挟带的泥沙具有相当数量的农作物生长养分（表 4-1），具有土壤改良、改碱、平整土地、改良土壤结构等多种功效，对农作物生长十分有利。

黄河洪水泥沙所含养分　　　　　　　　　　　　　　表 4-1

平均粒径 /mm	有机质 /%	含氮 /%	碱解氮 /($\times 10^{-6}$)	速效磷 /($\times 10^{-6}$)	速效钾 /($\times 10^{-6}$)
0.0184	1.07	0.013	20	20	360

　　河南的人民胜利渠与山东菏泽、德州和滨州等地区的引黄灌区先后进行了放淤和种稻改土工作。在改变低产盐碱荒地面貌成为粮棉生产基地的同时，大大改善了灌区的土壤环境、生活环境和社会环境，取得了巨大的经济效益和显著的社会效益。对于长江泥沙的肥沃程度，历来也有"五金、六银、七铜、八铁"之说。可见人们在长期的生产实践中早就认识到，并且一直在自发利用汛期泥沙的土壤改良作用。

　　泥沙作为天然肥料效力持久，取之不尽。农业生产中化肥、农药的大量施用是流域主要的面源污染，带来了湖泊富营养化等一系列问题。而且化肥农药的生产过程也会造成大气、水体污染。如果大量使用河流泥沙作为天然肥料，不但避免了这种污染，而且还节省了生产化肥、农药所需的能源和资源。河流泥沙曾经造就了肥沃富饶的中下游平原，而当今大量的天然肥料却被淤积在河道湖泊中形成灾害，或白白东流大海。除了在黄河流域的一些灌区之外，对泥沙肥效的利用很少，无形中造成了巨大浪费。

　　我国许多泥沙问题严重的区域，同时也是重要的农业生产基地，如黄淮平原、江汉平原和洞庭湖平原等。这些地方往往汛期堤内水位超出堤外数米，生产生活全靠堤防保护。如果能够结合这些特点，将一部分泥沙转移淤积在堤外，不但可以减轻危险部位的泥沙淤积，而且对堤外农田有改良平整作用。如果调控得当，在汛期分洪沉沙，一定程度上还能提高流域洪水调蓄能力，降低洪水风险。泥沙分淤一举多得，在以下各种情况和条件下均是可行的。

　　洪水具有一定随机性，重洪灾风险区随时可能遭受洪灾打击。如果不采取分淤措施，随着淤积的加剧洪灾形势会日趋严峻。与其被动等待灾害加剧，不如主动减灾和变害为利。洪水一旦破堤，堤外农田将颗粒无收，牺牲局部地区一年的收成换取多年丰收和整体洪灾风险的降低，从经济效益上也是可行的。分淤一般在汛期进行，此时泥沙粒径细、肥力强、堤内外落差大，为放淤提供了有利条件，同时起到降低水位减小风险的效果。

图4-7　土壤改良

　　河流来沙源源不断，汛期泥沙来量大且易淤积，短短一个汛期就会在滩地造成大量淤积，为分淤提供了足够沙量。河流中下游一般有大片圩垸、低地和蓄滞洪区，淤沙潜力巨大，分淤措施在不同地区之间按年际轮作循环，即使土壤改良面积达到最大、大幅提高收成，又可对泥沙资源持续开发和利用。土壤改良见图4-7。

　　分淤在改良分淤区土地的同时，淤高地面高程，降低堤防相对高度，减少堤防汛期险情和防汛抢险费用。分淤对减沙的效果非常明显，如黄河仅每年引水灌溉就可引走泥沙约 1.1×10^8 t。如果能够实施分淤，分沙量将更大。

　　在一些河段，分淤相当于将泥沙从危险部位转移淤积在非危险区。如在长江中游荆江洞庭湖区，将泥沙淤积部位转移不但有利于保持洞庭湖的湖容而且能够减轻干流螺山—汉口的累积淤积，做到江湖两利，减轻近年来该地区严峻的洪灾形势。

　　如果能按照水情预报和防汛方案，事先安排好分淤场所，将起到更好的分洪效果。对因分淤分洪受到保护的地区，若能仿照防洪基金收取一定费用，用以补偿淤区淹没损失，将为分淤的顺利实施提供保障。按照不同的扒口位置和分流方案，对分淤区冲淤淹没及泥沙粒径进行计算能够提供理论上的指导。

4.4.3 清淤固堤

利用疏浚或者放淤等手段加固加高堤防是泥沙利用的另一种重要手段。单纯依靠水流动力冲刷很多时候不能达到疏通、清障效果，尤其是对像洞庭湖这样的水流缓慢区段，疏浚是一种必要手段。与此同时，我国大部分堤防堤身质量差、土质复杂，修堤取土或开挖渠道破坏了表层防渗层。以长江为例，其中下游平原区 3 万多公里堤防全部修建在第四纪冲积平原上，表层防渗铺盖层很薄，一般只有 1~3m，最厚的地方也只有 3~10m。表层防渗层以下为深厚的强透水性砂卵石层，高洪水位时堤内常出现渗漏、管涌、泡泉、流土流坡等险情。因此，在提高防洪标准的同时，必须重视堤防的加固工作。

据初步统计，要完成此项工作，所需的土方量非常巨大。仅长江中下游地区，近期就需要完成土方量 $3.8 \times 10^9 \mathrm{m}^3$。超量土石开采引起的崩塌、滑坡等问题不但给当地人们带来灾害，而且加剧水土流失，造成自然生态环境破坏。如果能够采取疏浚等手段从洲滩或河床挖沙直接用于堤防的增高培厚、填塘固基，不仅解决了所需的大量土源问题，而且还可增大河湖容量、降低洪水位。在实践中，疏浚河道、淤临淤背已是一些河段堤防加固的主要手段（图 4-8）。在某些河段，主槽淤积严重、滩槽高差减小，对防洪、航运均不利。防洪和航运对国计民生有着重要影响，如果在汛期采取促淤措施使临堤或江心滩地多淤、

(a) 调沙

(b) 清淤

图 4-8 疏浚放淤措施

主槽中少淤，不但能巩固堤基、延长渗径，而且有利于保持航道水深，对防洪、航运均特别有利。

如前所述，在泥沙累积性淤积河段，某段时间内堤防或许可以成为一种有效的防洪手段，但累积淤积的增多将使堤防压力越来越大。所以，在加固堤防的同时利用淤临淤背、疏浚等措施减少河道淤积是有效的可持续防洪策略。总之，泥沙固堤能有效减少和防止大堤渗水、翻沙和管涌等险恶情况发生，能大大提高大堤抗御灾害能力，有利于减轻淤槽，有利于维护航道水深。清淤固堤能避免河床淤积—水位抬高—加高堤防恶性循环，是河、岸功能提升两利办法。

4.5　河湖泥沙资源化利用

近年来，泥沙资源化利用技术在建筑材料比如制砖、备防石、固化土、陶瓷、板材、混凝土等方面取得了进展，在环境治理、采空区充填等方面的利用也有巨大发展空间。

4.5.1　泥沙制砖

相比底泥、淤泥等泥沙类型，河流泥沙因蕴含大量的沙/砂质资源，在建材领域常作为原料制砖或保温隔热材料，并已得到了推广应用。泥沙砖在达到国家墙体材料强度要求的同时，还具有耐火、减重、抗震、抗剪切和节能等优点。此外，由于"禁实"（禁止黏土类实心砖）政策的落地，传统黏土砖在原料、应用等方面受到诸多限制，这使得泥沙砖的开发与应用更符合当前市场对新型墙体材料的需求。

图 4-9　泥沙砖

烧结砖中泥沙掺量为 70%～90%，高于免烧砖 20%～43% 的泥沙掺量。泥沙砖（图 4-9）强度等级大多能达到 MU10，能满足承重墙要求，甚至部分烧结砖抗压强度能达到 20MPa，可以取代传统的黏土砖。此外，相比于黏土砖，泥沙砖具有更轻的质量和良好的保温隔热功能。以淤泥沙的多孔砖为例，其所砌墙体较黏土实心砖墙体质量减少约 13.2%。不仅减少了荷载，更有利于抗震多孔砖砌体"销键"的制作，大大提高了多孔砖砌体的抗剪强度，改善了墙体的抗震性能。由于多孔砖存在一定的孔隙结构，其导热系数较普通实心砖大幅降低，可达到建筑节能目的。相比烧结工艺，以泥沙为主要原料通过免烧工艺制备的泥沙砖具有设备投资少、能耗低、绿色环保等优势，目前已成为泥沙制砖领域的研究热点。但是，泥沙制砖技术仍面临产品废品率高、能耗与生产成本高、质量不稳定等问题。

4.5.2　泥沙制备人工备防石

以泥沙为主要原料制备人工备防石，可满足防汛石材强度要求，从而代替天然石材用于防汛抢险，在保护生态环境的同时实现了泥沙的资源化利用。将泥沙制成人工备防石并用于防汛抢险，大大降低了天然石材开采造成的环境损害，具有环保意义和较好的工程应用前景（图 4-10、图 4-11）。

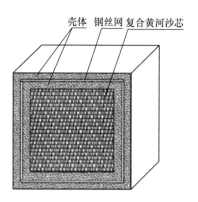

图 4-10 产品示意图

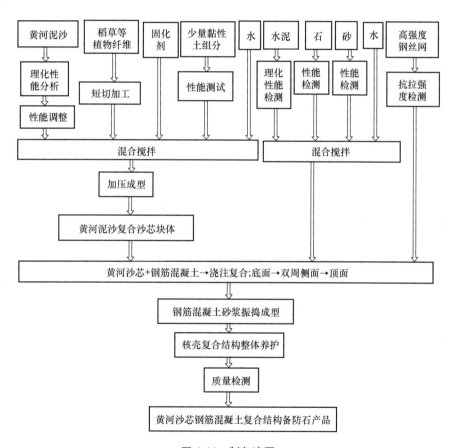

图 4-11 制备流程

山东刘庄灌区在利用黄河泥沙与水泥掺混压制成品以及东明县利用引黄泥沙制灰沙砖方面取得了成功。山东郓城苏阁灌区渠首附近有 7 个砖厂，河南黑岗口灌区沿南干渠有 10 个砖窑厂。洪水泥沙转化成建筑材料（图 4-12），既提高了人们的生活水平，又达到了泥沙减量、清水灌溉的目的。

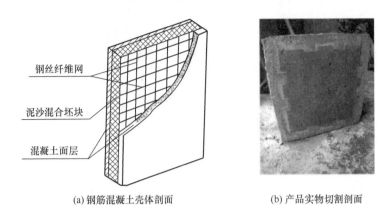

钢丝纤维网

泥沙混合坯块

混凝土面层

(a) 钢筋混凝土壳体剖面   (b) 产品实物切割剖面

图 4-12　产品壳体及实物剖面

4.5.3　泥沙制备板材

泥沙制备板材是泥沙资源化的重要途径之一，且泥沙类型适用范围广，如尾矿泥沙、黄河泥沙和淤泥等均可得到有效利用（图 4-13）。

图 4-13　沙制板材

4.5.4　三合土、生土材料

所谓"三合土"是指由石灰、黏土和砂组成的一种应用广泛的建筑用胶凝材料，具有密实坚固、不易透水、取材容易、耐久安全等优点（图 4-14）。古代常用于地基、炮台等设施建设。如今三合土也广泛用于公路工程、建筑地基处理等领域。泥沙主要含有沙/砂

图 4-14　三合土

质与黏土成分，辅以石灰及其他组分，即可满足制备三合土要求，是泥沙资源化的有效途径。

生土是指未经焙烧而直接对原生土进行简单加工并直接使用的建筑材料，在我国传统的农村建筑中应用普遍（图4-15）。目前普通生土材料在力学性能、耐久性等方面存在诸多弊端，难以大规模应用。

图 4-15　生土材料

4.5.5　固化土、混凝土

所谓"固化土"指的是土壤固化剂与各类土壤发生化学或生物作用，改变土的结构、亲水性，从而使土壤具有一定的承载能力、抗渗能力和耐久性（图4-16）。泥沙制备固化土，一般是将各类固化剂单掺或混掺入泥沙中，将其固化成具有一定强度的固化土产品，其强度往往低于混凝土，常用于对强度要求不高的工程领域。常用固化剂有传统固化剂（如石灰、水泥、矿渣等）和新型固化剂（如聚丙烯纤维等）。固化剂掺量一般在 2%～40%，随固化剂类型不同而有所差异但固化后土壤强度差别较大。

图 4-16　固化土

以泥沙为原料制备混凝土，可有效增强产品的密实性，减少对天然资源的依赖。泥沙在混凝土中的掺量在 22%~86%，多用于塑性混凝土、加气混凝土。应用领域包括建筑、建材、防渗、生态建设等。根据现有研究成果，未来应结合工程实际，在保证产品性能和经济效益的基础上寻求最佳原料配比，并尽量提高泥沙用量，以实现经济效益与环境效益最大化。

4.5.6　泥沙制备陶瓷及微晶玻璃

陶瓷主要是指以黏土等无机非金属矿物为原料经混匀、成形、煅烧而成的各种制品。泥沙中的成分适宜用于制备陶瓷材料，并可在不影响陶瓷产品各项主要指标的同时有效降低生产成本。但是，泥沙中含有的 Fe_2O_3、有机质等会使陶瓷制品的颜色呈砖红色并产生针孔、溶洞等缺陷，需要通过釉面装饰、涂刷化妆土或配方调整等方式进行改善。目前，利用泥沙制备陶瓷的类型主要集中在陶瓷砖、发泡陶瓷材料、建筑陶瓷等（图 4-17）。

图 4-17　泥沙陶瓷

4.6　泥沙在环保领域的应用

随着循环经济和碳达峰碳中和政策的实施，泥沙在生态和环保领域的发展具有广阔前景。

4.6.1　充填采空区

煤炭是我国的主要能源，其开采方式多为井工开采，常造成采煤区沉陷，导致大量土地被毁。目前在塌陷土地复垦中，煤矸石、粉煤灰等工业废弃物是主要的塌陷充填物，但因采空区巨大，因而往往还需要其他填充物来弥补充填物料的不足。生态智能充填技术见图 4-18。

泥沙充填采煤塌陷区，不仅解决了充填物来源问题，而且还可有效改善土壤肥力。潘庄灌区利用引黄泥沙对邱集煤矿采煤塌陷地进行了淤改复垦，成为国内首个利用黄河淤沙治理采煤塌陷区的实践项目。项目建成后，土地生产力和产出率得到了有效提高，粮食产量增加 860t，产值增加 $1.624×10^7$ 元，人均纯收入增加 420 元，吸收安置剩余劳动力 460 人。

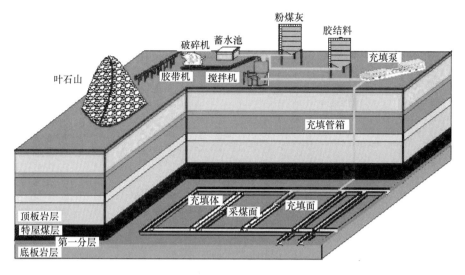

图 4-18 生态智能充填技术

4.6.2 制备陶粒

陶粒是一种在高温烧结或免烧条件下发生化学反应并产生膨胀制得的具有多孔结构、粒径 5～25mm 的颗粒材料（图 4-19）。陶粒具有良好的物化特性（孔隙率高、轻质高强、保温吸附等），可用于建材、耐火保温材料、化工、水处理、石油等领域。传统的陶粒制备原料主要是黏土、页岩等矿产资源。目前的发展趋势是原料逐渐转向具有相似成分的粉煤灰、污泥、河道泥沙、废石与尾矿等资源。

图 4-19 三门峡陶粒混凝土陶粒生产

目前，国内此类陶粒在建材和污水处理等方面均已有应用。在建材方面，淤泥陶粒混凝土四孔楼板较普通混凝土楼板具有减重和降低成本的优势，其 200mm 的淤泥陶粒外墙较混凝土墙体强度增加 1 倍，成本下降 10％。在水处理方面，以疏浚底泥制备免烧陶粒，在净水试验中，22d 稳定后对 COD、NH_3-H、SS 和 TP 的去除率分别达到了 55%、65%、78%和50%，而经过磁改性后去除率能分别稳定在 65%、69%、79%和51%。

思考与练习

1. 当前河湖泥沙问题根源是什么？
2. 河湖泥沙资源化利用的领域和措施有哪些？
3. 河湖泥沙资源化利用的趋势是什么？

第 5 章　污染土及其修复

目前，区域乃至世界范围的土壤污染问题不断加剧，已成为制约经济和社会发展的重要因素。污染土问题也是我国经济社会发展面临的困难之一，特别是在快速工业化、城镇化进程之中，污染土问题更为突出。

5.1　土壤环境与人类关系

近年来，土壤污染已经成为大气污染和水污染后的又一重大环境问题。20 世纪以来，随着城市化进程加快，产业结构的调整，大量城镇工业企业搬迁，导致遗留的污染场地数量增多。我国对污染场地高度重视，积极开展了相关研究工作。党的十八大以来，中共中央国务院把生态文明建设和环境保护摆在了战略地位，先后出台了《关于加快推进生态文明建设的意见》（2015）、《土壤污染防治行动计划》（2016）等一批法律法规和政策文件，环境保护工作和生态文明建设进程明显加快，切实加强了土壤污染防治工作。2018 年 5 月，党中央召开全国生态环境保护大会，正式确立习近平生态文明思想，系统阐释了人与自然、保护与发展、环境与民生、国内与国际等关系，标志着我党对社会主义生态文明建设的规律性认识达到了新的高度。人们也更加深刻地认识到生活、生产和工程活动与环境之间的共同作用问题。例如，城市垃圾，工业生产中的废水、废液、废渣等有毒有害废弃物与生态环境的共同作用。目前，国内外对环境岩土工程的研究大部分集中在垃圾土及污染土的性质、理论与控制等方面。例如污染土、垃圾土的取样方法、试验标准与方法、物理力学指标、本构关系研究等。

污染土是指由于致污物质侵入导致土的成分、结构和性质发生变化的土。致污物质及污染源主要涉及工业污染、生活垃圾填埋渗滤液污染、农药污染等。由于我国经济高速发展过程中，工业和城市废水大量排放，工业废渣、生活垃圾大量堆存或填埋，农田污水灌溉等人为活动增强，导致我国土壤污染状况日趋严重并已成为制约我国经济发展的瓶颈。

我国每年有大量因各种人为活动导致的污染场地出现（图 5-1）。2019 年《土壤污染防治法》的正式实施将土壤污染防

图 5-1　土壤污染

治上升到了法律层面，同时也意味着遏制当前土壤环境恶化趋势已刻不容缓。

2014 年 4 月，环境保护部与国土资源部联合发布《全国土壤污染状况调查公报》。公

报指出全国土壤环境状况总体不容乐观，部分地区土壤污染较重，耕地土壤环境质量堪忧，工矿业废弃地土壤环境问题突出。全国土壤污染物总的超标率为 16.1％，其中中度和重度污染点位所占比例分别为 1.5％和 1.1％（图 5-2）。

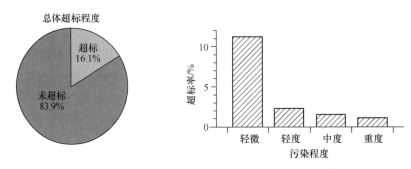

图 5-2　全国土壤污染状况调查公报结果

20 世纪 90 年代以来，我国较发达城市首先出现了大规模污染企业关闭或搬迁现象，并日益扩散到中小城市。由于城市中心区企业大多建厂较早，部分企业当时甚至未安装环保设施，从而导致企业关闭或搬迁后的遗留场地在再开发利用时存在较大环境风险。环境调查资料表明，工业污染场地中包括无机污染场地、有机污染场地和复合污染场地。无机污染场地中的污染物主要为重金属、氰化物和氟化物等。有机污染场地中的污染物主要为挥发性有机物、半挥发性有机物、农药和石油烃等。复合污染场地则两者皆有之。当工业污染场地转为商业或居住用地时，如事先不将污染土妥善处置而直接开发利用，则有可能严重影响人体健康或威胁建设工程地基基础安全。

例如，贵州某厂赤泥尾矿，由于浸出液的 pH 值大于 12，坝基土因强碱性废水入侵导致强度降低而最终引发尾矿坝决口。又如，2004 年在北京地铁 5 号线施工中发生的"宋家庄事件"，开启了我国土壤污染场地调查评价修复的大门。该事故发生后，原国家环境保护总局发出通知，要求各地环保部门切实做好企业搬迁过程中的环境污染防治工作，一旦发现土壤污染问题，要及时报告并尽快制定污染控制方案。目前，我国很多地区已开展了污染场地土水环境调查评价与污染修复等工程活动。例如上海世博会建设场地、上海迪士尼建设场地、北京染料厂、北京化工二厂、北京有机化工厂、沈阳冶炼厂等场地的评价修复工程。

目前，针对不同的土地利用类型，我国均制定了相应的土壤环境质量评价项目、限值、监测方法等一系列法律法规。总体来说，土地利用类型可以大致划分为耕地、林地、牧草地、城乡居民点、工矿用地、水域用地、交通用地、荒地等。其中，耕地、牧草地和水域用地是这些不同土地利用类型中较为敏感的类别，由于其对人体健康的影响最为直接，需要首先得到保护。

5.2　污染土的基本性质

土地是维系人类生命和繁衍后代的物质基础。我国土地资源总量大，但人均占有土地少，人均占有耕地更少，土地资源更显得弥足珍贵。土壤、生物、水、大气和岩石等都是土地的组成要素，而土壤及其地下水则是土地组成要素的物质核心。

5.2.1   土壤的基本性质

土壤指由矿物质、有机质、水、空气及生物有机体组成的地球陆地表面上能生长植物的疏松层。土壤是各种陆地地形条件下的岩石风化物经过生物、气候诸自然要素综合作用以及人类生产活动的影响而发生发展起来的。土壤是一个复杂而多相的物质系统，由各种不同大小的矿物颗粒、各种不同分解程度的有机残体、腐殖质及生物活体、各种养分、水分和空气等要素组成。土壤的各种组成物质相互影响、相互作用、相互制约，处在复杂的理化、生物化学转化之中，具有复杂的理化、生物学特性。土壤是陆地植物生长的依赖，是人类从事农业生产的物质基础，是人类赖以生存和发展的环境资源。

土壤由固相、液相和气相三相物质组成。固相物质包括土壤矿物质、有机质和微生物等。液相物质主要指土壤中的水分。气相主要是存在于土壤孔隙中的空气。土壤中的这三类物质是一个整体，具有多相性、散体性、自然变异性三大特性。土壤具有渗透性，大气降水可由表层渗进深层，并通过毛细管作用保持水分。透气疏松的土壤结构使土壤中的气体通过扩散或对流方式与大气交换。由于其高度的分散性，土颗粒可以将各种离子、气体和水蒸气吸附在自己表面。由于组成矿物成分和化学物质不同，土壤构建的酸碱平衡体系各不相同。就土壤胶体而言，颗粒越细、数量越多、本身所带电荷越多，缓冲能力就越强，而缓冲能力是决定土壤环境容量大小和自净能力的关键。土壤的化学性质决定于土壤中污染物的转化、迁移和积累。土壤还具有生物学性质，通常可以通过某些生物种群的数量、土壤呼吸强度、酶活性等指标来衡量。土壤的生物学性质对物质和能量循环，污染物分解、转化和迁移具有重要影响。土壤中微生物以有机质为主要能源和碳源，受土壤 pH 值、温度和水分条件等因素影响，对土壤污染物的迁移转化和降解均有一定作用。

5.2.2   土壤污染的定义及特点

土壤污染指由于人类活动产生的有害、有毒物质进入土壤，当这些物质积累到一定程度或超过自净能力后，将导致土壤性状和质量变化，构成对人体和生态环境的影响和危害。由于各种土壤在组成、结构、构造上的不同，加之受污染途径多种多样，使得土壤污染与大气、水体等其他污染相比具有很大不同。

1. 隐蔽性和滞后性

土壤污染往往要通过样品化验、农作物残留检测甚至通过研究对人畜健康状况的影响后才能确定，因而不易被人们察觉。因此，从土壤产生污染到出现问题通常会滞后很长时间。1955—1977 年发生在日本富山县神通川流域的"疼疼病"，是经过了 10～20 年的时间才逐渐被人们认识的。某地铁站施工场地原是一家农药厂，尽管已搬离多年，但仍有部分有毒有害气体遗留地下，施工过程导致多名工人中毒。历史上，有很多与土壤污染密切相关的水土致病问题、生物放大现象（指某些在自然界不能降解或难降解的化学物质，在环境中通过食物链的延长和营养级的增加在生物体内逐级富集，浓度越来越大的现象）和食物链污染事件等，引发了很多社会问题。

2. 累积性

大气和水体具有流动性，因此切断污染源之后通过稀释和自净作用能够使污染得到逆转。相比而言，污染物质在土壤中不容易迁移、扩散和稀释，容易在土壤中不断积累而超标，且一旦遭到污染则很难恢复。例如重金属进入土壤环境以后很难通过自然过程消失或稀释，从而对土壤生态的影响会长期存在下去。

3. 危害的严重性

土壤中的污染物会危害土中生存或接触土壤的动植物，也可通过食物链间接危害人体健康。土壤中的污染物可随水分渗流而在土体内移动，可通过地表径流污染地表水造成地下水或地表水污染。污染地区遭风吹蚀后，污染物附在土粒上被风扬起，从而土壤中的污染物也可以气态形式进入大气从而造成大气污染。

4. 难治理性

难降解污染物分布在污染土壤中，难以单纯依靠稀释和自净作用消除。从而土壤污染一旦发生，仅依靠切断污染源的方法难以恢复。常常要靠换土、土壤淋洗等治理周期长和成本高的治理方法才能解决问题。因此，土壤污染造成的危害比大气、水体等污染更难消除。

5.2.3　土壤污染的类型

污染物的种类、数量、与土壤的相互作用模式，决定了土壤环境污染的程度与危害。根据土壤主要污染物的来源和污染途径的不同，可将土壤污染分为下列几种类型。

1. 水体污染型

污染物随水进入农田、污染土壤，较为常见的是利用工业废水或城镇生活污水灌溉农田。

2. 大气污染型

大气中各种气态或颗粒状污染物沉降到地面进入土壤。例如，大气中的二氧化硫、氮氧化物及氟化氢等气体遇水后，分别以硫酸、硝酸、氟氢酸等形式落到地面。空气中的颗粒污染物在重力作用下落到地表并进入土壤，从而引起土壤污染。

3. 农业污染型

包括农业生产中施用化肥、农药，城市垃圾堆肥、厩肥，河湖污泥等引起的土壤环境污染。污染物质主要集中在土壤表层或耕层。

4. 生物污染型

由于向农田施用垃圾、污泥、粪便，或使用未经消毒灭菌的医院、屠宰牧场及生活污水灌溉，可能使土壤受到细菌等微生物的污染。

5. 固体废物污染型

主要包括工矿业废渣、矿渣、粉煤灰、城市垃圾、煤屑、地膜、塑料等固体废物堆放、侵占耕地，并通过大气扩散和降水、淋滤使周围土壤受到污染。

5.2.4　土壤污染的主要污染物

土壤环境中常见的污染物包括无机污染物、有机污染物、放射性污染物等。对于我国来说，污染类型以无机型为主，有机型次之，其他的或复合型污染比重较小，无机污染物超标点位数占全部超标点位的82.8%。

1. 无机污染物

（1）重金属主要指镉、铅、铬、汞、铜、锌、砷、镍等元素。

（2）酸、碱、盐、硒、氟、氰化物等。

（3）化学肥料、污泥、矿渣、粉煤灰等。

（4）工业三废包括废气、废渣、污水。

2. 有机污染物

（1）有机农药如杀虫剂、杀菌剂、除草剂等。

（2）有机废弃物矿物油类、表面活性剂、废塑料制品、有机垃圾等。

（3）有害微生物寄生虫、病原菌、病毒等。

3. 放射性污染物

放射性物质主要来自核爆炸的大气散落物，工业、科研和医疗机构产生的液体或固体放射性废弃物。

4. 土壤营养性污染物

土壤营养性污染物主要为污泥。污泥也称生物固体，是有价值的植物营养物质，包含N、P等元素，同时也是有机质的重要来源。

5.2.5 重金属污染

截至 2021 年，我国土壤环境风险得到基本管控，土壤污染加重趋势得到初步遏制。全国农用地土壤环境状况总体稳定，影响农用地土壤环境质量的主要污染物是无机污染物中的重金属，其中镉为首要污染物。与此同时，全国重点行业企业用地土壤污染风险不容忽视。例如，矿产资源丰富、长期以有色金属产业为支柱的湖南省，有色金属采、选、冶等活动带来的土壤重金属污染比较突出（图 5-3）。

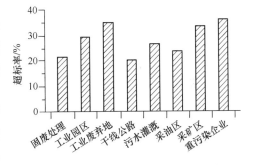

图 5-3 我国各类典型地块土壤超标率

重金属是指密度大于 $5.0g/cm^3$，原子序数大于 20 的金属元素。对环境有污染作用的重金属主要包括汞、铬、镉、铅、铜、钴、锌、镍、锡、砷、硒等。其中砷为类金属，但因其在土壤中的毒性作用过程及迁移转化规律等均与重金属元素较为相似，且为土壤污染中的常见类型，一般也将其视为重金属研究。土壤中最常见、污染最严重的重金属污染物为砷、镉、铜、汞、铅等，俗称重金属"五毒"。土壤重金属污染是指由于人类活动将重金属带入到土壤中，致使土壤中重金属含量明显高于背景值，并可能造成现在的或潜在的土壤质量退化、生态与环境恶化现象。

重金属进入土壤的途径很多（图 5-4）。例如，工业废气和汽车尾气排放产生的大量含有重金属的有害气体和粉尘等。这些有害气体和粉尘会在一定条件下，经自然沉降或雨淋沉降进入土壤，沉降范围主要以工矿烟囱和公路铁路为中心向四周或两侧扩散。城市内特别是工业区土壤成了污染的集中地带。

在西方很多国家，污灌比较普遍。污灌即污水灌溉，是指用城市下水道污水、工业排放废水、排污河污水以及超标的地面水进行灌溉。污灌会导致土壤中重金属汞、铬、镉、砷、铜、锌含量增加。据调查，污灌区中存在不同程度土壤污染，主要污染物为镉、砷和

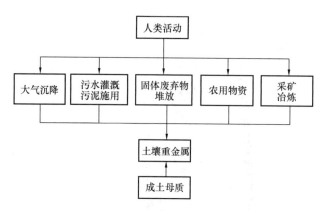

图 5-4　土壤中重金属来源示意图

多环芳烃。土壤中的重金属不能被土壤微生物分解，但能被生物富集，它们可以通过食物链对人畜造成危害，同时还可通过渗滤进入地下水，成为新的污染源。

采矿、选矿和冶炼也是向土壤环境释放重金属的重要途径。矿体中不仅含有具有开采价值的金属，同时也存在相当数量的不具开采价值的元素。有些矿区会被一些重金属和伴生元素污染。采矿的尾砂被风刮起后经沉降、雨水冲洗和风化淋溶等途径进入土壤。矿山固体垃圾从地下搬运到地表后，由于所处环境改变，在自然条件下极易发生风化，致使大量重金属元素释放到土壤和水体中，给矿区及其周边环境带来严重污染。

此外，固体废弃物、农用物资，如堆放及使用含有 Pb、Hg、Cu、As 的化肥、农药，都可导致土壤重金属污染。

5.3　污染土修复技术

我国以防治土壤污染为主要任务的科研与生产实践始于 20 世纪 60 年代后期。当时的化工部南京勘察公司研究了老厂房改造过程中的地基污染问题。随着国家及各部门开始多方面支持和重视土壤污染修复与治理，经过半个世纪的研究与发展，污染土壤修复技术取得了显著进步，相关技术创新与方法层出不穷。

5.3.1　土壤污染的危害

污染物的存在可导致土壤物理、化学性质变化、土壤生物群落破坏等一系列环境问题。污染物在农作物和其他植物中的积累，严重威胁人类健康。鉴于土壤污染的严重危害，世界各发达国家纷纷制定了土壤修复计划。荷兰在 20 世纪 80 年代花费约 15 亿美元进行土壤修复工作，德国曾投资约 60 亿美元净化土壤，美国在 20 世纪 90 年代用于土壤修复方面的费用数百亿美元。

当长期暴露于污染土环境中时，可因慢性毒性效应或致癌效应对人类健康产生不利影响。暴露的途径很多，如皮肤接触土壤、吸入土壤颗粒物、吸入表层和下层土壤的气态污染物等（图 5-5）。

表土的污染物质可在风的作用下，作为扬尘进入大气环境，而汞等重金属则直接以气态或甲基化形式进入大气环境，并进一步通过呼吸作用进入人体。由于城市人口密度大，

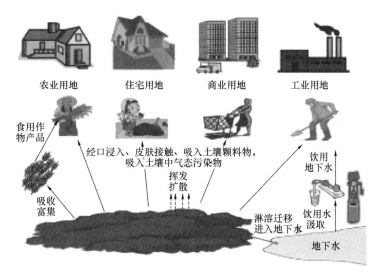

农业用地　住宅用地　商业用地　工业用地

食用作物产品

经口浸入、皮肤接触、吸入土壤颗粒物，吸入土壤中气态污染物

挥发扩散

吸收富集

淋溶迁移进入地下水

饮用地下水

饮用水汲取

地下水

图 5-5　土壤污染的危害和途径

而城市的土壤污染问题又比较普遍，因此国际上普遍对城市土壤污染问题高度重视。为避免土壤环境受到污染后，含重金属浓度较高的污染表土在风力作用下进入大气环境，导致大气污染和生态系统退化，我国 2018 年颁布了建设用地土壤污染风险管控标准，规定了建设用地土壤污染风险筛选值和管制值（表 5-1）。当建设用地土壤中污染物含量等于或者低于风险筛选值时，对人体健康的影响很小。而当建设用地土壤中污染物含量超过风险管制值时，对人体健康则存在较大风险，应采取风险管控或修复措施。

建设用地土壤污染风险筛选值和管制值（节选）（单位：mg/kg）　表 5-1

序号	污染物项目	CAS 编号	筛选值		管制值	
			第一类用地	第二类用地	第一类用地	第二类用地
重金属和无机物						
1	砷	7440-38-2	20	60	120	140
2	镉	7440-43-9	20	65	47	172
3	铬（六价）	18540-29-9	3.0	5.7	30	78
4	铜	7440-50-8	2000	18000	8000	36000
5	铅	7439-92-1	400	800	800	2500
6	汞	7439-97-6	8	38	33	82
7	镍	7440-02-0	150	900	600	2000

由表 5-1 可见，对于第一类用地，如城市建设用地中的居住用地、中小学用地、社区公园或儿童公园用地等，当土中重金属含量较高时，需采取修复措施。

此外，重金属浓度较高的污染表土在水力作用下，重金属容易进入到水环境中，导致地表水和地下水污染。例如，任意堆放含毒废渣以及被农药等有毒化学物质污染的土壤，通过雨水冲刷、携带和下渗，会污染水源。人、畜通过饮水和食物可引起中毒。

重金属污染物不仅给周围环境带来危害，还会影响土体工程力学性质。研究表明，工业污染场地中的重金属污染物在进入周围土层后会改变地基的力学性能，降低地基承载力，从而使原地基土工程特性明显劣化甚至破坏失稳。例如，20 世纪 60 年代化工部南京勘察公司老厂房地基土受废液侵蚀，1990年广西柳州某镀锌公司地基土受$ZnSO_4$渗漏污染等，在受到重金属污染后均出现了地基大幅度沉降、建筑物结构破坏失稳等严重后果。此外，与未污染土相比，污染土的压缩性、黏聚力、摩擦角、渗透系数等指标均会出现较大程度改变。如果工程设计、施工组织不周全、不完善，则有可能引发重大环境事故。因此，污染场地必须通过合理的方式进行修复，以保证污染场地再利用过程中的人居环境和结构安全。

5.3.2 污染土壤修复技术的分类

污染土壤修复技术是指可改变待处理污染物的结构，或减轻污染物毒性、迁移性或数量的单一或系列化学、物理或生物治理措施。污染土壤修复活动对阻断污染物进入食物链，防止人体健康受损，促进土地资源保护与可持续发展具有重要意义。

1. 原位修复和异位修复

伴随产业升级、产业转移和中西部发展战略的实施，我国将有不同类型的数万家甚至更多企业将会实施搬迁，涉及的污染土地面积巨大，迫切需要有针对性的修复技术以保障土地资源的安全再利用。污染土修复技术按照处置场所、原理、修复方式、污染物存在介质等方面的不同有多种分类方法。

按照处置场所，可分为原位修复技术和异位修复技术。原位修复就是将污染土壤就地处置。原位修复技术经济，不需要建设昂贵的地面环境工程设施，不需要对污染土壤进行长途运输，操作维护简单，且可对深部土壤进行修复，另外具有破坏小、规模大等优势。原位修复技术也有其固有缺点，如受场地本身限制，较难在低渗透性和地质结构复杂的场地实施，修复周期较长，修复效果不如异位修复。相比之下，异位修复技术周期短、效率高、效果好，但在土壤挖掘和处理设备使用维护等方面费用较高。

根据北京市规划委员会文件，北京市原化工三厂场地拟作为住宅用地。该场地作为化工生产基地有近五十年的历史。主要污染物包括有机污染物如四丁基锡、邻苯二甲酸二辛酯、滴滴涕和无机污染物如重金属铅、铬等。由于工期限制，该项目需短时间内完成土壤污染修复工作。依据目前土壤修复技术水平，该项目选择异位修复，挖掘污染土壤并运至适宜场地进行污染物清除。在修复场地，对高浓度有机物污染土壤进行了焚烧处理（图5-6），对轻度污染土壤进行了无害化处理后填埋。

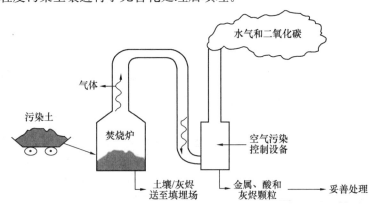

图5-6 原化工三厂土壤修复工程焚烧处理原理

2. 物理、化学和生物修复

按照修复技术原理，可分为物理、化学、生物等修复技术。有些修复技术是综合多种原理联合作用，如物理化学修复技术。表 5-2 是按照主导技术进行的分类。

按照修复技术原理划分的修复技术类型　　　　　　　　表 5-2

类别	修复技术种类
物理修复技术	土壤混合/稀释技术、土壤淋洗（土壤清洗）、土壤气相抽提、机械通风（挥发）、溶剂萃取
化学修复技术	化学萃取、焚烧、氧化还原、电动力学修复
生物修复技术	微生物降解、生物通风、生物堆、泥浆相生物处理、植物修复、空气注入、监控式自然衰减
物理化学修复技术	固化/稳定化、热解吸、玻璃化、抽出处理，渗透性反应墙

（1）物理修复技术

该方法是利用土壤和污染物的物理性质差异或污染和未污染土壤颗粒的物理性质差异，采用物理的、机械的方法将污染物与未污染土壤进行分离的方法。物理修复技术主要包括换土法、热脱附、蒸汽浸提等处理技术。此类技术工程量较大，投资较大，易破坏土壤理化性质和生产力，通常适合于小面积污染区土壤修复。土壤淋洗是最为典型的物理修复方法，该方法通过淋溶，把赋存于土壤固相中的重金属迁移进淋洗液中，再对富含污染物的淋洗液集中统一处理（图 5-7）。

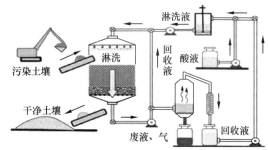

图 5-7　土壤淋洗技术处理流程及主要设备

（2）化学修复技术

该技术是通过一种或多种化学反应来分解或稳定有毒化学物质的方法。化学修复主要是基于污染物土壤化学行为，通过添加改良剂、抑制剂等化学物质来降低土壤中污染物的水溶性、扩散性和生物有效性，从而使污染物得以降解或者转化为低毒性或移动性较低的化学形态，以减轻污染物对生态和环境的危害。该类方法中较为常用的为氧化还原技术。该技术通常是在污染场地将氧化还原剂加入受污染土壤和地下水中，使氧化还原剂与污染物发生反应。例如，在地下挖一道沟，大颗粒的铁粉作为还原剂填充进去，形成一道可渗透格栅（渗透反应格栅）。当地下水流过格栅时，水中的污染物与还原剂发生化学反应，高毒性的六价铬与还原剂发生反应生成毒性很小的三价铬，且三价铬不溶于水，不会扩散到其他地方（图 5-8）。

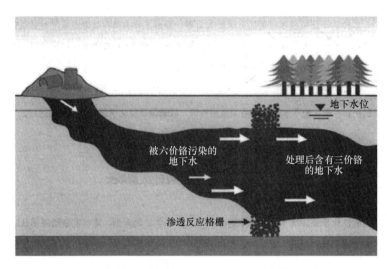

图 5-8 化学还原技术示意图（以渗透反应格栅为例）

（3）生物修复技术

该技术是利用生物过程或通过生物体活动来实现土壤或地下水修复的方法。生物修复包括微生物修复技术、植物修复技术和动物修复技术。在生物修复技术中，微生物修复是最早开始研究，也是现场修复工程中应用较多的技术。当微生物分解掉污染物后，会将其转化为水、二氧化碳等无害物质（图 5-9）。用微生物处理污染物，需要土壤具备适宜的条件，如土质、温度、养分和透气性等。生物修复不像其他修复方法那样需要太多特定装备或人力，因此成本更低且生物修复一般在地下进行，不会对场地和周围环境产生噪声等影响。

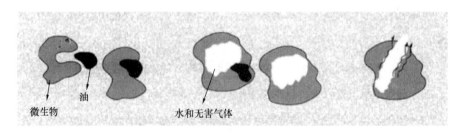

图 5-9 生物修复技术原理示意

大庆油田是我国最大的石油开采基地，已累计生产石油 17.26 亿 t，曾连续 27 年保持年产石油 5000 万 t 以上。在 20 多年的石油开采与加工过程中，由于开采、运输、使用、储存等过程发生不可避免的渗漏，造成大量落地油渗入土壤。在试油、洗井、修井等井下作业和油气集输过程中，落地油和含油废水也对土壤造成严重污染。研究发现，大庆油田石油开采区干土含油量为 500~68000mg/kg，污染场地土壤以粉壤土为主，渗透性和持水性处于黏土和砂土之间，通气性较好，含水率适中，易于现场修复。根据石油开采场地特征和污染物特性，结合气候条件和场地特征，选择植物-微生物集成修复技术对污染场地进行修复与治理。植物—微生物集成修复技术基于大庆地区石油污染场地量大面广特点，显著降低了修复成本。发挥植物—微生物联合修复对土壤环境破坏小、工序简单、易

于操作、接受性好和可操作性强等优点，构建了经济、高效和环境友好的修复系统与修复
工程（图 5-10）。

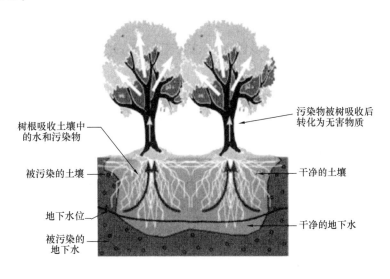

图 5-10 植物修复技术原理

（4）物理化学修复技术

该技术结合了物理方法和化学方法优势，通过联合作用达到去除污染物的目的。由于
许多污染场地具有污染物成分多样、场地特征复杂等特点，单一的修复技术并不能完全满
足场地修复要求。比如热解吸技术，利用加热的物理方式将挥发性和半挥发性化合物从土
壤中分离出来，将气体以特殊设备收集处理，而将干净的土壤再回填至场址。该技术具有
物理方法性质，同时利用加热方式破坏有害化学物质因此具有化学方法属性（图 5-11）。
这种技术适用于处理特定类型污染物，如燃油类、焦油类、木材防腐剂和溶剂等。

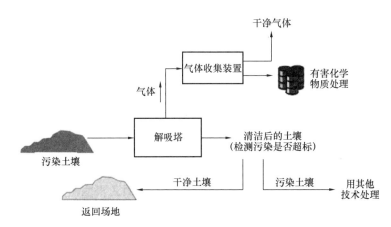

图 5-11 热解吸技术工作原理

（5）联合修复技术

协同两种或以上修复方法，形成联合修复技术，不仅可提高单一污染土壤修复速率与
效率，而且可以克服单项修复技术的局限性。如电动力学修复＋植物修复、气相抽提＋氧

化还原、气相抽提＋生物降解、土壤淋洗＋生物降解、氧化还原＋固化稳定化等技术。

（6）不同修复技术的比较

不同修复技术各有其优缺点和适用范围，选择和应用什么修复技术受修复目标、修复周期和资金投入等因素影响（表5-3）。若修复周期短、资金充足，可采用物理、化学技术。生物修复技术因其环境友好和成本低廉，近些年发展迅速。对177个土壤修复项目的调查显示，我国土壤修复以物理化学和生物为主要治理技术（图5-12），分别占比32%和27%。而物理化学处理技术又以固化/稳定为主，约占23%。

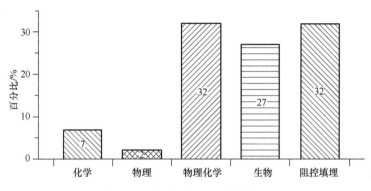

图 5-12　我国主要的土壤修复技术

不同修复技术的综合比较   表 5-3

技术	环境保护	有效性	可实施性	潜在限制	适用污染物
开挖	控制扬尘	切实有效	用一些常规设备就可实施	设备要求严格除污	除放射性及其他高危害污染物外
固化/稳定	最终产物需要进行现场或异地处置	稳定土壤，污染物仍在其中	一般可行	可允许性受到怀疑，需要识别已有处置场情况	对于多环芳烃，需要进一步研究；对重金属是可行的
蒸气浸提	污染物以气态形式抽出	对多环芳烃无效	总体上可行	需要气体处理装置	对挥发性有机物有效
土壤冲洗	污染物以溶解态析出并处理	复杂污染物需复合溶剂	总体可行	对低渗透性黏土层不适用	对挥发性有机物有效
微生物修复	污染物被微生物降解	对多环芳烃可能无效	一般可行	该技术需进一步研究	多数有机物可行
植物修复	污染物被植物转化、吸收或利用	长周期下稳定有效	环境扰动小，适用于大面积场地修复	修复周期长，需对植物进一步处理	重金属、有机物
原位反应墙	地下反应空间，污染物现场消解	可适用于几乎所有类型土层	有成功应用实例	适宜的化学，微生物材料选取	可生物利用有机物、金属等
无行动	无额外保护；场地进入受到控制	控制进入场地，限制直接接触	无额外措施	周围场地利用受限制	—

5.3.3　固化/稳定化修复技术

固化/稳定化是指将污染土壤与水泥等材料或稳定化药剂混合，通过形成晶格结构或化学键等，将污染物捕获或者固定在土壤结构中，从而降低有害组分的移动或浸出。该技术通常不会破坏污染物，只是阻止其扩散到周边环境。固化技术是将受污染土壤和水泥等混合，使混合物硬化，形成一种坚固的块状物，然后转移到其他地点。稳定化技术是将污染物转化为危害性和移动性更小的物质，如将被金属污染的土壤与石灰混合后反应成为金属化合物。这两种方法通常一起用于阻止有害化学物质的暴露，尤其是重金属和放射性物质。

固化/稳定化材料可分为固化材料和稳定化材料，材料的差异是影响固化或稳定化效果的主导因素。固化材料主要是水泥类和火山灰类（如高炉矿渣和粉煤灰）组成的凝胶材料。高炉矿渣和粉煤灰须由水泥、石灰等引发剂激发水化反应凝结。常见的引发剂和凝胶材料组合有水泥＋粉煤灰、水泥＋高炉矿渣、水泥＋炉窑灰、石灰＋粉煤灰等。

固化/稳定划分为原位固化/稳定化即直接在发生污染的位置进行固化/稳定化，和异位固化/稳定化即将受污染土壤从发生污染位置挖掘出来，搬运或转移到其他位置或场所进行固化/稳定化过程（图 5-13）。

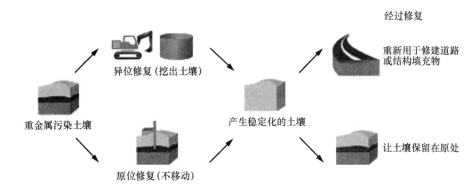

图 5-13　土壤修复的固化/稳定化技术

土壤异位固化稳定化过程包括污染土壤挖掘、筛分与破碎、配料混合、养护和处置等。我国现有的设备可以满足异位固化稳定化工程需求，常用的筛分设备有圆筒筛和振动筛，搅拌混合设备有挖掘机、混凝土搅拌站、机械混合斗等。我国现有的岩土工程施工设备如旋喷设备、双轴和三轴搅拌设备等可以应用在原位固化/稳定化处置技术之中。但这些岩土工程设备存在搅拌半径小、效率低、搅拌混合不够充分等限制大范围应用问题(图 5-14)。

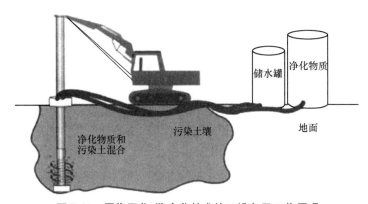

图 5-14　原位固化/稳定化技术施工设备及工作原理

5.4　重金属污染土壤固化/稳定化及再利用

近年来，我国已经开展了许多污染土壤固化稳定化技术研究。随着污染土壤修复工作的推进，我国对重金属污染土壤固化/稳定化工程越来越多。目前，该方法处于快速增长阶段，已成为土壤修复的主导技术。

5.4.1　重金属污染土的修复技术及再利用

20世纪90年代以前，重金属土壤污染修复大多采用挖掘填埋法。这种方法实质上只不过是污染物的转移，并非根治重金属污染。而且还存在占用土地、渗漏、污染周边环境等负面影响。目前，土壤重金属污染修复方法主要采用物理化学法和植物修复法。前者主要包括化学固化、土壤淋洗、动电修复；后者主要包括植物稳定、挥发及提取。此外，微生物修复技术也逐渐得到人们的重视。随着我国工业化、城镇化和农业集约化的快速发展，受重金属污染导致的土壤环境质量退化态势愈加严峻。

由于修复速度快、费用低、实施方便，污染土壤固化/稳定化技术在过去20年已成为我国重金属污染土壤修复的主要技术。据不完全统计，截至2017年，国内实施土壤固化/稳定化修复的工程案例已上千例。2005年至今，仅在上海范围内实施的固化/稳定化修复工程已有25项，累计处理重金属污染土约120万t。上海世博会场地、迪士尼场地及多个大型居住区建设场地和搬迁工业企业遗留场地的土壤修复工程均采用了此项技术。上海世博园建在一片老工厂原址上，厂区土壤污染是世博园建设首先要解决的问题。位于浦西世博园E区的城市最佳实践区内，场地维护面积约2.4万m^2。主要污染物为重金属和多环芳烃，污染土占地约5400m^2，污染深度为2～4m。在世博会土壤修复中，相关部门依据土壤污染特性，专门开发了稳定型固化剂，重金属和多环芳烃类污染土经过稳定型固化剂的稳定固化之后，浸出毒性极低，各项浸出指标远低于浸出毒性标准的限制。固化后的外运土作为路基材料资源化利用。总体看来，该处理技术具有快速、经济、实用的特点，取得了很好的维护效果。

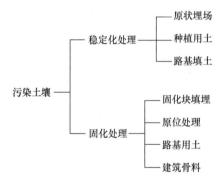

环境岩土工程学除对污染的机理进行研究外，还研究污染土的再利用。根据污染土壤常用处理工艺和基本特性，处理后再利用途径主要包括卫生填埋场覆盖用土、护岸河堤、路基材料、建材骨料、绿化下层覆土和原位回填等（图5-15）。

1. 回填

污染土壤固化/稳定化处理后可回填到场地开发利用非敏感区域，如广场或停车场等。该种处置方式是我国目前重金属污染土壤固化/稳定化修复后的主要处置方式之一。污染土壤固化/稳定化处

图5-15　固化/稳定化处理土壤再利用分类

理后现场回填时，表层通常覆盖有混凝土等硬质覆盖层，可在一定程度上防止雨水冲刷和酸雨淋洗。但是底层一般没有铺设防渗层，土壤污染物可能通过地下水长期浸泡和淋溶作用进入地下水，影响地下水环境质量。

2. 绿化下层覆土

污染土壤经过固化/稳定化处理后作为工程渣土外运暂存，后续再作为绿化下层覆土进行再利用。再利用场地一般没有防雨防渗设施，且地表一般也不具备硬质覆盖层。土壤中的重金属污染物可通过降水淋溶作用进入地表水或地下水。如果地下水较浅，地下水可直接浸泡污染土壤，导致重金属污染物溶出进入地下水。此外，绿化带植物根系向下生长，如果伸入污染土层区域，土壤中的重金属污染物则可能对植物和土中生物产生影响。

3. 路基材料

传统筑路材料的开采、加工、运输、储存和使用，会导致青山和植被毁坏，水土流失，燃料浪费和 CO_2 释放，加重温室效应。践行"绿水青山就是金山银山"发展理念，固化/稳定化修复后的污染土壤可用为路基用土。固化/稳定化后土的水稳定性好、抗冲刷能力强、施工工艺简单，经济效益和生态环境效益明显（图5-16）。该种处置方式是我国目前重金属污染土壤固化/稳定化修复后的主要使用方向之一。

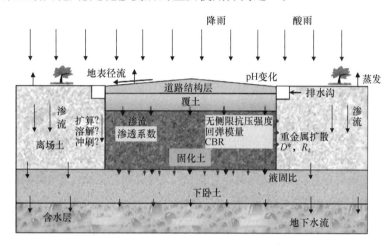

图5-16　固化/稳定化土作为路基填土

4. 护坡/护岸

使用水泥等固化剂对重金属污染土壤进行固化处理，将土壤变成固化体，使其具有一定模量和抗剪切能力，可作为护坡或河道护岸材料。该种处置方式目前在我国利用案例较少。

5. 卫生填埋

卫生填埋，是最终处置污染土的一种方法，其实质是将污染土铺成一定厚度的薄层，再加以压实并覆盖土壤。污染土壤经过固化/稳定化处理后可作为一般固体废物，进入生活垃圾或工业固体废物填埋场进行卫生填埋或作为填埋场封场覆土。

6. 作为建筑材料

固化/稳定化修复后的污染土壤可作为水泥原料的一部分，进入水泥窑处理或者烧砖。采用制砖方法对重金属污染土壤进行消纳处理时，往往不经固化/稳定化处理而直接运至砖厂，然后按一定比例加入到其他制砖黏土中进行烧结。

5.4.2 重金属污染土的工程特性

随着社会的发展和科技进步，对重金属污染土工程性质的研究和综合治理备受关注。物质组成、微观结构、物理化学性质以及力学特性对重金属污染土的治理有着重要影响。

1. 重金属污染土的物质组成

黏土含有的主要氧化物有 SiO_2、Fe_2O_3、Al_2O_3、CaO、K_2O、P_2O_5、MgO、Na_2O 等，其中 SiO_2 的含量最高。土壤被重金属污染后，该种重金属氧化物的含量增高，其他氧化物百分比降低。土体遭受重金属污染后，黏粒含量随之降低，这是由于重金属离子的介入使得污染土颗粒团聚作用增强，土粒粒径变大的缘故。

2. 重金属污染土的颗粒级配

对于黏性土，污染前后其黏粒含量发生变化，粉粒和黏粒占比随之改变。粉质黏土中重金属离子浓度的增加，会导致粉粒含量减小且黏粒含量增大。

3. 重金属污染土的土粒比重

随着土体中重金属离子含量的增加，重金属离子与黏土矿物进行吸附、离子交换以及络合作用的程度不断加深。同时，重金属离子进入土体后，破坏原有结构，使比重较小的有机质释放，从而使得土粒比重呈现增大趋势。

4. 重金属污染土的渗透性

重金属的存在会影响黏性土的渗透性，这可能给填埋场地防渗层的长期稳定性带来风险，可使有毒有害物质随渗滤液迁移到环境中，污染地下水和土壤。

5. 重金属污染土的化学性质

重金属污染液进入土体后，往往会使土体 pH 值降低，增强土体的腐蚀性。同时，易溶盐含量以及阳离子交换量也会发生相应改变。

6. 重金属污染土的强度特性

重金属污染物改变了土粒间的相互作用，必然造成土体强度的改变。在微观上，重金属离子的介入打破了土颗粒与水分子间的电离平衡，改变了双电层与结合水膜厚度，从而使土颗粒间的连接特性发生变化。宏观上则是重金属离子与土中化学成分进行水解、侵蚀、胶结和溶解作用，从而影响土的抗剪强度。重金属污染物使土体密实程度增加，但其抗剪强度不升反降。

7. 重金属污染土的压缩性

不同浓度的重金属离子污染液，对污染后土的压缩性有较大影响。随重金属浓度增高，污染土压缩模量减小，压缩系数相应增大。

5.4.3 固化土的工程特性

目前，以水泥固化重金属污染场地的方法已被广泛采用。经固化后的污染土进行资源化再利用，还要求具有良好的工程特性。污染土固化所使用的固化剂由一种或多种无机、有机材料组成，它们与土壤混合接触后发生一系列物理化学反应从而改善土的工程性质。表现为土颗粒趋于凝聚和土孔隙的填充。在外力作用下，固化土容易压实、稳定，最终形成密实、耐水、稳固的整体结构。美国要求填埋场处置的固化/稳定化废弃物其无侧限抗压强度应大于 350kPa。欧洲一些国家如法国、英国、荷兰等对固化土的强度标准更高，规定的最小无侧限抗压强度为 1.0MPa（表 5-4）。

污染土稳定固化修复后再利用指标　　　　　　　表 5-4

再利用类型	国家/地区	材料理化特性要求	环境安全要求
填埋场覆盖土	美国	UCS50psi($3.4×10^5$Pa)	TCLP 浸出值满足 40CFR261.24 要求
	荷兰	UCS($1×10^6$Pa)	
路基	英国	UCS 值 CBM1 至四级标准（7d 养护）分别为 4.5MPa、7MPa、10MPa、15MPa	
	荷兰	UCS3～5MPa	
	瑞典		基于固废评价指南（ENV12920）和国家污染土壤风险评价程序相结合的方法，建立基于污染物浓度和浸出特性的评价体系
	中国	根据公路等级和深度，CBR3～8	
建筑材料	荷兰		建筑材料法令（BMD）中规定，在 100 年内周边土壤（1m 范围内）中目标污染物的浓度增加值不超过目标值的 1%，地表水中的污染物浓度最大为标准值的 1.1 倍
护岸护坡材料	荷兰		同建筑材料法令要求
种植用土	美国	考虑土壤的 pH 值、盐分、营养元素	SPLP 浸出值等，但还未有具体限值

UCS：Unconfined Compressive Strength 无侧限抗压强度；TCLP：Toxicity Characteristic Leaching Procedure，Method1311；SPLP：Synthetic Precipitation Leaching Procedure，Method 1312

思考与练习

1. 简述土壤污染的定义、类型及特点。
2. 土壤重金属污染来源包括哪些方面？
3. 简述土壤固化/稳定化技术的定义、类别及其原理。
4. 什么是污染土壤修复？土壤修复技术包括哪些类型？

第6章 海绵城市建设与土层海绵化

海绵城市是指城市能够像海绵一样，在适应环境变化和应对雨水带来的自然灾害等方面具有良好的弹性，也称之为"水弹性城市"。随着社会的发展和城乡差别的缩小，城市建设和运维方法逐渐被广泛应用于新农村建设。因此，本章介绍的海绵建设方法与土层海绵化措施，也适用于当前的美丽乡村建设。

6.1 海绵城市的概念

海绵城市理念的提出有其深刻的天然背景和社会需求。由于地表类型和土质的不同，其建设模式和方法也多种多样，且仍然处于不断丰富和发展状态之中。

6.1.1 背景和意义

进入 21 世纪以来，我国城镇化速度不断加快。据统计，1981 年我国城镇化率仅为 20.16%，而 2015 年则达到了 56.10%。伴随城镇化发展的一对矛盾是内涝和水资源短缺同时存在。目前，该对矛盾已经成为我国很多城市尤其是北方城市面临的严重自然问题和社会问题。而且，随着城市化的进一步发展，该问题越来越严重，造成的危害也越来越大。

严重内涝产生的原因主要包括：（1）降雨集中；（2）透水土层大面积减小；（3）土层的渗透性偏低。资料显示，我国很多城市的年降水量集中在夏季，尤其是七八月份，如图 6-1 所示。由图可见，降雨时间和降雨量的集中，是导致城市内涝和水资源分配不均的主要原因。

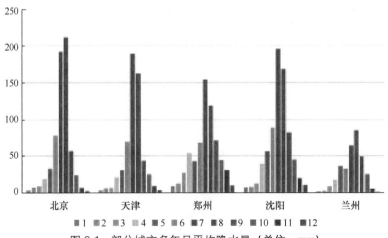

图 6-1 部分城市多年月平均降水量（单位：mm）

随着城市化的加速推进，先前裸露的土质地面大部分被建筑物、硬化路面所取代，丧失了原有的自然下渗能力，如图 6-2 所示。据统计，城市化之前的地表径流量一般占降雨量的 10%；而在城市化之后，地表径流量往往占到降雨量的 50% 以上。

图 6-2   土质地面被取代后的下渗能力丧失

另外，自然土层的渗透性一般偏低，水的下渗需要较长时间才能完成。由此导致，我国许多城市经常面临逢雨必涝、涝旱急转的局面。

洪涝灾害的增长速率远高于其他自然灾害的增长速率，且远比大气污染等自然灾害带来的经济损失更大。2016 年和 2017 年我国部分地区暴雨频发、重叠度高、极端性强，季节性雨水致使华南地区、华中地区以及华北地区出现了大面积城市内涝（图 6-3）。2018 年的台风，曾导致北京、天津等地出现大范围内涝。尤其是 2021 年大雨引起的城市内涝，对郑州等城市造成了严重损害。

图 6-3   降雨引起的城市内涝

与内涝相伴而行的是我国许多城市和地区的水资源短缺问题相当严重。以天津市为例，2020 年，全市平均降水量为 534.4mm，属于平水年。水资源总量为 13.30 亿 m^3，与多年平均值基本持平。为缓解水资源短缺问题，不得不花费巨资取水以满足工业、农业和生态需要。据有关资料显示，全年入境水量 36.46 亿 m^3，其中引滦调水量 6.90 亿 m^3、引江调水量 12.88 亿 m^3，入海水量 19.55 亿 m^3。南水北调示意见图 6-4。

图 6-4　南水北调

6.1.2　主要形式

为缓解愈来愈严重的城市内涝，充分利用宝贵的水资源，海绵城市（乡村）建设理念应运而生。2013 年 12 月，习近平总书记在《中央城镇化工作会议》上指出，要将有限的雨水保存下来再利用，建设遵循自然规律和可持续发展的"海绵城市"。2014 年 10 月，住房和城乡建设部编制了《海绵城市建设技术指南（试行）》。随后，部分城市被列为海绵城市建设试点，开展海绵化改造探索。

习近平总书记指出，"解决城市的内涝和缺水问题，必须顺应自然。建设自然积存、自然渗透、自然净化的'海绵城市'"。随着"绿水青山就是金山银山"理念的深入展开，生态文明建设在我国全面实施。从 2015 年开始，我国各城市新区、各类园区、成片开发区已全面落实海绵城市建设要求。

常见的海绵化形式主要有透水铺装、雨水花园、下凹式绿地、植草沟、绿色屋顶、蓄水池等。透水铺装对轻量级雨水治理有较好作用，适用于人行道、停车场、庭院等场所。雨水花园建造成本较低，后期维护与管理均较方便，适用于街道绿化带、广场和空地等场所。下凹式绿地适用于较大范围的绿地，建设成本较低。植草沟能够与景观结合，建设和维护成分低，适用于广场、楼房周围等场所。绿色屋顶具有调控雨水径流、控制污染物、改善生态环境、减弱噪声等作用，适用于南方常年温度高于 0℃ 地区。蓄水池能够储蓄雨水，在雨水径流控制效果方面有一定作用。另外，以上海绵化措施具有相同的特点，即以河、湖、池塘等水系作为"海绵体"，仍存在地表径流无法快速下渗，海绵效果有限，无法在老旧城区应用等问题。

受城市建成区既有建筑物和既有市政设施制约，河道、湖泊、绿地、雨水花园等需要大面积施工的传统海绵城市建设方法难以实施和奏效。因此，需改变传统海绵城市理念，改变依靠管渠、泵站等设施排水的传统方法，改变"快速排除"和"末端集中"控制的规划设计理念。基于北方地区地下水位埋深较大、土层储水空间广阔等实际情况，李顺群项目组研发了通过设置竖向渗水通道以加大雨水入渗效率的滤芯渗井方案，该方案能让多数雨水就近下渗到土层中并储存起来，真正实现了浅部土层海绵化。

6.2 海绵城市建设内涵

海绵城市建设的内涵主要是渗、滞、蓄、净、用、排六个要素，也称海绵城市建设六字方针。充分发挥建筑、道路、绿地、水系等生态系统对雨水的吸纳、蓄渗和缓释作用，有效控制雨水径流，实现自然积存、自然渗透、自然净化的发展方式。对不同设施及其组合进行科学合理的设计和改造，建设海绵型建筑与小区、海绵型道路与广场、海绵型公园绿地以及排水和调蓄等相关设施，增强防涝抗旱能力。

6.2.1 六字方针之渗

随着城镇化建设的推进，自然生态面临严峻失衡问题。城市路面硬化建筑物增多，不透水地面被各种不透水材料铺装，改变了原有自然生态本底和水文特征。因此，加强自然渗透要把渗透放在第一位。这样做的目的是避免地表径流增大，减少雨水在各种硬化不透水地面上的汇集。同时，涵养地下水，补充地下水的不足，还能通过土壤净化水质，改善城市微气候。增加雨水渗透的方法多样，主要是通过采用各种透水铺装材料使其实现自然下渗。雨水下渗的作用示意见图 6-5。

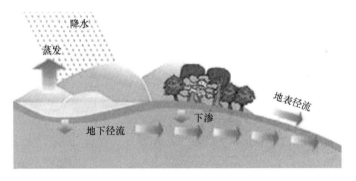

图 6-5 雨水下渗的作用示意图

6.2.2 六字方针之滞

其主要作用是延缓短时间内形成的雨水径流。例如，通过微地形调节，让雨水慢慢地汇集到一个地方，实现用时间换空间的目的。通过"滞"，可以延缓形成径流的高峰。具体实现途径包括雨水花园、生态滞留池、渗透池、人工湿地（图 6-6）等。

6.2.3 六字方针之蓄

即把雨水留下来，要尊重自然的地形地貌，使降雨得到自然散落。人工建设破坏了自然地形地貌后，短时间内水汇集到一个地方，容易形成内涝。所以要把降雨蓄起来，以达到调蓄和错峰。而当下海绵城市蓄水环节没有固定的标准和要求，地下蓄水样式多样，常

图 6-6　湿地对雨水的滞留作用

用形式包括塑料模块蓄水和地下蓄水池等（图 6-7）。

图 6-7　地下蓄水模块

6.2.4　六字方针之净

通过土壤渗透，或通过植被、绿地、水体等过滤和沉淀都能对水质产生净化作用。根据区域环境的不同，雨水净化系统可设置为不同的模式，可根据区域环境分为居住区雨水收集净化、工业区雨水收集净化、市政公共区域雨水收集净化等。根据三种环境的特点，可设置不同的雨水净化环节。现阶段较熟悉的净化过程包括土壤渗滤净化、人工湿地净化、生物处理净化等。

6.2.5　六字方针之用

经过土壤渗滤净化、人工湿地净化、生物处理多层净化之后的雨水，可以应用于各种需求。水是人类赖以生存的宝贵资源，不管是丰水地区还是缺水地区，都应该加强雨水资源的利用。与其他水资源不同的是，雨水的资源化利用，还可以在一定程度上缓解洪涝灾害，减少雨水外排需要的物资设备资源，减轻面临强降雨时社会的焦虑和压力。净化后的雨水可用于绿化、生态、生产生活等各个方面（图6-8）。

农田灌溉	小区绿化	公园喷泉
人工瀑布	道路清洗	洗车用水

图6-8 雨水的利用

6.2.6 六字方针之排

即利用排水防涝设施与天然水系河道相结合，地面排水与地下雨水管渠相结合的方式实现雨水的一般排放和超标排放，以避免内涝灾害的发生或消减内涝灾害的程度（图6-9）。

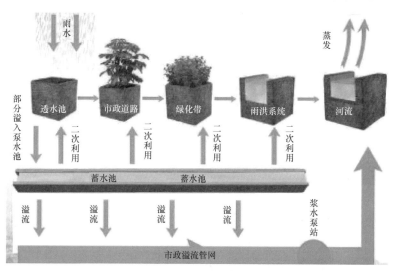

图6-9 溢流与泵站相结合的排水模式

当降雨峰值过大时，常常采用地面排水与地下雨水管渠相结合的方式来实现一般排放和超标排放。经过雨水花园、生态滞留区、渗透池净化之后蓄起来的雨水一部分用于绿化灌溉、日常生活，一部分经过渗透补给地下水，多余的部分也经市政管网排进河流。

6.3　海绵城市建设形式之植草沟

植草沟是常见的海绵形式，在我国各地均有采用。植草沟是种有植被的地表浅沟，可收集、输送、排放、净化雨水产生的径流。植草沟应满足以下要求。

（1）浅沟断面形式宜采用倒抛物线形、三角形或梯形。

（2）植草沟的边坡坡度（垂直长度与水平长度之比）不宜大于 1∶3，纵坡不应大于 4%。纵坡较大时，宜设置为阶梯形植草沟或在中途设置消能台坎。

（3）植草沟最大流速应小于 0.8m/s，曼宁系数宜为 0.2～0.3。

6.3.1　功效

植草沟可收集、输送、排放径流雨水，并具有一定的雨水净化作用。可用于衔接其他各单项海绵设施，连接城市雨水管渠系统和超标雨水径流排放系统。目前，渗透型干式植草沟和常有水的湿式植草沟也在过程中大量使用。

6.3.2　结构形式

从形式上看，植草沟是带状下凹式绿地，如图 6-10 所示。由石料铺层、生态滞留土、鹅卵石、石铺层组成，植草沟通过自身独特的结构形式，在暴雨、雨水倾泻过程中，能够滞留雨水，引导雨水向土壤中渗透，同时减少地面径流。植草沟见图 6-11。

覆盖层　　蓄水层　　种植土壤层　　砂层　　砾石层　　盲管

图 6-10　植草沟的结构

图 6-11　植草沟

6.3.3 应用举例

在上海崇明庙镇小星河河道整治工程中，经调查小星河北岸紧邻小星公路。小星公路车流量较大，且路面雨水未接市政雨水管道，雨水径流直排入河、公路雨水径流是小星河的主要面源污染源之一。因小星河公路两侧暂无条件布设雨水管道，且小星公路与河道之间空间有限，为有效控制北岸面源污染，采用生态植草沟措施，即在小星公路路边现有两排水杉行道树中间、顺河方向因地制宜布置生态植草渗滤沟（图 6-12）。

图 6-12　公路与河道之间的植草沟

该植草沟设置巧妙利用了现有两排水杉树之间的空间，提高了现有植物群落空间上的层次感。植草沟是公路雨水汇流入河前的第一道防线，雨水经过蓄滞、渗滤后，大幅度降低了水体中 TSS、TP、TN 含量。经净化的水体由排水管排至河岸护坡，护坡植被对雨水进行二次拦截、吸附和过滤，进一步实现了水质净化。

6.4 海绵城市建设形式之透水砖地面

透水砖铺装是常见的海绵形式。透水砖款式多样，合理的铺设方法能起到美化环境的作用（图 6-13）。透水砖是一种小型路面砖，不积水、排水快、抗压性强，适用于对路基承载能力要求不高的人行道、步行街、休闲广场、非机动车道、居住区道路、停车场等。

图 6-13　渗水砖铺设图

　　透水砖可以做成镂空形式，铺设后在镂空处种植景观绿草，是为植草透水砖地面（图 6-14）。植草透水砖地面具有透水渗水和绿化美化双重功效，可以应用于停车位、人行道等场所。

图 6-14　植草透水砖地面

6.4.1　功效

　　透水砖地面具有多重功效：（1）透水砖地面能够让雨水渗透到地下，从而减少地面积水，减轻和消减内涝程度。（2）透水砖地面还能提高地下水的补给能力，能将雨水直接滋润植物根系，具有改善生态环境作用。（3）透水地面砖具有防滑作用，能增强道路的安全性。（4）透水砖地面的特殊结构可以起到散热作用，从而降低地表温度。（5）透水砖地面的颜色和纹理多样，可以增强公共区域的景观效果。（6）与大理石、花岗岩、水泥、沥青地面相比，透水砖地面能大幅度降低水泥、沥青、石材用量，具有材料来源广泛、施工技术简单、经济成本廉价等优势，符合可持续发展理念。

6.4.2　结构形式

　　透水砖地面的结构形式如图 6-15 所示。素土夯实之上铺设碎石底基层，再之上铺设透水土工布，土工布之上铺设粗砂找平层，最上层铺设透水砖。

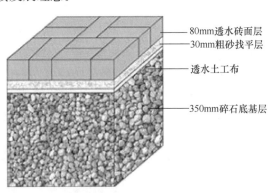

　　80mm透水砖面层
　　30mm粗砂找平层
　　透水土工布
　　350mm碎石底基层

图 6-15　透水砖地面的结构

　　需要注意的是，不同类型的透水地面砖其结构形式会有所不同，因此在选择和使用透水地面砖时需要根据具体情况选择。透水地面砖需要在素土夯实层、碎石底基层和找平层稳定后铺设。如果铺设的基础不稳定，可能会影响透水地面砖的使用效果。因此，在施工之前需要对土层进行充分的处理。

6.4.3 施工

透水砖地面的施工方法通常包括以下步骤。

1. 施工准备

熟悉图纸，首先了解各部位尺寸和各类型透水砖的位置，把握好透水砖需要铺设的大概面积。然后再进行基层清理，基层清理主要是将地面基层上的杂物清除干净，包括松散的无砂混凝土石子、突出的石子等。清除之后将基层平整并洒上水，使其保持湿润状态，但不能有明水。

2. 测量放样及冲筋

基层处理好后，根据计算的数据，按照轴线用墨斗在基层上精确划分的方格网，弹好网格。按照图纸要求，先铺装一块透水砖冲筋。等到这块透水砖冲筋完成，再铺设其他透水砖。

3. 铺粘结层

粘结层是用来粘结透水砖的，是由细石混凝土、水泥、水、石屑按一定比例混合，用搅拌机均匀拌和后形成的。粘结层的稳定性要长，不易崩坏，而且使用寿命要足够长。

等细石混凝土摊铺后，透水砖底部要蘸水泥浆，并在透水砖的两侧位置插上 5mm 塑料，最后要用橡皮锤轻锤透水砖。让它的两角与砖缝对齐，层面和挂线平齐。

4. 铺装透水砖

铺装透水砖是非常有讲究的。按照每米一道的方法铺设方格网的四角透水砖，待四角透水砖铺装好后，再以横向放线。同样是每米一道线，挂在纵向透水砖位置，最后分仓铺装。只有这样，透水砖之间的稳定性才足够强，间距也更为合理。

5. 保护透水砖路面

要在铺装完毕 24h 后进行洒水养护，其作用是在后期使用时性能更稳定，寿命更长。养护期间严禁扰动铺装好的透水砖路面。在养护期间，要不断撒细、中砂进行扫缝处理，注意必须是干砂。每次扫完及时洒水，直到砖缝被灌满，洒水后砂子不再下沉。

在透水地面砖的施工过程中，需要严格依照施工规范进行操作，以确保透水地面砖能够达到预期的透水效果和安全性。同时，在施工过程中需要注意安全，避免对周围环境和人身的影响。

6.4.4 应用举例

透水砖地面的应用范围非常广泛，可以在城市建设、环境保护和生态建设方面发挥独到作用。

1. 公共广场

当广场面积很大时，降雨常常会产生大量地面积水。如果设置成透水砖地面，则可消纳掉大量自然降雨，而且还可以补充地下水资源。

2. 停车场

传统的停车场一般使用水泥硬化地面，雨水无法渗透，易导致严重积水。如果采用透水砖地面，雨水可以被快速排除。

3. 篮球场

透水地面砖的弹性和渗透性能使其成为篮球场等运动场地的理想材料，不仅能保障运动员的安全，还能让球场在雨天不发生积水现象，保证运动场地的正常使用。

4. 人行道

透水地面砖在人行道上的应用能够让行人在雨天行走更加方便、安全，减少积水对交通的影响。

5. 其他

透水砖地面还被广泛应用于庭院、公园等场所，具有广阔的应用前景。

6.4.5　维护和保养

透水砖路面具有维护方便，养护简单等特点。

1. 地面及时清洗

透水地面砖的清洗比较简单，平时及时清扫和冲洗；雨后及时清洗，保持干燥、避免水污染即可。

2. 及时维修

如果发现透水砖地面砖块损坏或变形等破损，要及时进行维修和更换，以免影响透水效果和美观。可见，与水泥、沥青或大理石花岗岩地面相比，其维修是非常便利和经济的。

3. 防止过大荷载

透水地面砖不能长时间承受过大压力。当车辆经过或停在透水砖地面上时，要在地面上设置垫子或其他支撑物，避免压坏透水砖，影响整体透水效果和外观。

6.5　海绵城市建设形式之透水路面

透水路面包括人行透水路面（图6-16）、骑行透水路面和机动车透水路面等。透水路面是一种能让雨水快速渗入地下的多孔环保路面，是一种促进生态建设和水资源涵养保护的有效设施。与透水砖地面类似，透水路面可以促使一部分雨水渗入土层中，从而能在一

图6-16　透水路面健身步道

定程度上减少雨水流入排水管网的数量。另外，透水路面还能有效防止污染物和沉淀物流入河湖等水体，因此是一种环保绿色的道路建设方式。

6.5.1　功效

透水路面具有以下几方面的功效：（1）透水路面具有补充地下水资源的功能。（2）具有减少路面径流，预防或减轻城市内涝的功能。（3）透水路面能对雨水进行一定程度的净化，具有减轻河湖等水体污染等作用。（4）透水路面的孔隙率较大，具有吸声作用，可减少环境噪声。（5）透水路面大量的空隙能吸附污染物（如粉尘），因此在减少扬尘污染方面具有一定作用。

6.5.2　结构形式

透水路面结构一般可划分为保护层、面层、基层、垫层和素土层五个结构层（图6-17）。面层保护层是通过专用机械将保护剂喷涂在面层表面，让路面色彩变得更加鲜亮，同时还具有耐酸、耐碱、耐磨、耐紫外线等功能。基层是透水混凝土路面的承载部分，其厚度一般为 200mm 以上。垫层是具有保证基层平整度和稳定性的作用，其厚度一般为 100mm 左右。素土层是指路面下的原始土壤或填方土，其厚度一般为 500mm 以上。

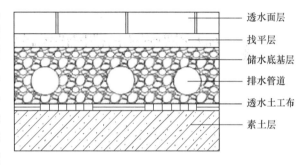

透水面层
找平层
储水底基层
排水管道
透水土工布
素土层

图 6-17　透水路面的结构

透水路面结构还可以分为全透水路面和半透水路面。全透水路面结构是指路面结构各层均为透水性材料，雨水通过路面结构层下渗，最终可以渗入到路基范围。半透水路面结构是指路面上部结构层为透水性材料，下部结构层为隔水性材料，雨水不能下渗进入路基范围。显然，全透水路面在减少雨水径流、提高道路使用寿命方面效果更佳。

6.5.3　施工

1. 透水混凝土路面

透水混凝土道路的施工方法有两种，一是连续施工，二是间隔式施工。所谓连续施工，是指在结构层浇筑单块体积满足缩缝要求时，随即摊铺面层。这种施工方法使结构层与面层粘结牢固，不容易发生空鼓现象，但容易压坏结构层，结构层混凝土的强度不好控制，施工时应尽量不损坏结构层。所谓间隔式施工，是指上午铺设结构层，下午施工面层。这种方法能保证结构层混凝土的强度，交叉施工影响小，还可以减少搅拌机械，降低机械投入和人工投入。但是必须在面层施工前，要在结构层表面充分浇水湿润，并铺设素水泥浆做粘结层，可在一定程度上防止空鼓现象发生。

2. 透水沥青路面

主要包括：（1）基层处理，包括清理、修补、加固等，实现在平整、坚实、无松动、无积水等方面的要求。（2）粘结层施工，在基层上喷涂粘结剂，使其与基层紧密粘结。

（3）沥青混合料铺设，即将预制的透水沥青混合料铺设在粘结层上，厚度一般为 5cm 左右。（4）压实，即使用压路机对铺设的透水沥青混合料进行压实，使其与基层紧密结合。（5）粘结层施工，即在透水沥青混合料表面喷涂粘结剂，使其与下一层透水沥青混合料紧密粘结。（6）透水沥青混合料铺设，即将预制的透水沥青混合料铺设在上一层透水沥青混合料上，厚度一般为 5cm 左右。（7）压实，即使用压路机对铺设的透水沥青混合料进行压实，使其与下一层透水沥青混合料紧密结合。（8）完工验收，对施工质量进行检查验收，确保达到要求。

透水混凝土路面和透水沥青路面见图 6-18。

(a) 透水混凝土　　　　　　　　　　　　　(b) 透水沥青

图 6-18　透水混凝土路面和透水沥青路面

6.5.4　应用举例

透水路面可广泛应用于停车场（图 6-19）、人行道、健身步道、广场、公园、小区绿地等场所。透水道路可减少路面积水，提高车辆行驶的安全性和舒适性。人行道或自行车道采用透水路面时，可减少积水频次和积水量，提高行人和骑车人的安全。

图 6-19　透水路面停车场

6.6 海绵城市建设形式之雨水花园

雨水花园是一种生态可持续雨水利用设施，用以蓄存附近降水，兼具积水下渗和积水排除功能。雨水花园是自然形成或人工挖掘的浅凹绿地，通过植物、沙土综合作用能使雨水得到净化，并使之逐渐渗入土壤，涵养地下水，或使之补给景观用水、厕所用水等城市用水。

6.6.1 功效

雨水花园的功效有多方面，主要包括：（1）能够有效地去除径流中的悬浮颗粒、有机污染物以及重金属离子、病原体等有害物质。（2）通过合理的植物配置，雨水花园能够为昆虫与鸟类提供良好的栖息环境。（3）通过植物的蒸腾作用，雨水花园可以调节环境中空气的湿度与温度，改善小气候环境。（4）雨水花园的构造成本较低，且维护与管理比草坪简单。（5）与传统草坪相比，雨水花园能够给人以新的景观感知与视觉感受。

6.6.2 结构形式

雨水花园的结构如图 6-20 所示。由图可见，雨水花园由蓄水池、溢流管、砂层、砾石层、种植土、覆盖层等组成。蓄水池、溢流管可以收集雨水，砂层、砂砾层可以加速雨水入渗。种植土壤层、覆盖层可以滞留雨水，减少地面径流。

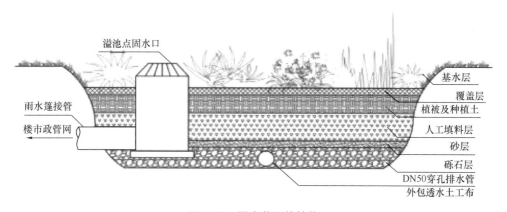

图 6-20 雨水花园的结构

6.6.3 施工

把降水尽快地渗透到地下土壤中，是规划、建设雨水花园的主要目的，所以选择位置时，需要综合考虑地质条件、周围建筑、绿地系统布局规划、竖向标高等因素。在平原地区，常在雨水径流距离比较短的中心区域选择设置雨水花园。在径流过程中需要一定的坡降，缩短径流距离，可有效控制高差、减少土方开挖和运输量。

施工前，应对建设区域的地形、污染、地下水位、市政管网和排蓄水能力进行调查。雨水花园主体结构岸线边坡应与周边绿地平缓衔接。雨水花园距建筑物、构筑物或道路基础应不小于 3m。不足 3m 时，应铺设防渗膜。

雨水花园施工应按照以下工序进行，即测量放线、作业面清理、基坑挖掘、铺设砾石层、铺设透水土工布。其中作业面清理应将施工范围内的树木、杂草、杂物清理干净，影响施工的沟、坎、土堆应整平。土方开挖应按照方案标高施工，基坑挖掘结束后应整平，平整度和坡度比应满足要求。砾石层铺设应选择符合要求的砾石，铺设前应进行清洗。

6.6.4　应用

雨水花园被广泛应用于居住区、学校、企事业单位、公园等地。选择雨水花园地址时，应该避开地下水位过高场地和地势低洼场地。另外，必须考虑土壤的渗透能力。在建造雨水花园时还要考虑排水是否通畅，因此不可选择坑塘低洼地段。如图 6-21 所示，为处于某学校的雨水花园。

图 6-21　雨水花园的应用

6.7　海绵城市建设形式之下沉式绿地

下沉式绿地是应用范围很广的一种海绵形式，广泛应用于道路、小区等场所。下沉式绿地是低于周围地面、内部植物以草本植物为主的绿地，它利用开放空间承接和储存雨水，以此达到减少径流外排的目的。

6.7.1　功效

下沉式绿地可广泛应用于城市建筑与小区、道路、绿地和广场内。用于源头减排时，主要功能为径流污染控制，兼有削减峰值流量的作用。用于排涝除险时，主要功能为削减峰值流量。

6.7.2　结构形式

下沉式绿地具有狭义和广义之分，狭义的下沉式绿地指低于周边铺砌地面或道路200mm 以内的绿地。广义的下沉式绿地泛指具有一定调蓄容积且可用于调蓄和净化径流雨水的绿地，包括生物滞留设施、渗透塘、湿塘、雨水湿地、调节塘等。

下沉式绿地的下沉深度应根据植物耐淹性和土壤渗透性能确定，一般为 100～200mm。绿地内一般应设置溢流口，保证暴雨时径流的溢流排放，溢流口顶部标高一般应高于绿地 50～100mm（图 6-22）。

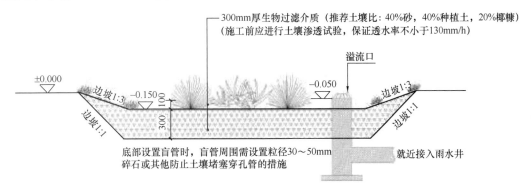

图 6-22　下沉式湿地的结构

6.7.3　应用

天津市是海绵城市建设试点片区包括解放南路和中新生态城等地。目前，已在锦葵园、流苏园、棣棠园、麦里园、雀榕园、木槿园、月橘园、环美公寓、兴峰里小区、林城佳苑、象博豪庭等地建成了示范区。在该示范区内，包括下沉绿地在内的各种海绵化方法被大量采用（图 6-23）。片区内的绿地、树池、花坛、草坪覆盖土层均低于边石或挡墙 10cm 左右。这种做法避免了水土流失、减轻了城市内涝，并起到了涵养雨水资源、促进植物生长的作用。

图 6-23　天津市全运村的下沉式绿地

6.8　海绵城市建设形式之旱溪

旱溪兼具海绵作用与环境美化双重功效。旱溪是以形态各异的卵石为主要材料造就的仿自然界干涸河床。从表面看，旱溪中没有水。其实，在卵石层中可能有涓涓细流。

6.8.1　功效

旱溪不但具有滞留、渗透、转输、净化雨水的作用，还是一道独有的景观。当雨水汇集量在 30mm 以内时，旱溪可完成自然渗透和蒸发。当面临强降雨时，多余的雨水会通过旱溪的卵石层或地下管道进入雨水收集池（图 6-24）。

图 6-24　旱溪的效果

6.8.2　结构形式

旱溪是在低洼处由鹅卵石堆砌，石子填充铺设组成的干涸河床。旱溪的两边一般配以绿色植被，如图 6-25 所示。

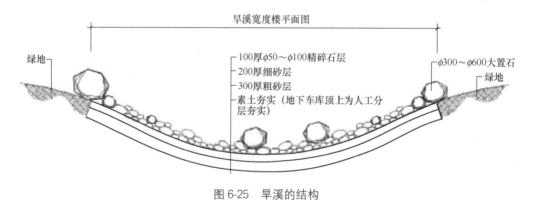

图 6-25　旱溪的结构

6.8.3　应用

上海辰山植物园的辰溪花境，降雨时常常形成积水，以至于无法种植植物，故此设置了一条旱溪（图 6-26）。该旱溪溪底采用卵石铺设，两侧设置大型卵石。完工后配以多样性植被和曲径幽深的小路，效果良好。

图 6-26   上海辰山植物园的辰溪花境

6.9   海绵城市建设形式之滤芯渗井

  滤芯渗井技术是利用渗透效率很高的滤芯在土层中提供一个竖向过水通道，雨水进入渗井后再沿径向向周围土层中入渗，从而大幅度消减地表径流的一种新型土层海绵化方法。该技术具有低成本、施工简单、应用范围广、布置灵活等特点，既可应用于新城区建设，又可应用于老旧城区改造。在降低城市内涝风险，促使雨水下渗、存蓄、渗透、净化方面具有独到作用。在土层中钻取一定深度和直径的钻孔，将预制混凝土多孔滤芯放入孔中，再在其上铺设透水砖，即完成一个微型滤芯渗井。当遭遇降雨时，雨水将沿这一微型滤芯渗井快速下渗，并快速渗入深部土层中，从而达到消减灾害和将水资源储存在土层中的双重目的。

6.9.1   功效

  相较于土层原始的渗透效率，设置滤芯渗井后土体的渗透效率可提高 $10\sim100$ 倍。根据降雨强度、土层渗透系数、汇水面积、内涝等级等指标，可设置不同深度、不同间距的微型滤芯渗井，从而形成微型滤芯渗井群，如图 6-27 所示。滤芯是由水、水泥、石子按一定比例制成的无砂混凝土圆柱体，如图 6-28 所示。由于只需要支撑孔壁，多孔混凝土滤芯只需要很低的强度即可满足要求，因此可采用再生骨料生产。可见，该技术原理简单，经济实惠，易于标准化，且绿色环保，具有明显的社会效益和经济效益。

  1. 综合效能强

  既可消除或消减城市内涝，又可将雨水作为资源储存在土层中以备后用。既可应用于新区，又可应用于分布有建筑物、道路、植被、地下管线等复杂建筑环境的老旧小区。若由于人为或自然原因致使某个滤芯渗井无法正常工作，雨水会自动通过透水砖和砂层沿水平方向转移至附近的集水渗井中，因此其影响是独立的且可被邻近滤芯渗井消化。

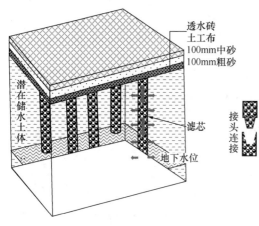

图 6-27　滤芯渗井示意图　　　　　　　　图 6-28　透水滤芯实物图

2. 成本低、工期短、易维护

在地面上钻孔，孔内放置滤芯，再铺设砂层即可。每平方米造价 28 元，每平方千米造价 3000 万元左右。远远低于其他方法数亿甚至数十亿元的平方千米造价。每平方千米工期约 30d。只要埋置于土层中的滤芯不被破坏，其功能就不会有任何问题。另外，若某个滤芯失去功能，只要将其替换或在附近重新设置一个即可。

3. 对环境影响小

不用大面积开挖，不改变地形地貌。通过密布在各个点位的滤芯渗井，将雨水就近输入到土层中储存起来，不需要远距离输送。

4. 生态效益显著

雨水经滤芯渗井群进入土层后，可对地下水进行充分补充，实现地下水与地表水的水生态联系。滤芯渗井技术还能大幅度减少雨水外排体量，从而减轻外排压力，减少地表径流污染。

5. 有助于建筑垃圾的资源化利用

由于不需要承担荷载，只需要满足施工要求即可，滤芯本身不需要很高的强度。因此，制作滤芯所用的粗、细骨料可使用再生骨料。因此，滤芯渗井技术为建筑垃圾的资源化利用提供了一个新的方向。

6.9.2　结构形式

只要在地面开孔，孔内放置滤芯即可完成一个滤芯渗井。因此，该技术具有施工便利、应用灵活等优势。可广泛应用于新城区建设，也可应用于复杂的老旧小区。为说明问题，这里举例说明该技术应用的便利性。

（1）对于没有任何地表和地下设施的场地，根据降雨量、内涝标准、土层参数直接在场地上钻取一定间距、一定深度的圆孔，然后将滤芯放进钻孔即可，如图 6-29 所示。

（2）在不透水路面、地面、建筑物周围布置滤芯渗井时，根据降雨量、内涝标准、土层参数、不透水面积等参数，确定钻孔间距和深度，再将透水滤芯放入孔中，恢复地表铺装即可，如图6-30所示。（3）在透水砖路面下设置滤芯渗井时，首先将需要布置滤芯渗井处的透水砖翘起，然后在该处钻孔，将滤芯放入孔中，最后恢复透水砖铺设即可，如图6-31所示。（4）对铺设有花岗岩、大理石等大面积石材的路面，可采用有限替换的方法，在少量石板下稀疏布置深长滤芯渗井并以透水砖替换该石板。其施工方法与透水砖下布置方法类似，如图6-32所示。

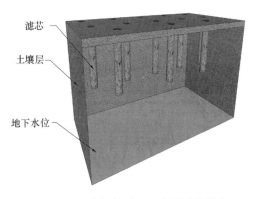

图 6-29 原位场地路面下布置滤芯渗井

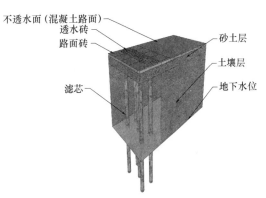

图 6-30 不透水路面下布置滤芯渗井

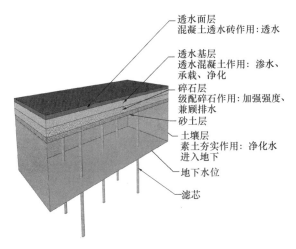

图 6-31 透水砖路面下布置滤芯渗井

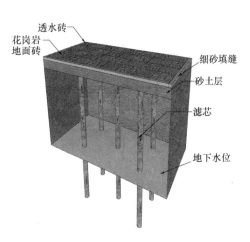

图 6-32 花岗岩路面下布置滤芯渗井

需要说明的是，滤芯渗井的深度（或长度）和间距是根据降雨量、内涝标准、土层渗透性、汇水面积等参数确定的，一般通过数学仿真的方法得到。在不透水地面比如建筑物周围布置滤芯渗井群时，为达到预定的下渗效果，需要在一定范围内加长（深）、加密，是为加强区。在花岗岩、大理石等大面积石材铺设区布置滤芯渗井时，为保持石材铺装的既有效果，应尽量少设置滤芯渗井。这就需要在长度或深度方向上加强，即通过采用设置长滤芯渗井的方法达到增大渗水效果的目的。

6.9.3 滤芯渗井施工过程

在施工前，要制定详细的技术施工方案，明确各班组人员职责，确定施工范围和渗井布置方式，建立严格的施工管理制度，与施工班组人员进行技术交底。

施工过程包括清平、放线、钻孔、清孔、滤芯放置、粗砂填缝、铺设反滤层、铺设砂层、面层铺装等。

在钻孔时，应依据具体施工方案及布置方式，严格控制放线精度，确保渗井孔的中线、高程及偏斜度在允许范围内。放置滤芯前，要将渗井孔内多余土体清出孔外，保证渗井孔有足够空间容纳滤芯。完成清孔后，在渗井孔底部铺设30~40cm厚的反滤垫层，然后放置滤芯，安装位置符合要求之后，用碎石和粗砂填充滤芯与渗井之间的空隙。

施工过程要严格执行工艺流程，做好详细的文字和图像记录，保证各工序之间的有序衔接，不得随意改变工艺顺序，保证施工质量。

6.9.4 应用举例

工程应用场地位于天津市武清区黄庄工业园，该场地范围内已有建筑物包括一栋工业厂房和一栋办公楼，两者占地面积约2200m²，场地中建筑物占比约为40%，不透水路面占比约为20%，绿化面积占比约为10%。该场地整体地势低洼，降雨时会出现大小不一、深度不同的路面积水。土层从上往下可分为素填土0.8m、黏土1.3m和淤泥土2.9m（表6-1）。

土层和透水滤芯基本物理参数

表 6-1

土体	深度/m	初始孔隙比	饱和重度/(kN/m³)	渗透系数/(m/s)	泊松比
素填土	0~0.8	0.79	21	8.0×10^{-5}	0.3
黏土	0.8~2.1	0.41	23	1.2×10^{-6}	0.4
淤泥质土	2.1~5	0.57	24	8.5×10^{-7}	0.3

设置了1~5m多种滤芯渗井长度和1~2m间距方案，分别进行了计算和技术方案对比。最终确定办公楼和厂房附近滤芯渗井布置的深度为3.5m，间距为1m；路两侧滤芯渗井布置的深度为4m，间距为1m或1.5m。同时设置了10个观测孔，以观测降雨后地下水位的变化，评价滤芯渗井布置方案的优劣。现场布置如图6-33所示。

施工现场和水位监测如图6-34所示。

在遭遇90mm/h连续强降雨时，长度3.5m、间距1m的滤芯渗井布置方案的孔隙水压力变化如图6-35所示。施工完成后，通过所设置的观测孔，对10处地下水位进行测量，自2021年6月18日起至2022年3月11日每周测量一次，地下水位变化曲线如图6-36所示。

经与实际降雨量对比，发现地下水位变化曲线与实际降雨量关联性很强。这说明降雨量的相当一部分已经渗入了土层中，起到了补充地下水的作用。

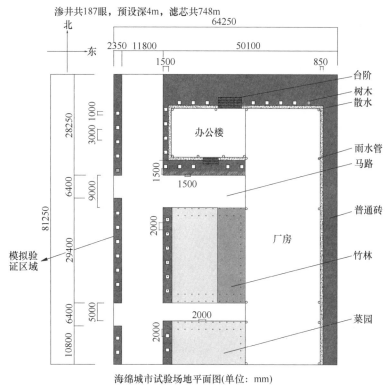

图 6-33 滤芯渗井和水位观测孔的布置

图 6-34 施工现场与水位监测（一）

图 6-34　施工现场与水位监测（二）

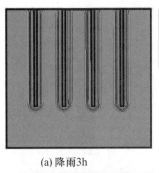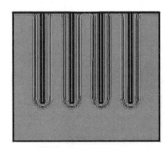

(a) 降雨3h　　　　　　　　　　　　　　　　(b) 降雨6h

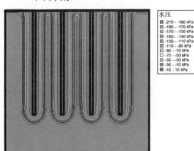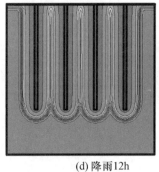

(c) 降雨9h　　　　　　　　　　　　　　　　(d) 降雨12h

图 6-35　不同降雨历时的孔隙水压力

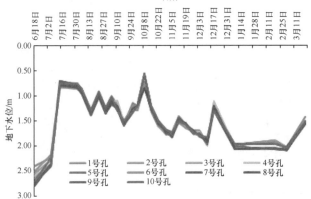

图 6-36　地下水位变化曲线

6.10　综合应用

中新天津生态城是中国、新加坡两国政府间重大合作项目,是世界上首个国家间合作开发的生态城市。旨在应对全球气候变化、加强环境保护、节约资源和能源,为城市可持续发展提供样板示范。天津生态城于 2008 年 9 月 28 日开工建设,是 2018 中国最具幸福感生态城和无废城市建设特例区。

为建设资源节约型、环境友好型、社会和谐型城区,中新天津生态城在城市规划、环境保护、资源节约、循环经济、生态建设、可再生能源利用、中水回用、可持续发展以及促进社会和谐等方面进行广泛创新。

天津生态城选址于自然条件较差、土地盐渍、植被稀少、环境退化、生态脆弱、水质性缺水地区,以生态修复和保护为目标,力求建设自然环境与人工环境共融共生的生态系统,实现人与自然和谐共存。以生态谷(生态廊道)、生态细胞(生态社区)构成城市基本构架,以城市直接饮用水为标志,建立中水回用、雨水收集、水体修复为重点的生态循环水系统。

为实现上述目标和理念,天津中新生态城南部片区 8 号地块住宅项目大范围推广和使用目前所有成熟的海绵城市建设技术。据统计,植草沟、透水砖地面、透水路面、雨水花园、下沉式绿地、旱溪、滤芯渗井等技术都在该项目得到了应用。该项目于 2019 年开工,2023 年竣工,该项目建设规模 255334.3m²,占地面积 102566.9m²,室外景观面积79771m²。图 6-37 为该项目一角,其中圆点为设置的滤芯渗井,其他图例的意义请参见相关制图标准。

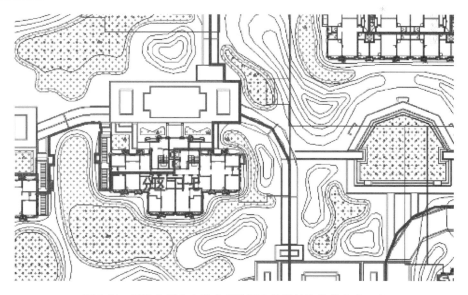

图 6-37　天津中新生态城南部片区 8 号地块海绵化方案一角

思考与练习

1. 海绵城市建设六字方针是什么？
2. 海绵城市建设的常见形式有哪些？
3. 土层海绵化的主要思想是什么？
4. 滤芯渗井的作用是什么？

第 7 章　人类工程活动造成的环境岩土工程问题

人类工程活动必然对环境岩土造成一定影响和破坏，这种影响和破坏又反作用于工程项目，影响安全和正常使用。在人类工程活动越来越多的今天，科学自觉地认识人类工程活动对环境岩土工程的影响和破坏，并采取必要防护措施是可持续发展的重要途径。本章介绍的人类工程活动造成的环境岩土工程问题，也与绿色"一带一路"建设、生态文明理念等相契合。

7.1　地基基础施工对环境的影响与防护

为提升土地资源利用率，工程间距越来越小，由此导致地基基础施工对环境的影响与防护越来越受重视。

7.1.1　沉桩施工对环境的影响与防护

在密集建筑群中打桩施工时，对周围环境的影响主要表现为挤土问题和噪声、振动等对周围环境、邻近建筑物和地下管线的影响。

1. 挤土效应

预制桩及沉管灌注桩等挤土桩，在沉桩过程中桩周土体受到强烈挤压扰动，造成桩周土体产生较大应力增量，土结构破坏，产生侧向挤压变形和竖向变形，这种现象称为挤土效应，如图 7-1 所示。如在饱和软土中沉桩，将在桩表面周围土体中产生很高的超孔隙水压力，使得有效应力减小，土抗剪强度大大降低。随着时间的推移，超孔隙水压力逐渐消散，桩间土有效应力逐渐增大，土强度逐渐恢复。实测表明，地面变形和隆起量与打桩速率、桩数有直接关系。打桩速率越快，变形和隆起量越大。

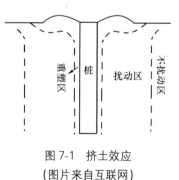

图 7-1　挤土效应
（图片来自互联网）

桩打入地下时，桩身将置换同体积的土。因此在打桩区内与打桩区外一定范围内的地面，会发生竖向和水平向位移。大量土体的移动常导致邻近建筑物开裂、路面损坏、水管爆裂、煤气泄漏、边坡失稳等事故。

挤土效应主要与桩的排挤土量有关。按挤土效应程度，桩可分为：（1）挤土桩，也称排土桩。原始土层结构遭到破坏，主要有打入或压入预制桩、封底的钢管桩、沉管式就地灌注桩等。（2）部分挤土桩，也称微挤土桩。成桩过程中，桩周围的土层受到轻微扰动，土的原始结构和工程性质变化不明显，主要有打入的小截面 I 形、H 形钢桩、钢板桩、开口式钢管桩。（3）非挤土桩，也称非排土桩。成桩过程中将有与桩体积相同的土排出，桩周围土较少受到扰动，但有应力松弛现象，主要有各种形式的挖孔、钻孔桩等。

桩的挤土机理十分复杂，除与建筑场地的性质有关外，还与桩的数量、分布密度、打桩顺序和速度等因素有关。桩群挤土的影响范围相当大，根据工程经验，影响范围大约为1.5倍桩长。

2. 防护措施

在挤土桩施工区内，可根据基础平面形状、桩数、桩径、桩长、桩距、地质条件、地下水位高低情况、施工期等因素，合理选择防护措施，以达到消除或减少挤土效应对周围环境影响的目的。

（1）预钻孔取土打桩

如图7-2所示，先在桩孔位置钻一直径不大于桩径2/3、深度不大于桩长2/3的孔，然后在孔位上打桩。根据工程经验，采用预钻孔沉桩可明显改善挤土效应，地基土变位可减少30%～50%，超孔隙水压力可减少40%～50%，并可减少对已沉桩的挤推作用和对周围环境的影响。

（2）降低地下水位或改善地基土排水特性

如图7-3和图7-4所示，通常采用井点或集水井降水措施，或采用袋装砂井、砂桩、碎砂石桩、塑料排水板等排水措施，减少和及时疏导由沉桩引起的超静孔隙水压力，防止砂土液化或提高邻近地基土的强度以增大其对地基变位的约束作用，从而减少地基变形影响范围。采用砂井等排水措施可降低超孔隙水压力40%左右。袋装砂井直径一般为70～80mm，间距为1～1.5m，深度为10～12m。

图7-2　钻孔取土打桩（图片来自互联网）

图7-3　井点降水（图片来自互联网）

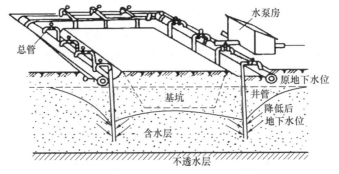

图7-4　集水井降水（图片来自互联网）

（3）合理安排打桩顺序

如图 7-5 所示，背着建（构）筑物打桩可减少对管道和建（构）筑物的影响。这是因为先打入的桩，或多或少具有遮帘作用，使挤土方向有所改变，从而起到保护建（构）筑物的作用。

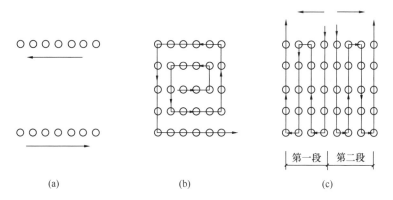

图 7-5 打桩顺序（图片来自互联网）

（4）控制打桩速率

每天入土桩数越多，孔隙水压力积累越快，土的扰动越严重，因此打桩的影响也越严重。特别是打桩后期，桩区内入土桩数已有一定数量，土体可压缩性逐渐丧失，因此打桩速率的影响特别敏感，必须加以控制。应根据具体情况以及周围建筑物的反应确定打桩速率。

（5）设置防挤防振沟

防振沟的深度通常不大于 2m，有时可在沟内回填砂或建筑垃圾等松散材料。这种措施能减少表层的挤压作用，对浅埋管线有一定保护效果。

3. 打桩振动及防护

打桩时会产生一定的向四周扩散的振动波。较长时间处在一个周期性微振动环境中，人会感到难受。特别是住在木结构房屋内的居民，地板、家具都会不停摇晃，对年老有病的人影响尤大。

实测结果表明，打桩引起的水平振动约为风振荷载的 5%。所以除一些危险性房屋外，打桩对建筑物一般没有影响。但打桩锤击次数很多时，对建筑物的粉饰、填充墙等会造成损坏。另外，振动会影响附近精密机床、仪器仪表的正常运行。

打桩振动危害的影响程度不仅与桩锤锤击能量、锤击频率、距离有关，而且取决于地形、土层、建筑物结构形式和新旧程度、限制性要求等。

为缩短打桩振动影响时间和减少振动影响程度，可在打桩施工中采用特殊缓冲垫材或缓冲器、选择低振动强度和高施工频率桩锤、桩身涂覆润滑材料、预钻孔等方法。也可采用与掘削法、水冲法、静压法相结合的施工工艺，或通过合理安排施工顺序（由近向远）等措施。

4. 打桩噪声及防护

在沉桩过程中会产生一定噪声，如图 7-6 所示。噪声的危害不仅取决于声压大小，而且与持续时间有关。沉桩施工工艺不同，声压有所不同。住宅区噪声一般应控制在 70～

图7-6　噪声污染（图片来自互联网）

75dB，工商业区噪声可控制在75～80dB。当沉桩施工噪声高于80dB时，应采取减小噪声的处理措施，如图7-7所示。

一般可采取以下几种防护措施。

（1）音源控制防护。如锤击沉桩可按桩型和地基条件选用冲击能量相当的低噪声冲击锤，振动沉桩选用超高频振动锤和高速微振动锤，也可采用预钻孔辅助沉桩法、振动辅助沉桩法、水冲辅助沉桩法等工艺。同时可改进桩帽、垫材、夹桩器以降低噪声。在柴油锤击沉桩施工中，还可用桩锤式或整体式消声罩装置将桩锤封隔起来。

（2）遮挡防护。在打桩区和受音区之间设置遮挡壁可增大噪声传播回折路线，并能发挥消声效果，增大噪声衰减量。通常情况下，遮挡壁的高度不宜超过声源高度和受声区控制高度，一般以15m左右比较合理。

图7-7　噪声监控（图片来自互联网）

（3）时间控制防护。控制沉桩施工时间，午休和晚上停止沉桩施工，以减小对邻近住宅的噪声危害，保证居民正常生活和休息。

7.1.2　强夯施工对环境的影响与防护

强夯又称动力固结，是在重锤夯实法基础上发展起来的一种地基处理方法，如图7-8所示。利用起重设备将重锤（一般80～250kN）提升到较大高度（10～40m），然后重锤自由落下，以很大的冲击能量（800～10000kJ）作用在地基上，在土中产生极大冲击波以密实地基土的一种方法。强夯法是一种简便、经济、实用的地基加固方法。

1. 强夯施工的设计参数

（1）强夯法的有效加固深度应根据现场试夯或当地经验确定。

（2）强夯的单位夯击能量应根据地基

图7-8　强夯施工图（图片来自互联网）

土类别、结构类型、荷载大小和要求处理深度综合考虑，并通过现场试夯确定。

（3）夯击次数应按现场试夯得到的夯击次数和夯沉量关系曲线确定。

（4）夯击遍数应根据地基土的性质确定，一般情况下可采用 2～3 遍，最后再以低能量夯击 1 遍。对于渗透性弱的细粒土，必要时夯击遍数可适当增加。

（5）两遍夯击之间应有一定时间间隔。间隔时间取决于土中超静孔隙水压力的消散时间。

（6）夯击点位置可根据建筑结构类型，采用等边三角形、等腰三角形或正方形布置。

（7）强夯处理范围应大于建筑物基础范围。每边超出基础外缘的宽度宜为设计处理深度的 1/2～2/3，并不宜小于 3m。

（8）根据初步确定的强夯参数，提出强夯试验方案，进行现场试夯。

2. 强夯施工工艺

（1）一般情况下夯锤重可取 10～20t。锤底静压力值可取 25～40kPa，对于细颗粒土锤底静压力宜取小值。

（2）强夯施工宜采用带自动脱钩装置的履带式起重机或其他专用设备。

（3）当地下水位较高、夯坑底积水影响施工时，宜采用人工降低地下水位或铺填一定厚度松散性材料的措施，夯坑内或场地积水应及时排除。

（4）强夯施工前，应查明场地内地下构筑物和各种地下管线位置及标高，并采取必要措施，以免强夯施工造成破坏。

（5）当强夯施工所产生的振动对邻近建筑物或设备产生影响时，应采取防振或隔振措施。

（6）强夯施工过程中应有专人负责监测工作。

（7）施工过程中应对各项参数及施工情况进行详细记录。

3. 强夯施工对环境的影响

在夯锤落地瞬间，一部分动能转换为冲击波，从夯点开始以波的形式向外传播，并引起地表振动。其中面波仅在地表传播引起地表振动，其振动强度随距离增加而减弱。当夯点周围一定范围内的地表振动强度达到一定数值时，会引起建筑物、构筑物共振，从而产生不同程度损伤和破坏。

强夯引起的振动与地震明显不同，因此危害也不同。目前尚未形成对建筑物危害判别的统一标准，一般情况下可参照爆破破坏判别标准。

强夯振动会产生噪声。实测数据表明，即使在夯点 60m 以外噪声依然超过 80dB。在强夯施工时，应采取合理的降噪措施。

4. 强夯施工的防护

由于强夯施工会引起地表与周围建（构）筑物不同程度损坏和破坏，因此应根据地基土的特性结合强夯对周围建筑物的不利影响，确定最佳强夯能量与强夯方案。同时采取合理的隔振、减震措施，将强夯扰动所引起的环境公害降到最低程度。

常见的隔振措施是挖掘隔振沟、钻设隔振杆等，如图 7-9 所示。在中、强扰动

图 7-9　强夯场地一侧的隔振沟（图片来自互联网）

区，采用隔振沟可消除30%～60%的振动能量。另外，也可对建（构）筑物本身采取减振、隔振措施。隔振沟有两大类，一是主动隔振即在振源处采用靠近或围绕振源的隔振沟，以减少强夯振源向外辐射能量；二是被动隔振即在减振对象附近设置隔振沟以达到保护建（构）筑物的目的。

7.1.3　灌入固化物法施工对环境的影响与防护

灌入固化物法施工指利用液压、气压或电化学原理，通过注浆管把浆液均匀注入地层中，浆液以填充、渗透和挤密等方式，赶走土颗粒间或岩石裂隙中的水分和空气后占据其位置，经过一定时间后，浆液将原来松散的土粒或裂隙胶结成一个整体，形成一个结构新、强度大、防水性能高、化学稳定性好的"结石体"的加固方法。如图7-10所示。

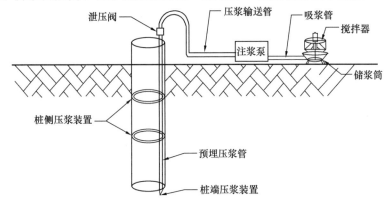

图7-10　桩底和桩侧注浆原理（图片来自互联网）

1. 灌入固化物法的材料分类

灌入固化物法所用的浆液由主剂、溶剂及各种附加剂混合而成。通常所说的灌入固化物材料，是指浆液中所用的主剂。灌入固化物材料按其形态可分为颗粒型浆材、溶液型浆材和混合型浆材。颗粒型浆材以水泥为主剂，故多称其为水泥系浆材。溶液型浆材由两种或多种化学材料配制，故通称为化学浆材。混合型浆材由上述两类浆材按不同比例混合而成。

水泥一直是用途最广和用量最大的浆材，其主要特点为结石强度高、耐久性好、无毒无害、料源广、价格低。但普通水泥浆因容易沉淀析水而稳定性较差，硬化时伴有体积收缩，对细裂隙而言颗粒较粗，大规模灌浆工程水泥耗量过大。为克服上述缺点，国内外常采取下述几种措施：（1）在水泥浆中掺入黏土、砂和粉煤灰等廉价材料；（2）用各种方法提高水泥颗粒细度；（3）掺入各种附加剂以改善水泥浆液性质。化学浆材包括环氧树脂类、甲基丙烯酸酯类、丙烯酰胺类、本质素类和硅酸盐类等。

2. 灌入固化物法的施工分类

按加固原理分为渗透灌浆、劈裂灌浆、压密灌浆、电动化学灌浆。

（1）渗透灌浆

在压力作用下使浆液充填于土的孔隙和岩石裂隙中，将孔隙中存在的自由水和气体排挤出去，而基本上不改变原状土的结构和体积，所用灌浆压力相对较小。这类灌浆一般只适用于中砂以上的砂性土和有裂隙的岩石，对砂性土的灌浆处理大都属于这种机理，如图7-11所示。

（2）劈裂灌浆

在压力作用下浆液克服地层初始应力和抗拉强度，引起岩石和土体结构破坏和扰动，使地层中原有的裂隙和孔隙张开，形成新的裂隙和孔隙，促使浆液可灌和增大扩散距离，故所用灌浆压力较高，如图 7-12 所示。

图 7-11 渗透灌浆
（图片来自互联网）

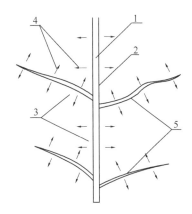

图 7-12 劈裂灌浆（图片来自互联网）
1—浆液；2—注浆孔；3—渗透渗入的浆液
（通过劈裂面和注浆孔边缘）；4—浆液挤
压作用；5—劈裂面

（3）压密灌浆

用于较高压力灌入极浓浆液，使黏性土体变形后在灌浆管端部附近形成"浆泡"，由浆泡挤压土体，并向上传递反压力，从而使地层上抬。硬化的浆液混合物是一个坚固的压缩性很小的球体，如图 7-13 所示。

（4）电动化学灌浆

将带孔的注浆管作为阳极，滤水管作为阴极，将溶液由阳极压入土中，并通以直流电（两电极间电压梯度一般采用 $0.3\sim1.0$V/cm）。在电渗作用下，孔隙水由阳极流向阴极，促使通电区域土的含水量降低，并形成渗透通路。化学浆液也随之流入土的孔隙，并在土中硬结。电动化学灌浆是在电渗排水和灌浆法基础上发展起来的一种方法，如图 7-14 所示。

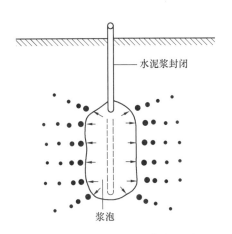

图 7-13 压密灌浆（图片来自互联网）

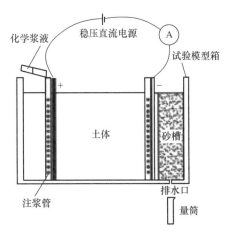

图 7-14 电动化学灌浆（图片来自互联网）

3. 灌入固化物法施工对环境的影响与防护

目前使用的灌入固化物材料都具有不同程度的毒性，特别是有机高分子化合物（环氧树脂、乙二醇、苯酚等）毒性较大。浆液注入构筑物裂缝与地层空隙时，会通过容滤、离子交换、分解沉淀、聚合等反应不同程度地污染地下水和地表水。同时会污染地面，导致环境危害。

灌浆处理时，应首先考虑选用水泥浆材。从环保角度讲，水泥是无机物，其主要成分是硅、钙、铝、铁、镁、钠、钾、锰等氧化物。水泥浆材组分中无有毒化学物质，使用起来比较安全、放心。

由于水泥浆材是颗粒状悬浮液，灌细微裂隙时的可灌性受到一定限制。化学浆材是真溶液，可灌性好，凝胶时间可调幅度大，粘结强度高。因此，经研究论证认为水泥浆材不能解决问题的灌浆过程，多选用化学浆材。目前化学灌浆材料的品种很多，而且还在不断增加。在选择化学灌浆材料时，应注意材料的毒性和应用范围。应尽量选用无毒或毒性低、对施工人员和环境不造成危害的材料。对一般工程而言，在工程基础允许和满足工程质量要求的前提下，应首先选用水玻璃系列浆材。

因此，在灌入固化物地基处理技术中注意：（1）能用水泥浆材解决工程问题的绝不用化学浆材。（2）在工程基础允许并满足工程质量要求的前提下，选用化学浆材应首选无环境污染的化学浆材，如水玻璃等。（3）化学浆材应严格控制用在非用不可或别无选择的关键部位，且用量尽可能少，不要扩大范围。

7.2　基坑开挖对环境的影响与防护

建（构）筑物地下部分的施工，通常需要由地面向下开挖出一定的空间，此即基坑。对基坑采用临时性支挡、加固、保护和地下水控制等措施，以保护地下主体结构施工和基坑周边环境安全的工作称为基坑工程。

7.2.1　基坑开挖引起变形

我国基坑工程具有以下特点：（1）基坑向大深度方向发展，深度 30m 以上的基坑非常普遍。（2）基坑向大面积方向发展，长度和宽度达百余米的占相当比例。（3）软弱地基和高水位与复杂场地条件并存，容易产生滑移、失稳、隆起、漏水和流土。（4）岩土性质千变万化，地层埋藏条件、水文地质条件复杂不均。（5）施工条件差，相邻场地的施工如打桩、降水、挖土及混凝土浇筑会相互制约和影响。（6）施工周期长，常会经历多次降雨。（7）场地狭窄、堆物普遍、振动频繁等不利因素多，不确定性大。

1. 支护结构变形

基坑施工过程中支护结构变形主要表现为水平位移和竖向位移，如图 7-15 所示。

图 7-15　支护结构变形（图片来自互联网）

（1）支护结构水平位移

由于坑内土体卸载，土压力被卸去，基坑内外土体的应力场及应变场重分布，支护结构向坑内移动，造成周边土体向坑内移动。随开挖的进行，支护结构内外土压力差逐渐增加，在坡顶堆载作用下，支护结构外侧土压力进一步增大，可能导致支护结构向坑内水平位移。

（2）支护结构竖向位移

由于坑内土体卸载，土体自重应力释放，土体会产生向上的竖向位移。支护结构向上的竖向位移和向下的竖向位移，都会使其埋入深度发生变化。支护结构的竖向位移会威胁基坑的稳定性，造成腰梁、支撑等结构发生拉裂破坏。

2. 周边地表沉降

土体卸载，坑内土压力被卸去，基坑内外土体的应力场及应变场发生重分布，导致内外侧土产生位移，引起周边地表沉降，如图 7-16 所示。周边地表沉降与许多因素有关，包括基坑尺寸、支护形式、开挖深度、地质条件等。同时周边地表沉降与支护结构水平位移、内部支撑形式、锚索拉力、地下水、深层水平位移等因素存在一定相关性。当采用悬臂式支护桩时，开挖至坑底时支护结构的最大水平位移位于桩顶，坑边地表沉降最大。当内部有支撑时，支护结构的最大水平位移位于桩身处，地表沉降最大值位于坑外一定距离处。当周边存在建筑物时，地表沉降的最大值增大但其位置基本不变。

3. 底部隆起

如图 7-17 所示，基坑隆起主要有两方面原因。一是由于开挖，上部土体卸载，坑底土体的原始应力状态发生改变，导致坑底隆起；二是由于支护桩产生侧移，周边土体在自重作用下下沉引起坑底隆起。当基坑宽度较小和开挖深度较浅或在开挖初期时，坑底隆起表现为两侧小、中间大。当基坑宽度较大或开挖深度较深时，坑底隆起表现为两侧大、中间小。

图 7-16　支护结构变形和周边地表沉降
（图片来自互联网）

图 7-17　基坑底部隆起
（图片来自互联网）

7.2.2　基坑开挖对环境的影响

当基坑周边存在建筑物时，建筑物会随开挖进展和时间延续产生一定的变形。建

图 7-18　基坑开挖引起构筑物坍塌
（图片来自互联网）

（构）筑物由于变形会产生附加应力，当附加应力过大时梁柱构件可能会产生裂缝，甚至发生屈服破坏，造成建（构）筑物坍塌，如图 7-18所示。

1. 地表水平变形引起损坏

基坑开挖使周边地表产生水平变形，会导致建筑物发生拉伸或压缩。在附加应力作用下建筑物可能会产生裂缝或屈服破坏。

2. 地表凹凸变形引起损坏

基坑开挖引起周边地表发生上凸和下凹变形。地表的上凸变形会导致建筑物基础中间部分与土体接触而两端悬空，引起建筑物竖向裂缝或"倒八字"裂缝。地表的下凹变形会导致建筑物基础两端与土体接触而中间部分悬空，引起建筑物水平裂缝或"正八字"裂缝。情节严重者将造成建筑物倒塌。

3. 地表沉降引起损坏

地表均匀沉降较大且地下水位很高时，尽管建筑物不会产生附加应力，但室内会积水，影响正常使用。地表不均匀沉降会导致周边建筑物重心偏移，引发应力重分布从而造成建筑物构件产生裂缝或屈服破坏。

4. 环境监测

鉴于基坑开挖引起周边地表变形或沉降均对建筑物产生不利影响，造成建筑物开裂或倒塌。因此，基坑施工时应对周边地表和建筑物进行实时监控，确保基坑正常施工和周边建（构）筑物的安全，如图 7-19 所示。

图 7-19　基坑监测（图片来自互联网）

7.2.3　基坑变形的影响因素

地质条件、基坑尺寸、支撑形式、施工方法、周边环境等因素，都是基坑变形的重要影响因素。

1. 支护结构系统

（1）水平支护结构刚度、水平间距和垂直间距

在竖向支撑确定的工况下，加强水平支撑可有效控制位移。此外，减少第一道支撑前开挖深度或减少开挖过程中最下一道支撑距坑底高度都有助于减少位移。

（2）竖向支撑厚度和插入深度

当竖向支撑强度和刚度满足要求时，恰当增加其插入深度有助于提高基坑抗隆起稳定性并减少墙体位移。

（3）支撑预应力大小和施加时机

及时施加预应力有助于增加外侧主动土压力且减少开挖面以下墙内侧被动土压力，进而增加墙体内外侧土体抗剪强度，从而达到提高坑底抗隆起安全系数的效果，有助于减少墙体变形及地层位移。开挖工程中应严格按照"分层分小段、及时支撑"原则，杜绝开挖或支撑速度缓慢引起的竖向支撑结构位移和坑外地面沉降等危害。

（4）支撑施工方法与质量

支撑偏心度、垂直度、可靠性等都对基坑变形具有重要影响。

2. 基坑开挖分段、土坡坡度及开挖程序

长条形深基坑按限定长度（不超过宽度）分段开挖时，应借助空间效应提高其抗隆起安全系数，进而减少周围地层移动。因此，需要将大基坑分块开挖。

对于分层分段开挖的基坑，应随挖随撑。应在分步开挖中充分利用结构的空间效应，以减少被动区的压力与变形。这不仅有助于减少各道支撑安装时的先期变形，而且能提高抗隆起安全系数。

3. 基坑内外土体性能

对基坑内外进行地基加固可提高土体强度和刚度，有助于治理周围地层位移偏大问题。坑外加固土体的用地和费用问题较大，一般只在特殊情况下采用。坑内地基加固可提高围护墙被动土压力区土体强度和刚度，是工程上常用的方法。

4. 开挖时长和暴露时间

黏性土具有流变性，因此即使相对稳定的土体，也会因为暴露时间过长而发生变形。尤其在剪应力水平较高部位（被动区和支撑下的土体）容易引起地面较大变形。因此，挖槽后要及时安装支撑，否则墙体变形与地面沉降会明显增加。开挖至坑底设计标高后应及时浇筑底板，否则将增大被动区土体位移或导致坑外土体向坑内位移，进而增加地表沉降量。

5. 水的影响

雨水或其他水进入基坑会导致开挖边坡和坑底土体软化，引发纵向滑坡、横向支撑失效、支撑位移增大和周围地层位移等灾害。

6. 地面超载和振动荷载

地面超载和振动荷载将减小基坑抗隆起安全系数，同时增加地层位移幅值。

7. 围护墙接缝漏水及水土流失或涌砂

在基坑开挖过程中，围护结构内外会产生水头差，当水力坡降超过临界水力坡降时易引发管涌、流砂等现象，导致基坑底部和坑外大量泥沙随地下水涌入基坑从而造成地面坍陷。严重时，会引起支撑结构产生过大位移并导致整个支护系统崩坍，如图7-20和图7-21所示。

图 7-20　基坑涌水（图片来自互联网）

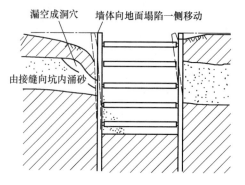

图 7-21　基坑涌砂（图片来自互联网）

7.2.4　基坑开挖的防护措施

基坑工程对环境影响的因素很多，应采用具体问题具体分析策略研究控制其影响。地下水较丰富时应采用降（止）水措施，软黏土基坑应采取减小围护结构位移的措施。基坑工程是一项系统工程，从围护结构设计到施工、监测以及对周围建（构）筑物和地下管线保护等，均应统一考虑、综合治理。

图 7-22　基坑围护结构（图片来自互联网）

1. 围护结构合理选用及优化设计

选择合理的围护结构形式与优化设计有助于减少基坑施工对环境的影响，如图 7-22 所示。一般情况下，常用的内撑式围护结构产生的位移最小。基坑工程围护体系选型原则是安全、经济、环保、绿色。

围护结构选型应依据基坑周围建（构）筑物对变形的适应能力，通过多轮优化确定。内撑位置、桩径、桩距、桩长等要素，要满足安全和使用要求。

基坑工程应采用变形控制原则。对于内撑式围护结构可通过增大桩径、桩长、支撑等措施来减小位移，或通过被动区土质改良来减小位移直至满足要求。

2. 信息化施工

基坑工程的区域性和时空效应很强，是一项综合性系统工程。但围护体系是临时结构，安全储备一般较小，因此具有较大风险。为控制施工影响，要加强施工扰动影响动态预报和信息化施工技术。

信息化施工技术的基本思路是根据围护结构设计编制施工组织设计和现场监测设计，如图 7-23 所示。边施工边监测，同时依据监测情况统筹下一步施工。在出现事故苗头时，要及时修改围护体系设计、调整施工方案，必要时要采用应急处置措施。

3. 被动区和主动区土质改良

土质改良能有效增大被动土压力并减小主动土压力，进而达到改善围护结构受力状

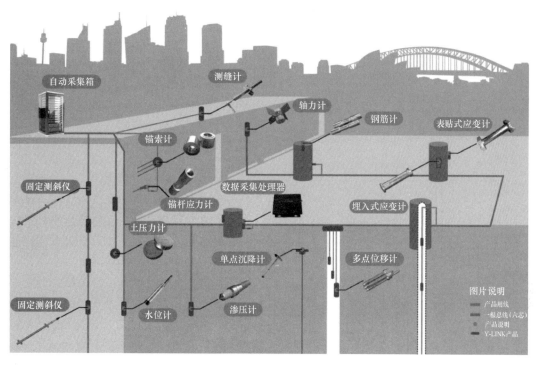

图 7-23　基坑自动化监测系统示意图（图片来自互联网）

态、减小变形的目的。软土地基的基坑工程常采用被动区土质改良来减小围护结构变形，达到减小施工扰动的目的。常见的被动区土质改良方法有深层搅拌法、高压喷射注浆法、注浆法等，具体选择时应依据现场具体情况确定。土质改良范围应根据变形控制确定，土质改良的深度、厚度、宽度可通过计算确定。

4. 回灌地下水

为保证基坑开挖与施工具有良好的环境，常采用降（排）水措施：（1）坑内坑外均采用降（排）水措施；（2）采用止水帐幕，仅在坑内降（排）水。为减小地下水位下降引起地面沉降，可采用回灌地下水方法来保护周边建（构）筑物地基中的地下水位。

5. 补偿注浆

基坑工程会导致坑周土体位移，造成地面沉降和水平位移。可通过压密注浆来补偿围护结构位移造成的土体"损失"，以减小基坑施工引起的地面沉降和水平位移。补偿注浆可结合信息化施工现场监测以控制注浆速度和注浆量。

6. 建（构）筑物地基加固或基础托换

为减小基坑工程对周围建（构）筑物的影响，可在土方开挖前对已有建（构）筑物地基基础进行加固，该类方法也可称为主动保护法。常用加固方法有注浆法、锚杆静压桩法、树根桩法、高压喷射注浆法等。

7.3　地下水对环境的影响与防护

地下水作为整个生态环境系统重要的组成部分，对保证社会经济发展和维持生态环境稳定具有重要意义。地下水与生态环境之间存在紧密联系，地下水环境变化影响生态系统演化。地下水环境包括地表水与地下水，山前区域往往表现为地表水补给地下水，在地下水位下降幅度过大时会影响上游水源对整个流域地下水补给，进而影响整个流域水系的生态连续性和完整性。

7.3.1　地下水开采漏斗对环境的影响与防护

地下水开采漏斗指过量开采地下水资源引起地下水位大幅下降，形成区域性漏斗状凹面的现象。

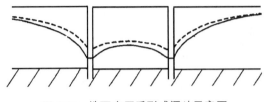

图 7-24　地下水开采形成漏斗示意图

1. 地下水开采漏斗成因

地下水资源为可更新资源，可开采利用水量主要是当年或一定水文周期内地下水的补给量。浅层地下水直接受大气降水和地表水补给，其补给量与潜水蒸发量和地下径流排泄量之间在一定时期内处于平衡状态。但当过量开采导致收支平衡遭到破坏时，地下水位持续下降将形成开采漏斗，如图 7-24 所示。

随着人口增长和生产发展，采取的地下水量越来越大，而地下水自然补充和恢复又跟不上，天长地久就形成一个以城市和工矿区为中心，中间深四周浅的地下水开采漏斗。而且超量开采地下水会造成地面沉降及建筑物开裂、倾斜，最终影响地面和地表物的安全使用。

2. 地下水开采漏斗对环境的影响

地下水开采漏斗的形成会造成河流与地下水的联系脱节，阻断地下水与河流之间的水力联系，影响河流的正常生态功能。造成地下水补给地表水河段发生断流或枯竭，引起河道周围植被萎缩等生态环境问题，包括：（1）地下水位大幅急速下降；（2）地面沉降、塌陷；（3）河流、湖泊水量减少甚至断流、干涸；（4）泉水流量减少；（5）水井枯竭；（6）影响植被生长、加剧荒漠化（图 7-25）；（7）影响水土保持、造成水土流失（图 7-26）；（8）房屋、公路、铁路、桥梁、水利、市政公用设施、矿山等工程开裂、倾斜、倒塌、埋没；（9）地下水水质恶化；（10）土地盐碱化。

图 7-25　土地荒漠化（图片来自互联网）

图 7-26　水土流失（图片来自互联网）

3. 地下水开采漏斗防护

针对地下水开采漏斗对环境的影响，提出相应的防护措施。

（1）加强政策和法规

建立统一的地下水资源管理机构，实行规划开发和统一调度。市区逐步停止自采井，统一调度使用城市供水，培养一批地下水资源监测队伍，加强事故处理能力，建立完备的应急预案、水质监测、预警监测体系及严格的监管制度。完善资金投入补偿机制，加大饮用水水源保护区投入，制定优惠政策并多方筹集资金保护水源地环境。认真贯彻地下水资源管理的方针、政策、法规，制定符合地方实际的地下水管理条例。加强地下水资源环境保护与节约用水宣传教育。

（2）分区控制开采地下水

根据地下水超采造成危害的程度与地下水资源补给能力，将地下水划分为禁采区、限采区和控采区。市区、农业灌溉严重超采区、深层地下水和浅层严重超采区实行禁采政策。浅层地下水一般超采区、已引发地质灾害地区和受污染地区、具有一定补给及恢复能力的地区实行限采政策。轻微超采区实行控采政策。此外，还需通过适当调整不同地区水资源费来协助实行分区管理政策。

（3）加强地下水信息监控管理

完善地下水动态监测网络和地面沉降检监测手段，实现 GPS 监测、分层监测、标组监测等自动化手段，提高监测成果时效性与服务水平。及时掌握地下水开采与地面沉降动态情况，适时调整地下水开采计划，实现地下水资源动态管理，如图 7-27 所示。

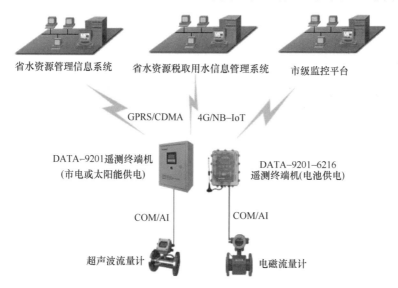

图 7-27　地下水信息监管（图片来自互联网）

（4）充分利用雨水资源，加强水循环和综合利用

开展人工增雨作业，增设人工增雨作业点。积极开发中水利用途径。据相关资料统计，城市供水的 80% 转化为污水，经收集处理后其中的 70% 再生水可再次循环使用。合理利用中水、雨水，减少地下水开采量，可恢复和涵养地下水，改善水文地质环境。除此之外，还需要加强生态治理与地下水污染治理，通过拦蓄工程、湿地工程提升水体自我降

解和生物降解能力。

7.3.2　地下水水质污染与变异对环境的影响与防护

资料显示，我国约有 90％地下水有水质恶化情况，但污染趋势已经得到初步遏制。

图7-28　地下水污染危害（图片来自互联网）

北方地区有16个省会城市的地下水污染严重，南方地区有3个省会城市地下水污染状况不容乐观。长江、珠江三角洲及老工业基地等部分重点地区的地下水污染问题比较严重。鉴于土壤和地下水污染具有一定滞后性，导致生态环境受到长久和持续威胁，如图7-28所示。

1. 地下水水质污染与变异现状分析

（1）水质下降严重

有害物质随水下渗是地下水污染的主要原因，如图7-29所示。由于地下水能在土层中渗流，因此地下水水质下降具有滞后性和隐蔽性，水质治理需要采取综合措施。

（2）水质下降范围广

我国经济发达地区、广大农村和边远山区均出现不同程度的地下水水质下降问题。大部分地区的地下水质难以自我修复，甚至人工修复也很困难。

（3）危害巨大

水质问题严重影响我国生态环境、粮食生产，并威胁人们健康。

图7-29　可引起地下水污染的地表污染水（图片来自互联网）

2. 地下水水质污染与变异的特点

（1）隐蔽性

地下水存于人们生活的地表以下，导致地下水污染问题长期以来没有得到人们重视。因此，地下水水质污染具有很强的隐蔽性。

（2）滞后性

地下水传输以各大渠道为主，而各大渠道地下水流动时长又有差异，某个渠道堵塞容易导致地下水水质发生变异、产生化学反应时间推迟。因此，地下水水质污染具有滞后性。

（3）不可还原性

地下水污染后，有害物质不可能完全被清除，也无法恢复到原来的清洁度。因此，地下水污染具有不可还原性。

3. 地下水污染与变异对环境影响的评价

当污染物进入土壤环境中的量达到饱和状态时，部分污染物将会进入到地下水。为评估污染对地下水的危害，需要运用土壤地下水风险评估模型研究污染场地土壤渗滤液到达地下水的浓度。

许多国家以评价污染场地的地下水暴露途径为基础，通过地下水标准反算地下水污染情况。污染物从土壤迁移到地下水包括污染物进入土壤液相和污染物迁移进入含水层到达受体水井两个阶段，如图 7-30 所示。

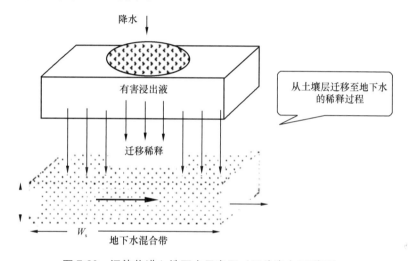

降水

有害浸出液

从土壤层迁移至地下水的稀释过程

迁移稀释

W_s 地下水混合带

图 7-30　污染物进入地下水示意图（图片来自互联网）

我国于 2009 年制定了《污染场地风险评估技术导则》。考虑污染物释放进入含水层后的稀释过程，规定了土壤筛选值制定方法。我国的污染场地风险评估，集中在对人体健康风险方面，体现了人民健康至上原则。

4. 地下水污染与变异的防护

（1）去除污染源

将污染源从地下水防污能力较弱地区或水源地防护区内清理，是彻底治理地下水污染的有效办法。因此，应该找到地下水污染根源，去除污染源或将污染源所带来的污染降至最低，或利用科技手段将受污染水进行全面无害化处理。

（2）清除土壤、包气带和地下水污染物

长期过量使用农药、杀虫剂和污水灌溉农田，或发生化学品泄漏的仓库、加油站、垃圾填埋场附近土壤和包气带已被严重污染，在释放污染物地段应考虑"换土"，即将富集污染物连同土壤一起挖出运走另行处理，并回填未污染土壤或填充物。对距离水源地较近或污染程度过高难以天然净化去除有毒有害组分的地下水，可考虑抽水净化。

（3）改变污染物迁移路径

改变污染物迁移路径可从两方面入手：一是将现有污染源搬到地下水防污能力较强地

段或移至地下水汇集区以达到减小扩散效果；二是对现有污染源进行防渗漏处理，以切断对地下水的污染途径。

7.3.3 滨海地区海水入侵对环境的影响与防护

滨海地区地理位置优越，自然条件良好，资源丰富，为人类生存发展提供了良好空间和物质基础，是人口密集、生产生活活跃和财富集中地区。地下水是我国众多滨海城市工业、农业、生活和生态用水的重要来源。由于地理位置和地质条件的特殊性，滨海地区地下水环境脆弱而敏感，对外部环境干扰的抵抗力和自我修复能力偏弱。大规模开发利用地下水资源导致地下水位下降、海水入侵，严重影响生态环境，制约社会经济发展，如图7-31所示。

图 7-31 滨海地区地下水开发引起的地下水环境问题（图片来自互联网）

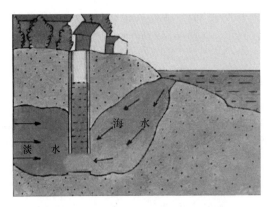

图 7-32 滨海地区海水入侵示意图
（图片来自互联网）

（1）海水入侵对生活城市化的影响

1. 滨海地区海水入侵的成因

海水入侵的形成与区域地形地貌、气象水文、岩土体特性和地质构造、水文地质条件等密不可分，同时人类活动也是诱发海水入侵的主要原因。地下水超采加剧引发潜水咸水和承压水咸水向陆迁移。在咸淡水压力差作用下咸水先顺层运动，咸水范围和深度扩大，井水变咸范围逐渐增大，如图7-32所示。

2. 滨海地区海水入侵对环境的影响

海水入侵严重影响城市化进程，给人们生产和生活带来一系列危害。

水质是影响生活城市化的一个重要指标。地下水质污染会影响居民生活用水、工业需水、农业蓄水，抑制城市化发展步伐。

（2）海水入侵对空间城市化的影响

海水入侵区土地利用类型会发生变化，导致城市空间景观变化。海水入侵会导致土地盐碱化而不适宜耕种，大量耕地被迫转化为园林地，大量建设用地被迫转化为园林用地。由于海水入侵区地质条件发生改变而不再适宜于建筑用地，建设用地将被迫另寻。由此可见，海水入侵使城市发展受到负向影响，空间景观都将发生变化。

3. 滨海地区海水入侵的防护

（1）严格控制地下水开采量，合理开发地下水

控制沿海地区地下水开采规模，限制地下水开采井数量，封填咸化水井，对滨海地区地下水资源进行优化管理。在防止海水入侵前提下，以地下水开采模数为依据确定允许开采量，调整地下水开采布局，合理布置井位。制定禁止开采区和限制开采区保护规划，恢复地下水良性循环。

（2）开源节流增加地下淡水补给量

支持截流、截潜和集雨工程，千方百计增加地表水蓄水量。增加地下水补给，兴建跨流域调水工程，将淡水引入滨海地区，有计划回补地下水。加大灌溉区投入和管理力度，引入地表水，既满足当地灌溉需求，又有效补充地下水，减缓海水入侵速度，起到节约和保护地下水双重作用。

（3）适应性生态改良

适应性生态改良指适应海水入侵现状，进行海水入侵区生态改良。利用地下微咸水或与淡水混合利用浇灌耐盐作物，分区治理，发展海水入侵区经济。一是在海水入侵区建立适合区域生态特点的农牧渔林良性生态系统，改良土壤。二是在地下水系统补给区，以涵养水源为出发点，发展生态农林业，因地制宜减少农田灌溉用水量，防止过量抽取地下淡水引发海水倒灌现象。

（4）加强地下水动态监测，建立海水倒灌在线监测系统

对地下水位和水体 pH 值进行在线监测，及时掌握地下水变化信息。利用准确的监控数据划分超采区、倒灌区、可利用区，采取有效措施保护和改善现有水环境，以保障滨海地区水资源可持续利用。

7.4 采空区对环境的影响与防护

矿山开采形成的采空区打破了地壳内岩土体原有应力平衡，在采空区周围岩土体中产生应力重分布，引起应力集中或应力松弛。应力水平一旦超过岩土体极限强度将产生破坏甚至发生岩爆，导致地表发生一系列变形和破坏，甚至形成下沉盆地，对矿区地质环境造成严重影响和破坏甚至引发地质灾害。

7.4.1 采空区塌陷对环境的影响与防护

采空区的塌陷是指矿物开采过程中地表岩土体位置和形态变化，属于渐进式地质灾害，具有发生缓慢、历时长、不易察觉、危害大等特点。矿物采空区塌陷不仅导致土地资源和地貌景观破坏、建筑物受损、交通道路变形、地下水位污染或下降，而且还可能诱发崩塌、滑坡、泥石流、地震等次生地质灾害，严重影响当地人身和财产安全。

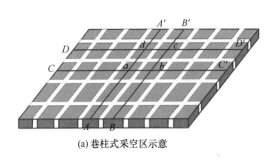

(a) 巷柱式采空区示意

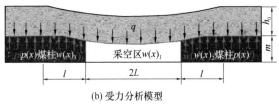

(b) 受力分析模型

图 7-33 采空区受力图（图片来自互联网）

1. 采空区地面塌陷的应力特征

地下矿物未开采前，地壳中的岩土处于原有自然应力状态。在地下相当大的深度范围内，可以将岩土体所处的状态看成理想的平衡状态。岩土体的变形和移动受周围岩土体限制，如图 7-33 所示。

地下岩土体在长期上覆基岩重力和地质构造作用下积累了大量弹性能。采空区形成的开挖空间使得周围岩土体的应力消失，积累的弹性能因此被释放，从而可能引起采空区周围岩土体变形和移动甚至发生破坏。随着工作面的继续掘进，采空区竖直方向将发生向下弯曲。当采空区顶板岩体内拉应力超过岩石极限抗拉强度时，顶板岩层发生断裂、破碎甚至垮落，严重威胁井下生产与人员安全。采空区的这种破坏和变形发展到地表会形成地裂缝和地面塌陷甚至下沉盆地，而下沉盆地由中心向四周会产生一系列倾斜变形、曲率变形、水平移动，对矿区地形地貌、地表构筑物、人民生命财产形成极大威胁。

2. 地面塌陷对环境的影响

地下矿体被开采出来后，岩土体内部产生一个空洞，其周围原有应力平衡状态受到破坏并发生应力重分布，该过程与岩层移动同时发生并相互影响。岩层移动形式主要有水平矿层的岩体移动、倾斜矿层的岩体移动、沉陷盆地、沉陷坑、裂缝及台阶 5 种。

（1）水平矿层的岩体移动包括上覆岩石垮落、岩层裂隙、岩层弯曲。上覆岩石垮落指地下矿产资源开采之后，顶板上部岩体自重应力大于岩石极限抗压强度而破坏、崩落的现象。上覆岩层裂隙指采空区顶板岩层没有塌落，而是沿着顶板向地面方向产生一些裂缝。上覆岩层弯曲指上覆岩石不发生破坏，而是在自重应力作用下产生法向弯曲。

（2）倾斜矿层岩体移动包括岩石沿倾斜方向移动、垮落岩石沿倾斜面下滑、底板岩石隆起。岩石沿倾斜方向移动指地下矿体被开采后，在上覆基岩和下滑推力作用下岩体发生弯曲变形及沿倾斜面发生顺层滑移的现象。垮落岩石沿倾斜面下滑指在倾斜矿层中，采空区周围岩层由于倾角和应力松弛作用，产生向下部采空区下滑充填的岩石使得塌落和裂隙不断向上发展，当岩层倾角较大且开采距离地面较近时，垮塌可能破坏地面产生"抽冒"的现象。底板岩石隆起指当地表岩石软弱或地层中含软弱夹层时，采空区周围岩石受到挤压作用向采空区隆起的现象。当岩石吸水性较好时，底板隆起将更加严重。

（3）沉陷盆地指当采空区影响波及地表后，受岩体移动影响地表发生变形和破坏，产生地面塌陷形成的下沉盆地，如图 7-34 所示。随着工作面的推进，地表下沉值和沉陷盆地面积会越来越大。非充分采动时地表最大下沉值为 W1、W2、W3，下沉曲线分别为曲线 1、曲线 2、曲线 3，下沉盆地呈"碗状"。随着开采工作面推进到充分采动阶段，地表最大下沉值为 W4，曲线 4 为最大下沉值对应的下沉曲线，下沉盆地仍呈"碗状"，但下沉盆地面积和沉积值都比非充分采动时大很多。当开采工作面推进到超充分采动阶段时，沉陷盆地达到最大，此时盆地形状呈"盆状"，地表下沉量和下沉面积都达到最大值，破坏也最严重。

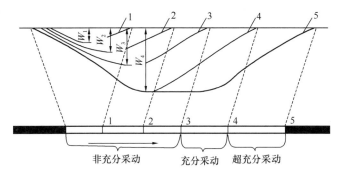

图 7-34 沉陷盆地形成过程示意图（图片来自互联网）

（4）沉陷坑指倾斜矿层在开采中出现塌陷，当矿层埋藏较浅或倾斜坡度较缓时地表产生非连续性破坏甚至形成漏斗状沉陷坑的现象，如图 7-35 所示。沉陷坑一般在矿层正上方或稍有偏离，沉陷坑形状一般呈漏斗状、圆形或井形。

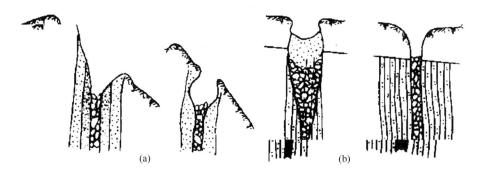

图 7-35 沉陷坑形状示意图（图片来自互联网）

（5）裂缝及台阶指当采空区影响到地面形成塌陷盆地后，在地表下沉外边缘出现的裂缝。当采空区上覆松散层为塑性较大黏性土且地表拉裂超 6～10mm/m 时，地表产生裂缝。

当矿层采深采厚较大时，工作面掘进过程中地表可能产生平行于工作面的裂缝。随着工作面的推进会发生先张开后闭合现象，并在地表形成一个楔形裂缝。

当矿层采深采厚较小时，采空区对地表影响十分严重，不仅产生塌陷，还可能产生大量地裂缝而且裂缝宽度、深度和长度都较大。有时裂缝两侧地表由于采空区引发的岩体移动会产生巨大落差，对地形地貌产生严重破坏。当矿层较厚且上覆松散层也很厚时应分层开采，因为首次开采形成的地表裂缝会在后续重复开采中再次出现，且深度和宽度都比首次出现时更大。

3. 采空区地面塌陷的防护

（1）含水层保护

主要是布设地质环境监测点，对水质和含水层破坏情况进行实时监测。

（2）地表主要构筑物保护

对矿区内受影响村庄进行搬迁，矿区公路和主要建筑设施采取预留矿柱的方法对其进行保护，并在关键地区设置沉降和变形观测点。

（3）地表水体保护

矿区建立专门的污水处理设施，开展矿区生活和生产污水处理。同时也要建立地表水体水质监测点。

（4）采空区塌陷区域保护

在采空区塌陷严重区域设计警示牌和围栏，以防有人误入酿成惨剧。

（5）生物复垦

选择耐旱、有固氮能力、根系发达、有较高生长速度、容易种植、成活率高的树种营造植被，如图 7-36 所示。

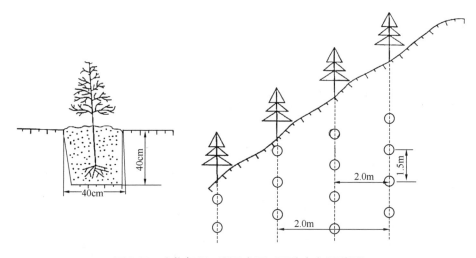

图 7-36   生物复垦工程示意图（图片来自互联网）

（6）塌陷裂缝整治

小塌陷裂缝可直接回填。大量存在的塌陷裂缝，应填平压实并满足耕地或林地要求。

7.4.2   采空区积水对环境的影响与防护

深部采空区的补给含水层一般有多层且补给形式复杂。随着矿物开采强度与规模的增加，开采区不断延伸，采掘活动影响范围逐渐扩大，采空区面积也越来越大，由此导致采空区积水对矿井安全的影响日益凸显。大量存在的已知和不明采空区，储有大量积水，直接威胁后续工作面的开采作业，是矿井安全生产的一大隐患。

1. 采空区积水形成机制

矿层开采导致上覆岩层产生松动效应或垮落，诱发裂隙产生和开张，为地下水在重力作用下沿孔裂隙向采空区渗流创造了通道。在垂向压力作用下，采空区中部垮落区会逐步被压密导致贮存积水空间有限。但在采空区两侧，由于矿柱作用岩层一般不会整体垮落或岩体呈破碎散体状分布，从而为地下水创造了可观的积水空间。

如图 7-37 所示，垂向的上覆岩层垮落形成冒落带、裂隙带、弯曲下沉带。除弯曲下沉带以外，冒落带和裂隙带内部的孔隙发育都很好，可作为积水区域。若弯曲下沉带发育为含水层，则也可成为积水区域。但若发育至相对隔水层，则不能作为积水区域。

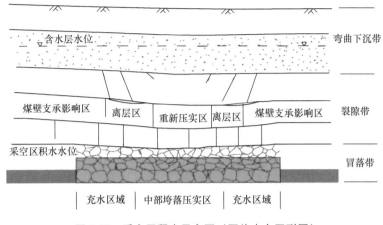

图 7-37　采空区积水示意图（图片来自互联网）

（1）工作面最低点处积水

水的流动性及重力决定水往低处流，因此大多数采空区积水会贮存于工作面最低点。其中单斜工作面采用俯采方式，该种开采方式不隔绝工作面的其他位置，水流较为通畅，回采结束后，水流在重力作用下流向工作面最低处形成积水区域。

（2）工作面低洼处积水

深部开采中矿井地质构造更为复杂，其中褶曲构造在工作面内部产生低洼空间，低洼点受地质构造影响会形成积水区域。

（3）工作面不规则积水

当分层开采且对下层矿层开采时，需对上部采空区进行探放水施工。当下方工作面出现淋水现象且一直持续时，同时排除上述两种充水区域形式以及上覆采空区裂隙带导入形式，说明上部采空区极有可能形成不规则积水。上部矿层开采时，若存在平台分布于下山巷道，回采后平台附近区域垮落效果较好，平台上方区域积水被阻隔，在平台附近区域形成充水区域，如图 7-38 所示。

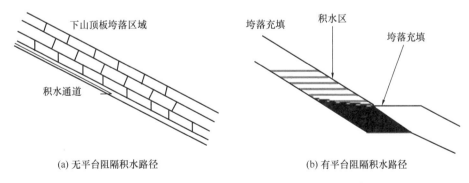

（a）无平台阻隔积水路径　　　　　　（b）有平台阻隔积水路径

图 7-38　工作面不规则积水作用机制（图片来自互联网）

2. 采空区积水影响因素

鉴于采空区充水形式一般分为直接充水和间接充水两种，且充水因素受水源、通道、充水强度影响，因此采空区积水主要影响因素包括顶板岩性特征、开采方法与回采工艺、顶板含水层富水性、时间因素等。

（1）顶板岩性特征

顶板岩性特征主要体现在对冒落带、裂隙带的影响程度。

（2）开采方法与回采工艺

当采用全部垮落法管理顶板时，积水空间会在重新压实区两侧形成小空间积水。当采矿方式为条带法时，积水空间则较大且易积水。

（3）顶板含水层富水性

当裂隙带导通采空区上覆顶板且岩层富水性较强时，采空区更易积水。

（4）时间因素

积水的形成需要一定时间过程。上部水体通过导水裂隙向采空区充水，前期积水量增大。若岩层软弱，则到达峰值的时间则较短。在采动影响作用下，积水会向周围或下部岩层排泄导致积水量减小。

（5）其他因素

防水矿柱强度、渗透性、矿山压力、积水空间形态等因素对积水形成具有直接或间接影响。

3. 采空区积水对环境的影响

采空区积水主要是年代久远、采掘范围不明的老窑积水，矿井周围缺乏准确资料的乱掘小窑积水或矿井自掘废巷老窑水。这种水贮藏在采空区或与采空区相连的矿岩或岩石巷道内，水体几何形状极不规则，空间关系错综复杂，难以分析判断。但采空区积水十分集中、压力传递迅速、与地表水流相通。因此，采掘工程一旦接近便可发生"透水"事故，造成人身伤亡并导致巨大经济损失。

4. 采空区积水的防护

（1）留设防隔水矿（岩）柱

巷道在水淹区或老窑积水区下掘进时，巷道与水体之间最小距离不得小于巷道高度的10倍。在水淹区或老窑积水区下矿层中回采时，防隔水矿（岩）柱尺寸不得小于导水裂缝带最大高度与保护带高度之和。

（2）老空水探放

老空水探放应使用专用钻机，由专业人员和专职队伍施工，严禁使用煤电钻等非专用探放水设备探放水。探放水工程设计内容包括老空积水范围、积水量、水头高度（水压）、涌水量，老空与上、下采空区、相邻积水区、地表河流、建筑物及断层的构造关系，积水区与其他含水层的水力联系程度，探放水钻孔组数、个数、方向、角度、深度和施工技术要求及采用的超前距与帮距，探放水施工与掘进安全规定，受水威胁地区避灾路线的确定，防排水设施，水情及避灾汇报制度和灾害处理措施等。

7.4.3 采空区尾砂填充对环境的影响与防护

采空区尾砂填充指将水砂、碎石、尾砂和混凝土等料浆混合物填充至采空区，如

图 7-39 所示。

图 7-39　尾砂填充采空区（图片来自互联网）

1. 采空区尾砂填充发展历程

　　采空区尾砂填充主要经历了干式充填、水砂充填、胶结充填、泡沫砂浆（轻质土）体系充填 4 个阶段，如图 7-40 所示。

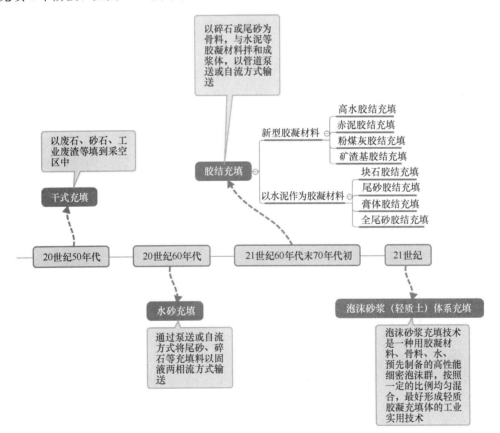

图 7-40　采空区尾砂填充发展历程图（图片来自互联网）

2. 采空区尾砂填充机理

（1）应力转移与吸收

尾砂填充进入采空区的初期一般不受力。随着填充体强度的提高，逐渐具备了吸收和转移应力的能力并转变为地层"大家族"的一个成员，同时参与地层活动。

（2）应力隔离机理

尾砂填充体对矿层的应力隔离作用，包括隔离水平应力和隔离垂直应力两种。

（3）系统共同作用

尾砂填充进入地下采场后，在填充体、矿层、地应力、开挖等共同作用下使得矿层变形得到控制，矿层能量耗散速度得到减缓，矿山结构和矿层破坏发展得到控制。

3. 采空区尾砂填充对环境的影响

尾砂填充法能很好地解决我国矿业面临的矿石开采深部化和地表尾砂灾害化两大问题，最大限度地回采矿石并提供一个安全作用环境，既避免了地表尾砂库构筑、减少对环境污染，又变废为宝降低充填成本。因此，尾砂填充法能保护和控制地表环境、优化井下采矿作业环境、节约充填成本，获得巨大社会效益。但采空区尾砂填充也存在一定的环境安全隐患，主要包括：（1）尾砂中重金属离子和悬浮物可能造成矿区地下水、地表水污染；（2）尾矿库堆存的尾砂可能溃坝形成泥石流对矿区环境造成危害。

4. 采空区尾砂填充的防护

实现采空区尾砂填充防护的关键是开展全尾砂高浓度胶结充填技术研究与应用。常用方法包括：（1）借助添加剂降解全尾砂中易溶于水的重金属离子，从而降低全尾砂充填料浆的毒性。（2）通过调控充填料浆配比及高浓度充填料浆输送工艺，提高充填料浆的浓度和凝固速度，使充填采空区的全尾砂料浆基本不泌水、不离析，促使全尾砂中重金属离子以固态形式凝结在充填体中而不再具有迁移性。（3）结合全尾砂的沉降特性和尾砂絮凝剂配比，借助深锥浓密机促使全尾砂填充料浆浓缩下沉，溢流水含固率降低为 2×10^{-4} 以下。溢流水可作为供选厂回水，从而实现废水循环使用。

7.5　城市扬尘对环境的影响与防护

城市扬尘主要指地面上存在的松散颗粒状物质在外力作用下回到空气中形成一定尺寸颗粒物，包括裸露地面的扬尘、建筑施工产生的扬尘、堆放物产生的扬尘、道路扬尘等。这些扬尘在人力或自然界作用下进入空气中从而形成扬尘污染。扬尘污染颗粒物主要包括可吸入颗粒（PM_{10}）、总悬浮微粒（Total Suspended Particulate 简称 TSP）、降尘以及 $PM_{2.5}$ 等。由于颗粒物直径比较小因此易随风传播蔓延，具有污染面积大、危害广等特点。同时，扬尘污染因组成成分复杂，在阳光或恶劣气候条件下容易演变成光化学污染。

1. 城市扬尘污染的特点

我国城市扬尘污染具有"南低北高"的特点。全国环境空气质量排名前 20 名城市中南方城市占 90%，北方城市占 10%。后 20 名城市中南方城市占 0%，北方城市占 100%。究其原因，在于南北方气候差异大。南方气候多数时间都比较湿润，降雨量充沛，能很好地限制各类扬尘聚集，而且频繁的降雨能及时降低扬尘。而北方地区大多数时间比较干燥同时降雨量较少，因此易导致自然尘、建筑尘、堆放物尘、道路尘等各类扬尘聚集。

近年来，北方一些城市沙尘暴天气频发造成各类尘土聚集，加剧了城市扬尘污染。因此，北方城市扬尘污染防护工作比南方城市更加迫切。

2. 城市扬尘污染的类型

城市扬尘污染主要包括不利气候条件导致的自然尘、粗放施工造成的建筑尘、随风飞扬的堆放物尘、对行人影响较大的道路尘、量大面广的裸露地面尘。

自然尘主要指裸露在地表的一些尘土，在不利气候条件下随风进入空气中形成的扬尘污染，如图 7-41 所示。

图 7-41　自然尘（图片来自互联网）

建筑尘指在建筑物建造期间，场地内由于自然因素或人为活动产生并逸散至周围空气中的颗粒物。施工扬尘的产生贯穿工程施工全过程，从基坑工程与土石方施工阶段到主体结构施工再到装饰装修施工，都会产生不同程度的各种扬尘。主要包括材料堆积裸露、渣土外排、施工活动、垃圾堆放与清运等。而市政工程施工过程中的扬尘污染主要来源于车辆运输、物料堆放及施工工序等，如图 7-42 所示。

图 7-42　建筑尘（图片来自互联网）

堆放物尘主要指各类工业钢渣、粉煤灰、垃圾堆积场、原煤堆放场等产生的扬尘。道路尘是最常见的一种扬尘，主要包括道路上的渣土、煤灰、沙土、建筑或生活垃圾、其他堆积在路上的尘土排放源等。裸露地面尘是我国北方普遍存在的一种尘土排放源，主要以裸露地面为主。由于我国北方城市绿化水平较低，生态环境比较脆弱，裸露地面尘也是城市扬尘污染治理的重点方向之一。

3. 城市扬尘对环境的影响

城市扬尘对环境的影响主要有传播疾病、视觉污染、腐蚀性、影响植物生长等，见表 7-1。

城市扬尘对环境的影响　　　　　　　　　　　　　　　　　表 7-1

主要危害	说明
传播疾病	大部分病毒或细菌可附着在扬尘表面，伴随呼吸系统进入人体，引起肺功能并发症、神经系统疾病，同时还可能传播多种流行病

续表

主要危害	说明
视觉污染	扬尘中含有多种小直径颗粒物,含量达到一定程度后会降低天气能见度,严重者会形成烟或大雾天气
腐蚀性	大气中颗粒物增多,在聚集一段时间后容易形成降水,而这类降水往往呈酸性,很容易对金属等材料造成严重腐蚀
影响植物生长	扬尘污染会堵塞植物气孔,影响呼吸作用和光合作用,最终影响植物生长

4. 城市扬尘的防护

（1）加强法律建设

《中华人民共和国大气污染防护法》是城市扬尘污染治理的主要法律文件,不仅涵盖了管理层面内容,也涉及了技术治理措施。在城市扬尘污染治理中,要树立生态司法、绿色执法、环保守法的法治化思维模式,推动生态文明建设法治化,构建全面的城市扬尘污染治理体系。

（2）建立健全扬尘治理机制

扬尘污染防护是一个系统工作,需要环保、路政、住建、市政等部门采取联合行动。各部分不仅要各司其职,而且要相互配合、相互协调。

图 7-43　城市扬尘法制宣传
（图片来自互联网）

（3）强化扬尘污染排放控制措施

建立建筑施工扬尘污染防护系统,强化建筑工地扬尘污染防护。加大环保宣传力度(图 7-43),鼓励公众监督举报。加强政府相关部门监督执法力度,定期不定期开展重点区域监督检查和抽查。加强施工单位和施工人员环保培训指导,严格执行考核上岗制度。制定环保概预算,在合同中明确扬尘污染防护的相关费用及使用细则。制定切实可行的施工环保手册,根据建筑施工扬尘污染防护方案和实施细则编制施工环保手册。强化道路扬尘污染防护,提高机械化清扫率、增加清扫频次、提高道路绿化率、车辆限行与限速。

（4）引导公众参与扬尘治理

强化政府引导,以政府行政执法为主,拓宽公众参与渠道。普及城市扬尘污染防护知识,宣传全社会共同参与治理理念,引导社会大众养成健康、合理的生活习惯。同时采用传统媒体和新媒体加大宣传力度,充分发挥社会公众在扬尘污染防护中的主人翁作用(图 7-44)。

为遏制大气环境恶化趋势,我国采取文明施工、植树造林、煤改气、煤改电、秸秆资源化利用等综合措施,取得了明显成效。全国及重点区域霾日数见图 7-45。

图 7-44　城市扬尘宣传（图片来自互联网）

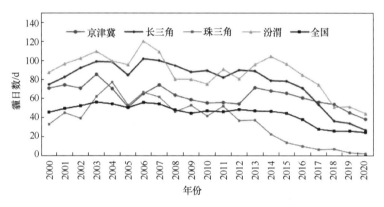

图 7-45　全国及重点区域霾日数

思考与练习

1. 挤土效应是什么?
2. 强夯施工常见的隔振措施是什么?
3. 基坑开挖引起变形是什么?
4. 沉陷盆地是什么?
5. 扬尘污染的颗粒物包括什么?

第 8 章　固体和放射性废物处置的
环境岩土问题

随着经济建设的发展，人类从事的工农业生产、军事、科技等活动产生了大量的固体废物和放射性废物，严重污染生态环境和人类生存空间。评估、治理地质生态环境中的固体废物和放射性废物已成为当前环境岩土工作不容忽视的重要部分。

8.1　固体废物

由于工业化的快速发展和人们生活水平的提高，发达国家资源短缺和环境污染问题早在 20 世纪初期就已经变得日益严重，固体废物环境污染也因此成为人们普遍关注的问题。到了 20 世纪下半叶，各工业国家都面临资源危机和环境恶化巨大压力，迫使人们重新认识固体废物环境污染治理和资源化利用的紧迫性和必要性，以及对各国经济和社会可持续发展的重要性。固体废物管理涉及固体废物处理与利用技术、法律法规、技术标准等多方面内容，在现代环境管理中占有重要地位。

8.1.1　固体废物的定义

固体废物亦称废物，一般指人类在生产、加工、流通、消费以及生活等过程中提取目的组分之后，废弃的固态或泥浆状物质。废物具有相对性，即一个过程产生的废物，往往可以成为另一个过程的原料。所以有人说，固体废物是"被错待了的原料"，应该加以利用。

根据《中华人民共和国固体废物污染环境防治法》（简称《固废法》）规定，固体废物即指在生产、生活和其他活动中产生的丧失原有价值或者虽未丧失利用价值但被抛弃或放弃的固态、半固态和置于容器中的气态的物品、物质以及法律、行政法规规定纳入固体废物管理的物品、物质。

固体废物主要来源于人类的生产和消费活动。人们在开发资源和制造产品过程中，必然会产生各种各样的废物。任何产品经过使用和消耗后，最终都将变成废物。据分析，进入经济体系中的物质，仅有 10%～15%以建筑物、工厂、装置、器具等形式积累起来，其余都变成了废物。

8.1.2　固体废物的分类

从宏观上讲，可把固体废物分为两类：一是生产过程中产生的废物，称为生产废物；二是产品使用消费过程中产生的废物，称为生活废物。

生产废物主要来自工、农业生产部门。其主要发生源是冶金、煤炭、电力、石油化工、轻工、原子能以及农业生产等部门。由于我国经济发展长期采用大量消耗原料、能源的粗放式经营模式，生产工艺、技术和设备落后，管理水平较低，资源利用率低，使得未能利用的资源、能源大多以固体废物的形式进入环境，从而导致废物产量很大。据 2010 年《中国环境状况公报》报告，当年全国工业固体废物产生量为 241 亿 t，其中危险废物产量 1587 万 t。我国是世界上最大的农业国，农业固体废物产量也很大。据估计，目前我国每年要产生十几亿吨农业固体废物。

生活废物主要是生活垃圾。目前，我国城市垃圾人均产量 300kg/a 左右。根据《中国垃圾清理发展报告（2020—2022)》，2020—2022 年中国社会产生的垃圾总量在 16 亿 t 左右。很多城市陷入垃圾包围之中，垃圾已成为我国城市突出的环境问题。

固体废物的分类方法有多种，按其组成可分为有机废物和无机废物；按其形态可分为固态废物、半固态废物、液态废物和气态废物；按其污染特性可分为危险废物和一般废物等。各国对固体废物的分类也没有统一标准。美国的分类方法与我国大致相同，而日本通常将其分为产业废物和一般废物两类。我国根据《固废法》，把固体废物分为城市生活垃圾、工业固体废物和危险废物三大类。考虑到我国是世界上最大的农业国，并正在对环境造成越来越严重的污染，故把农业固体废物列入固体废物分类中。

固体废物按其特性可分为危险废物和一般废物。危险废物指列入国家危险废物名录或者根据国家规定的危险废物鉴别标准和鉴别方法认定的具有危险特性的废物。危险废物主要来自于核工业、化学工业、医疗单位、科研单位。危险废物的特性通常有急性、毒性、易燃性、反应性、腐蚀性、浸出毒性和疾病传染性等。根据这些性质，各国均制定了自己的鉴别标准和危险废物名录。我国制定有《国家危险废物名录》和《危险废物鉴别标准》。

固体废物按其来源分为城市生活垃圾、工业固体废物和农业固体废物。

1. 城市生活垃圾

城市生活垃圾又称为城市固体废物，是居民日常生活中或者为日常生活提供服务的活动中产生的固体废物（图 8-1）。城市生活垃圾主要包括厨余物、废纸、废塑料、废织物、废金属、废玻璃、陶瓷碎片、砖瓦渣土、粪便及废家具、废电器、庭院废物等。主要产自居民家庭、商业、餐饮业、旅馆业、旅游业、服务业、市政环卫业、交通运输业、文教卫生业和行政事业单位、工业企业以及污水处理厂等。

图 8-1　城市生活垃圾（图片来自互联网）

2. 工业固体废物

工业固体废物是指在工业、交通等生产活动中产生的固体废物。工业固体废物主要来自冶金工业、矿业、石油与化学工业、轻工业、机械电子工业、建筑业和其他工业行业等。典型的工业固体废物有煤矸石（图 8-2）、粉煤灰、炉渣、矿渣、尾矿、金属、塑料、橡胶、化学药剂、陶瓷、沥青等。

图 8-2 煤矸石堆（图片来自互联网）

（1）冶金工业固体废物主要包括各种金属冶炼或加工过程中产生的废渣，如高炉炼铁产生的高炉渣，平炉、转炉、电炉炼钢产生的钢渣，铜镍铅锌等有色金属冶炼过程产生的有色金属渣、铁合金渣及提炼氧化铝时产生的赤泥等。

（2）石油化学工业固体废物主要包括石油及加工工业产生的油泥、焦油页岩渣、废催化剂、废有机溶剂等。化学工业生产过程中产生的硫铁矿渣、酸渣、碱渣、盐泥、釜底泥、精（蒸）馏残渣以及医药和农业生产过程中产生的医药废物、废药品、废农药等。

（3）能源工业固体废物主要包括燃煤电厂产生的粉煤灰、炉渣、烟道灰，采煤及选煤过程中产生的煤矸石等。

（4）矿业固体废物主要包括采矿废石和尾矿。废石是指各种金属、非金属矿山开采过程中从主矿上剥离下来的各种围岩，尾矿是指在选矿过程中提取精矿以后剩下的尾渣。

（5）轻工业固体废物主要包括食品工业、造纸印刷工业、纺织印染工业、皮革工业加工过程产生的污泥、动物残物、废酸、废碱以及其他废物。

（6）其他工业固体废物主要包括机加工过程产生的金属碎屑、电镀污泥、建筑废料以及其他工业加工过程产生的废渣等。

3. 农业固体废物

农业固体废物是指在农业生产及产品加工过程中产生的固体废物。农业固体废物主要来自于植物种植业、动物养殖业和农副产品加工业。常见的农业固体废物有稻草、麦秸玉米秸、稻壳、秕糠、根茎、落叶、果皮、果核、畜禽粪便、死禽死畜、羽毛、皮毛等。

8.1.3 固体废物对环境的污染

固体废物具有数量大、种类多、性质复杂、产生源分布广泛等特点。固体废物污染环境的途径多、污染形式复杂。固体废物可直接或间接污染环境，既有即时性污染，又有潜伏性和长期性污染。一旦固体废物造成环境污染或潜在的污染变为现实，消除这些污染往往需要复杂技术和大量资金，并且很难使被污染破坏的环境得到完全彻底恢复。

固体废物对环境的危害主要表现在如下几个方面，即侵占土地、污染大气和土壤、传染疾病和影响人类健康、影响市容和环境卫生等。

1. 侵占土地

固体废物产生以后需占地堆放。所产生废物的处理量越少，堆积量就越大，占地也就越多。据估计，每堆积 1 万 t 废渣约需占用 0.067hm^2 土地。据报道，美国有 200 万 hm^2 的土地被固体废物侵占，英国为 60 万 hm^2。由于我国过去对固体废物的处理和利用不够重视，导致固体废物大量堆积。据统计，截至 2007 年全国矿业开发占用和损坏的土地面积为 165.8 万 hm^2，其中尾矿堆放 90.9 万 hm^2，露天采坑 522 万 hm^2，采矿塌陷 20.3 万 hm^2。我国许多城市的近郊常常也是城市生活垃圾的堆放场所，垃圾的堆放占用了大量生产用地，从而进一步加剧了我国人多地少的矛盾。例如，广州市近郊堆放的各种废物占地 1685hm^2，其中仅垃圾堆放就占地 69hm^2。随着我国经济的发展和人们生活水平的提高，固体废物的产生量会越来越大，如不进行及时有效处理和利用，固体废物侵占土地的问题会变得更加严重。

2. 污染水体

固体废物对水体的污染有直接污染和间接污染两种途径。把水体作为固体废物的接纳体，向水体中直接倾倒废物，会导致水体直接污染。固体废物在堆积过程中，经雨水浸淋和自身分解产生的渗出液流入江河、湖泊和渗入地下，会导致地表水和地下水间接污染。水体被污染后会直接影响和危害水生生物生存和水资源利用，对环境和人类健康造成威胁（图 8-3）。过去，有不少国家把向海洋投弃作为一种废物处置方法，直接将固

图 8-3 固体废弃物对水的污染（图片来自互联网）

体废物倾倒入海洋，导致大面积水体污染。例如，美国仅在 1968 年就向太平洋、大西洋和墨西哥湾投弃了 4800 多万 t 固体废物。我国包头钢厂尾矿库占地 $11km^2$，是世界上最大的"稀土湖"，堆放尾矿约 1.5 亿 t 蓄水 1500 万 m^3。由于泄漏，已经对周边土壤、地表水和地下水产生了污染，直接危害人体健康。此外，我国仅燃煤电厂每年就向长江、黄河等水系排放灰渣 500 万 t 以上。一些电厂排放的灰渣已延伸到航道中心，造成河床淤塞、水面减少和水体污染，影响通航并对水利工程设施造成威胁。未经无害化处理的畜禽粪便排入河流中，其携带的有害病原菌还会对水体造成生物污染，威胁鱼类生存和人类健康。

3. 污染大气

固体废物在堆存、处理处置过程中会产生有害气体，对大气产生不同程度的污染。例如，露天堆放的固体废物会因有机成分分解产生有味气体，形成恶臭；垃圾在焚烧过程中会产生酸性气体、粉尘和二噁英等，若不加以有效处理则会污染空气（图 8-4）；垃圾在填埋处置后会产生甲烷、硫化氢等有害气体，若无填埋气收集设施就会排放到空气中；粉煤灰、尾矿堆场遇 4 级以上风力时，灰尘可飞扬到 20～50m 高度从而污染大气。

图 8-4　垃圾焚烧污染大气（图片来自互联网）

4. 污染土壤

固体废物及其渗出液所含的有害物质对土壤会产生污染，包括改变土壤物理结构和化学性质，影响植物营养吸收和生长；影响土壤微生物活动，破坏土壤内部生态平衡；有害物质在土壤中积累，会导致土壤中有害物质超标，妨碍植物生长甚至导致植物死亡；有害物质通过植物吸收，被转移到果实内，通过食物链影响动物和人类健康；固体废物携带的病菌还会传播疾病，对环境形成生物污染。例如，我国包头市某处堆积的尾矿达 1500 万 t，致使其下游某乡的土地被大面积污染，居民被迫搬迁。我国西南某地因农田长期使用垃圾，导致土壤中有害物质积累，土壤中汞的浓度超过本底值 8 倍，给作物生长带来了严重危害。

5. 影响人类健康

在固体废物特别是有害固体废物堆存、处理、处置和利用过程中，一些有害成分会通过水、大气、食物等多种途径为人类所吸收，从而危害人体健康。例如，工矿业废物所含化学成分可污染饮用水，对人体形成化学污染；生活垃圾携带的有害病原菌可传染疾病，对人体形成生物污染；垃圾焚烧过程中产生的粉尘会影响人的呼吸系统，产生的剧毒物质比如二噁英若不处理或处理未达标排放，可直接导致人的死亡等。

6. 影响市容和环境卫生

我国工业固体废物的综合利用率较低，城市垃圾清运能力不高，相当部分未经处理的工业废渣、垃圾常露天堆放在厂区、城市街区角落等处。除了导致直接的环境污染外，还严重影响厂区、城市容貌和景观，其中"白色垃圾"对环境和市容的污染最为明显（图8-5）。如水中漂浮物和树枝上悬挂的塑料袋就严重影响城市景观，形成"视觉污染"。

图8-5　白色垃圾污染（图片来自互联网）

8.1.4　常规固体废物处理与处置

1. 固体废物处理

固体废物处理指通过技术手段将固体废物转变成适于运输、利用、贮存或处置的过程。常用的处理技术包括物理处理、化学处理、生物处理、热处理等。

物理处理是通过浓缩或相变改变固体废物结构，但不破坏固体废物组成的一种处理方法，包括压实、破碎、分选、增稠、干燥和蒸发等，主要作为一种预处理技术。

化学处理是采用化学方法破坏固体废物中的有害成分从而达到无害化或将其转变成适于进一步处理、处置的形态。由于化学反应条件复杂，影响因素较多，故化学处理方法通常只用在所含成分单一或所含几种化学成分特性相似的废物处理方面。对于混合废物，化学处理可能达不到预期目的。化学处理方法包括氧化、还原、中和、化学沉淀、固化等。

生物处理是利用微生物分解固体废物中可降解的有机物，从而达到无害化或综合利用的目的。固体废物经过生物处理，在容积、形态、组成等方面均发生重大变化，因而便于运输、贮存、利用和处置。生物处理方法包括好氧处理、厌氧处理和兼性厌氧处理。与化学处理方法相比，生物处理在经济上一般比较便宜，应用也相当普遍，但处理过程所需时间较长，处理效率有时不够稳定。

热处理是通过高温破坏和改变固体废物组成和结构，同时达到减容、无害化或综合利用的目的。热处理方法包括焚化、热解、湿式氧化以及焙烧、烧结等。

不管采用何种处理技术，最终仍有一定量的物质残存。对这部分废物需要妥当地加以处置或投弃于与人类生物圈相隔离的地方，特别是在处理废物过程中应避免二次污染，对危险废物应确保其不对人类产生危害。

不同的固体废物，其处理技术不尽相同。表 8-1 简略列出了国内外固体废物处理技术现状与发展趋势。

国内外固体废物处理技术现状与发展趋势　　　　　　　　　　　表 8-1

废物种类	中国现状	国际现状	国际发展趋势
城市垃圾	填坑、送农村填肥或回收利用，进行无害化处理	填地、卫生填地、焚烧、堆肥、海洋投放	压缩、高压压缩填地、堆肥、回收、化学加工
矿业及工业废物	堆弃、填坑、综合利用、废品回收利用	填地、堆弃、焚烧、循环利用	循环及回收、化学加工
旧房拆迁及市政垃圾	堆弃、填坑、露天焚烧	堆弃、填坑、露天焚烧	回收利用、焚烧
施工垃圾	堆弃、露天焚烧	堆弃、露天焚烧	回收利用、焚烧
污水处理厂污泥	堆肥、制取沼气	填地、堆肥、制取沼气	焚烧、堆肥、化学加工、制取沼气
农业废物	农村燃料、饲料、建筑材料、回耕、堆肥、制取沼气、露天焚烧	回耕、焚烧、堆弃、露天焚烧、制取沼气	堆肥、化学加工、制取沼气
放射性及有害工业废渣	堆存、隔离堆弃、焚烧、化学固化	隔离堆存、陆地填筑、焚烧、固化、物理、化学、生物综合处理	陆地填筑、焚烧、固化、物理、化学、生物综合处理

2. 固体废物处置

固体废物处置是指最终处置或安全处置，是固体废物污染控制的末端环节，是解决固体废物的归宿问题。包括海洋处置和陆地处置两大类。海洋处置包括深海投弃和海上焚烧。陆地处置包括土地耕作、工程库或贮留池贮存、土地填埋（图 8-6）和深井灌注等。

图8-6 固体废物填埋（图片来自互联网）

8.2 生活垃圾填埋的环境问题

填埋处置对环境的影响包括多个方面，通常主要考虑占用土地、植被破坏所造成的生态影响以及渗滤液和填埋气体等填埋场释放物对周围环境的影响等。

8.2.1 常规的生活垃圾填埋造成的环境岩土问题

填埋处置生活垃圾是应用最早、最广泛，也是当今世界各国普遍采用的一项生活垃圾处理技术。将垃圾埋入地下会大大减少因垃圾敞开堆放带来的恶臭、滋生蚊蝇等环境问题。但垃圾填埋处理不当，也会引发新的环境污染，如由于降雨淋洗和地下水浸泡，垃圾中的有害物质溶出并污染地表水和地下水；垃圾中的有机物在厌氧微生物作用下产生以CH_4为主的可燃气体，从而可能引发填埋场火灾或爆炸。垃圾填埋处置的环境岩土问题主要包括以下几个方面。

（1）填埋场渗滤液泄漏或处理不当对地下水及地表水的污染。垃圾渗滤液具有重金属含量高、有机物浓度高、水质变化大、氮含量高、营养元素比例失调等特点。

（2）填埋场产生的气体排放对大气造成污染，同时有些气体可能引发填埋场爆炸或火灾。

（3）垃圾填埋过程中，废物堆存时若经过雨雪淋洗、高温天气，其中的有毒组分会渗入和污染土壤，杀害土壤中的微生物，改变土壤性质和土壤结构，破坏土壤腐解能力，导致草木不生，并可导致有毒物质在植物体内富集并进入食物链。

（4）填埋场的存在对周围环境景观有不利影响。

（5）填埋作业和垃圾堆体有可能发生滑坡、崩塌、泥石流等地质环境问题。

（6）流经填埋场区的地表径流可能受到污染。

（7）填埋场封场后，垃圾渗滤液对地表水和地下水的污染、有害气体的排放、对周围地质环境的影响将长期存在。封场后在填埋场表面种植的植被也极易受到污染。

8.2.2　垃圾填埋场的选址

卫生填埋的方法很多，可根据不同标准进行分类。根据有无防渗层和渗滤液集排系统，可分为自然衰减型填埋和封闭型填埋；根据填埋场地是建在陆地上还是在海上，分为陆地填埋和海上填埋；根据填埋场内部构造和生物学特性，又分为厌氧填埋、好氧填埋和半好氧填埋等。

选址是填埋场工程最重要的技术环节，其重要性主要表现在安全和经济两大方面。从安全角度考虑，填埋场工程要保障人的生存环境、生态环境、水环境和大气环境安全。从经济角度考虑，就是要通过选址论证使工程造价最低。从环境岩土角度，垃圾填埋场的选址要考虑以下几方面的因素。

1. 不可克服的限制性因素

制约场地选择的不可克服限制性因素主要有洪水位和地下水位、已确定的水源和经济发展保护区、与居民区的距离、城市和农村发展规划、有关的法律和法规等。

（1）受洪水标高的制约

有害废物填埋场建设的主要目的是保护地表水和地下水资源，所以填埋场的选址以不污染地表水和地下水为最高宗旨。因此，所选场址必须在百年一遇洪水标高泛滥区之上或历史最大洪泛区之外，应在未来（长远规划）可预见的水库或人工蓄水设施淹没区和保护区之外。

（2）受地下水位的制约

为了保护地下水，应尽量减少填埋场和地下水的水力联系。所以，所选场地的地下水位必须在填埋场的基础之下，一般应使地下水位在基础以下至少 1m。应注意的是地下水位是在不断变化的，所以必须观测当地的最高丰水位。应以最高丰水位为准，满足位于基础以下至少 1m 的要求。

（3）受水源和经济发展保护区的制约

所选场地必须位于城市供水水源保护区和供水远景规划区之外，也必须位于重点地表水体保护区之外。距离应按水域保护条例规定留有一定安全尺寸，以确保水域免受污染。

2. 场地选择的自然地理因素

（1）地形

如果场地的地形坡度太大，则会给施工造成困难，使土方开挖量增大，同时也给运输等活动带来不便，影响其他配套设施的设计和施工，大大增加工程费用。

坡度的增大使场地的地质条件恶化。较大坡度的地形是不良地质现象（如滑坡、崩塌、泥石流等）发生的条件。地形的坡度较大，还会造成地面水土流失，不利于场地选择。地形坡度越大，地下潜水的水力梯度也就越大，地下水的流速也会增大，使有害元素在水中运移的速度和距离增大，对环境造成污染。

地形是地下水系统补给区、排泄区和径流区的决定性因素。地形较高的地段一般是地下水的补给区，同时也是分水岭。把场址选在补给区或是分水岭地段是很不利的，会污染下游地区的地下水。

（2）地貌

不同地貌单元的地质条件不同。地貌单元是决定地形条件、地表水系状况、地下水状况、地基土条件等许多因素的先决条件。如山地的地形复杂，地表水流以洪流为主，地下水位的起伏变化较大，地基土一般是基岩。山区的滑坡、泥石流、倒石堆、崩塌等不良地质现象极易发生，对场地造成不良影响。平原和高原地貌较为平坦，地表水系以河流和湖泊为主，地下水位波动不大，地基土可能存在的不良地质现象主要表为沙土液化、淤泥和地震等。滨海地貌一般为沙土，其渗透性较强且易受海水潮汐影响，不适宜作为场地。所以，一般把场址选在平原或高原地带。

（3）地质

影响垃圾填埋场选择的地质因素主要包括第四纪松散土的性质、基岩的岩性与风化程度和地质构造因素。土体的性质、颗粒级配、土层空间分布等对垃圾渗滤液有不同程度的阻隔作用，而土体的矿物成分又直接影响垃圾气体和液体的吸附和交换作用。基岩的岩性特征对填埋场的影响表现在一般沉积颗粒细小的岩石（如页岩、泥岩、黏土岩等）其渗透性较小，对场地选择较有利。胶结程度越好，渗透性越小，强度越高，对场地选择越有利。处于未风化状态的火成岩其渗透性也很小，适合建设填埋场。变质岩构造复杂，应尽量避免在变质岩地区选择场地。

地质构造因素，包括断裂的发育状况、褶皱的发育状况、断层的力学特征等。此外，地震也是垃圾填埋场考虑的因素之一。

（4）场地选择的水文地质因素

① 含水层特征对填埋场的影响

含水层的渗透性、厚度、平面分布面积、倾角、场区含水层之间的水力联系以及含水层与地表水的水力联系等因素均对垃圾填埋后有害物质的扩散造成不同程度影响。

② 地下水特征对填埋场的影响

含水层的性质、地下水水位、水温、赋存类型以及地下水的补、排、径流条件和地下水动力类型，对填埋场的选择与设计均有不同程度影响。

③ 水文地球化学因素对填埋场的影响

元素进入地下水后的迁移方式可分为分子扩散迁移、渗流迁移和渗流弥散迁移三种。有害物质进入地下水后，以分子扩散迁移的方式传播得最慢，渗流弥散迁移传播得最快，渗流迁移居于两者之间。

8.3　垃圾填埋场设计

1. 设计参考因素

在进行垃圾填埋场设计时，首先需要确定以下几个参数。

（1）计划收集人口数

按确定的计划处理区域统计人口总量，并适当放有余量。

（2）每人每日平均排出量

计划收集垃圾量与计划收集人口数之间的比值，即每人每日平均排出量。统计数据表明，城市每人每日平均排出量为 800～1200g、农村则为 600g 左右，根据地域而有所不同，并因消费水平、社会形势而变动。

（3）计划垃圾处理量

计划垃圾处理量（t/d）可用下式求得：

计划垃圾处理量＝计划收集垃圾量＋垃圾直接运入量

＝计划收集人口数×每人每日平均排出量＋垃圾直接运入量

垃圾直接运入量是指填埋场附近的单位或居民直接运入填埋场进行处理的量，这个数据须由大量统计数据归纳得出。

（4）垃圾填埋量

得出了计划垃圾处理量，再根据各种处理方法（如采取焚烧、填埋、堆肥等）消纳的垃圾数量，可测算出用填埋方法处理垃圾的量。

（5）垃圾压实密度

垃圾压实密度指由压实机械将垃圾挤压成紧固状态时的垃圾密度。垃圾压实密度因垃圾种类、填埋机械的不同而不同，表8-2为参考数据。

垃圾的压实密度（单位：t/m³）　　　　　　　　表 8-2

垃圾种类	范围	平均值	代表值	
可燃垃圾	0.74～1.00	0.83	可燃垃圾	0.77
不燃垃圾	0.41～1.59	0.86	建筑废料	0.71
混合垃圾	0.41～1.28	0.71	焚烧残灰	1.00
			污泥	0.80
			塑料及不燃垃圾	0.43

（6）垃圾填埋容量

垃圾填埋容量一般用容积来表示，即：

垃圾填埋容量＝垃圾填埋量/垃圾压实密度

（7）填埋高度

填埋高度＝填埋容量/填埋面积

填埋场的设施通常是由填埋面积决定的（如渗滤液处理设施、渗滤液收集导排系统、防渗系统面积等），而这个面积的大小又与建设费用密切相关。因此通常把填埋高度作为填埋场的一个经济指标，又称为填埋效率。假设填埋面积相同，则可能的填埋容量越大即填埋高度越高，经济性越好。

（8）覆盖厚度

一般垃圾一次性填埋，每层垃圾厚度为3m左右。当天作业完毕，覆土30cm左右。考虑到填埋场的生态恢复，最终覆土层厚可达1m。按覆盖规程计算，填埋场覆土量一般占填埋场总容量的1/3左右。

（9）填埋场使用年限

从理论上讲，填埋场使用年限越长越好。但考虑到填埋场的经济性、填埋场地形的可行性以及填埋场终场利用的可行性，填埋场使用年限必须在选址规划和做填埋计划时就认真考虑。一般填埋场使用以 5～15 年为宜。

填埋终场平地利用率＝终场后可利用平地面积/填埋场总面积

填埋终场后得到的平地越宽，可利用的途径就越广，土地的再利用价值也就越高。

2. 设计、施工的主要工程内容

填埋场设计施工的主要内容包括土建工程（包括挖填土方、场地平整、堤坝、道路、房屋建筑等）；防渗工程；渗滤液导排及污水处理工程；填埋气体导排与处理工程；垃圾接收、计量和监控系统；填埋作业机械与设备；填埋场基础设施（包括供电、给水排水、通信等）；环境监测设施；沼气发电自备电站工程；封场及生态修复工程；其他（如卫生安全等）。

3. 填埋场工程方案设计

（1）填埋场方案设计

填埋场的设计在满足国家卫生填埋标准的前提下，其中的部分功能和指标可采用国际标准，使填埋场达到国内领先、国际先进水平或国际领先水平。所采用的技术应该是先进可靠、经济合理、环保达标。对于毗邻海边、地下水位较高、地下淤泥层埋深较浅的填埋场，需加强地基处理，提高地基承载力，保证防渗系统可靠性。垃圾掩埋堆体的高度应根据地基承载力和垃圾重量计算确定，以防垃圾填埋过高造成地基塌陷。堆体高度的确定还应考虑尽量扩大垃圾填埋库容量以延长填埋场寿命，并与周围景观设施相协调。采取必要措施，最大限度减少渗滤液的产生量。

（2）垃圾填埋区的分区分单元设计

填埋场应根据使用年限、填埋垃圾特性、地形条件等因素划分为若干填埋区。填埋区的划分应有利于分期施工、分期使用、环境保护和生态恢复。

（3）地基处理与场底平整

应认真分析填埋场地质勘探资料，确保场地防渗系统安全。根据地质勘探资料和地基加固措施进行地基承载力校核，以确定合理的填埋高度。填埋区场底坡度应有利于场内洪水排放，并留有排洪口。填埋区场底坡度应尽可能借用原始地形。每个填埋单元的纵横坡度均应满足渗滤液自然导排需要。

（4）斜边及围堤设计

场地内所有斜坡、边坡的设计应符合国家和地方有关规定。应进行稳定性计算，并考虑雨水渗透对斜坡、边坡稳定性的影响。围堤应按防洪、挡潮、道路、绿化、隔离等多种功能设计。

（5）填埋场防渗系统设计

填埋场防渗系统必须长期、可靠地防止垃圾渗滤液渗漏，防止填埋气体无序迁移（图 8-7）。提供场底及四周边坡的防渗结构剖面图和所选用材质。渗滤液和填埋气体产生期限均比较长，填埋场防渗系统的使用寿命必须与之匹配，以使渗滤液和填埋气体能得到有效控制。

（6）填埋气体导排与处理

填埋场废气的处理系统应具有以下性能：①消除填埋场内外填埋气体爆炸、火灾隐患；②消除填埋气体对人、动物和植物的危害；③最大限度减少填埋气体无控制的溢出；④防止填埋气体进入附近建筑物、管道或其他封闭空间；⑤填埋气体收集、导排与处理系

图 8-7　垃圾填埋场防渗膜的铺设（图片来自互联网）

统应能适应产气速率变化特性；⑥填埋气体导排处理系统的设计应考虑完善的气体监测和安全防范设施。

（7）地表水导排系统

地表水导排系统的设计应满足当地防洪标准，保证场内和场外地表水导排系统任何时间都能安全运行。应有效控制进入作业区和已填埋区的地表水量，减少渗滤液产生量。新形成的和已有的斜坡（边坡）不被地表水渗透和冲刷，系统的抗洪性强。注意当地的台风暴雨强度和强降雨频率，设计完善有效的地表水导排系统。

（8）地表水、渗滤液分流系统

地表水导排系统应具有雨污分流功能。应根据需要提出地表水监测系统设计方案，并符合《生活垃圾填埋场环境监测技术标准》CJ/T 3037—1995 和《生活垃圾填埋场污染控制标准》GB 16889—2008。

（9）地下水导排控制

应该对场内和场外影响范围内的地下水资源进行调查、检测和控制。填埋场地下水导排控制系统应满足以下要求：①防止地下水质量恶化；②防止地下水进入垃圾填埋堆体；③防止地面沉降或位移，以免造成防渗系统、管线系统、排水沟和基础破坏；④防止地下水对场底及四周边坡防渗层的破坏。

（10）地下水监测方案

地下水监测方案设计应执行《生活垃圾填埋场环境监测技术标准》CJ/T 3037—1995 和《生活垃圾填埋场污染控制标准》GB 16889—2008。

8.4　放射性废物处置的环境岩土问题

放射性废物是指含有发射 α、β 和 γ 辐射的不稳定元素并伴有热产生的无用材料，又称核废物。放射性废物是伴随开发利用核能产生的令人头痛的问题。其实，放射性废物早就产生于汽灯纱罩制造、夜光表涂料过程。但由于其数量少、放射性水平低，长期没有引起人们重视。目前，放射性废物的来源很多。放射性废物能否妥善、安全处理和处置，不仅影响公众健康与环境安全，还直接影响核能的进一步开发和利用。

8.4.1 放射性废物的来源和分类

人类的一切生产和消费活动都会产生目前不能再利用或者不值得回收利用的物质，原子能的利用也不例外。

1. 放射性废物的来源

一切生产、使用和操作放射性物质的部门和场所都可能产生放射性废物，其主要来源有以下 7 个方面。

（1）铀、钍矿山、水冶厂、精炼厂、铀浓缩厂、钚冶金厂、燃料元件加工厂。

（2）各种类型反应堆，包括核电站、核动力船舰、核动力卫星、加速器。

（3）反应堆辐照燃料元件的后处理，提取裂片元素和超铀元素过程。

（4）核燃料和核废物运输与核废物处理过程。

（5）放射性同位素的生产和应用过程，包括医院、研究所及大学的有关研究活动。

（6）核武器生产和试验过程。

（7）核设施（设备）退役过程。

2. 放射性废物的分类

各国对核废物的分类不尽相同，标准也有出入，大致说来有以下分类方法。

（1）锕系元素

从原子序数 89（锕）开始的元素系列，即锕、钍、镤、铀、镎、钚等。

（2）高放废物

高水平放射性废物的简称。将反应堆的乏燃料进行后处理之后产生的以及核武器生产的某些过程中产生的核废物。一般说来该类核废物应被永久隔离。高放废物含有高放射性、短寿命的裂变生成物、危险化合物和有毒重金属，还包括在后处理过程中产生的液体废物和从液体中得到的固体废物。

（3）中放废物

某些国家采用的一种放射性废物类别，没有一致的定义。例如，中放废物可包括也可不包括超铀废物。

（4）低放废物

除乏燃料、高放废物或超铀废物的核废物总称。

（5）混合废物

既含有化学上危险的材料又含有放射性材料的废物。

（6）乏燃料

美国核管理委员会（NRC）将乏燃料包括在它的高放废物定义中，但美国能源部（DOE）不将它包括在内，这与是否要求将它永久隔离有关。

（7）超铀废物

含有发射 α 粒子，半衰期超过 20 年，每克废物中浓度高于 100 纳居里（即每秒 3.7×10^3 次衰变）的超铀元素废物。DOE 允许管理人员把含有其他放射性同位素，如铀-235 和银-90 的材料包括在超铀废物中。

核废物以固态、液态和气态形式存在，其物理和化学特性、放射性浓度或活度、半衰期和毒性可能差别很大。核废物与其他废物及其他有毒、有害物质有两大不同：（1）核废物中放射性的危害作用不能通过化学、物理或生物方法消除，而只能通过其自身固有的衰变规律降低其放射性水平，最后达到无害化。（2）核废物产生的放射性核素不断发出射线，有各种灵敏仪器可进行探测，所以容易发现它的存在并判断其危害程度。核废料见图 8-8。

图 8-8　核废料（图片来自互联网）

8.4.2　核废料对环境的危害

放射性 α 粒子是高速运动的氦原子核，在空气中射程只有几厘米。β 粒子是高速运动的负电子，在空气中射程可达几米。但 α、β 粒子不能穿透人的皮肤。而 γ 粒子是一种光子，能量高的可穿透数米厚的水泥混凝土墙，能轻而易举地射入人体内部并作用于人体组织，产生电离辐射。除这 3 种放射线外，常用的射线还有 X 射线和中子射线，这些射线各具特定能量，对物质具有不同的穿透能力和间离能力，从而使物质或机体发生一些物理、化学、生化变化。放射性来自于人类的生产活动，随着放射性物质的大量生产和应用，不可避免地会给我们的环境造成放射性污染。

1. 产生危害的原理、途径及程度

放射线引起的生物效应，主要是使机体分子产生电离和激发，破坏生物机体的正常机能。这种作用可以是直接的，即射线直接作用于蛋白质、碳水化合物、酵素而引起电离和激发，并使这些物质的原子结构发生变化，引起人体生命过程改变；也可以是间接的即射线与机体内的水分子作用，产生强氧化剂或强还原剂，破坏机体的正常物质代谢，引起机体系列反应，造成生物效应。由于水占人体重量的 70% 左右，所以射线间接作用对人体健康的影响比直接作用更大。应该指出的是，射线对机体作用是综合性的（直接作用加间接作用），在同等条件下，内辐射（例如氡的吸入）要比外辐射（例如 γ 射线）危害更大。

大气和环境中的放射性物质，可经过呼吸道、消化道、皮肤、直接照射、遗传等途径进入人体；也可进入生物循环，并经食物链进入人体。

2. 对人体的影响

人和动物因不遵守防护规则而接受大剂量的放射线照射、吸入大气中放射性微尘或摄入含放射性物质的水和食品，都有可能产生放射性疾病（图 8-9、图 8-10）。放射病是由于放射性损伤而引起的一种全身性疾病，有急性和慢性两种。前者因人体在短期内受到大剂量放射线照射而引起，如核武器爆炸、核电站泄漏等意外事故，可产生神经系统症状（如头痛、头晕、步态不稳等）、消化系统症状（如呕吐、食欲减退等）、骨髓造血抑制、血细胞明显下降、广泛性出血和感染等；后者因人体长期受到多次小剂量放射线照射引起，有头晕、头痛、乏力、关节疼痛、记忆力减退、失眠、食欲不振、脱发和白细胞减少等症状，甚至有致癌和影响后代的危险。白细胞减少是机体对放射性射线照射最灵敏的反应之一。受辐射的人在数年或数十年后，可能出现白血病、恶性肿瘤、白内障、生长发育迟缓、生育力降低等远期躯体效应，还可能出现胎儿性别比例变化、先天性畸形、流产、死产等遗传效应。

图 8-9　核辐射导致的畸形

图 8-10　核辐射对动物的影响

8.4.3　核废料处理的环境工程技术

1. 核废物的处理

（1）废气处理

放射性废气主要来自工艺系统或厂房、实验室的排风系统，前者有较高放射性水平。放射性废气中可能含有放射性气体、颗粒物、气溶胶和非放射性有害气体。重要的放射性核素有氡-222、氪-85、氙-133、碘-132、碘-129、氚、氩-41、钌-106、碳-14 等。

废气净化的主要办法是过滤、吸附、洗涤、滞留衰变等。一般情况下，工艺系统废气要用综合流程、多级净化处理。在气体衰变罐中，滞留衰变对短寿命放射性核素是有效、经济的处理方法，在核电站中较为常见。目前，已研究开发了有效的氡、碘、氪、氚、钌分离吸附装置。用活性炭或浸渍活性炭制成的碘过滤器，具有很好的净化效果。高效粒子空气过滤器（HEPA）是常用的过滤设备，对于粒径小于 $0.3\mu m$ 的颗粒，除去效率大于 99.97%。

净化后的气体经监测达到允许水平后排放。为了达到最好的稀释扩散，应通过高烟囱（60～150m），选择有利地形和气象条件控制排放。排放口设置双套连续监测器，用颗粒和碘取样器监测排放量并进行核素分析。

（2）废液处理

废液的种类很多，各类废液因为它们的比活度和含盐量不同，处理方法和成本也很不一样。研究所、大学、应用同位素的医院和工厂产生的放射性废水一般比活度较低，核素的半衰期也较短，但通常不允许直接往工业下水道排放。如果经过稀释，保证本单位总排出口水中的放射性物质浓度低于流入水源的限制浓度，可以采取稀释排放，否则先要做适当处理。如沉淀过滤、离子交换处理等，也可在专门容器中进行衰变贮存或送到有条件的地方处理。

核企业和核电站产生的低放废水，一般贮存在碳钢或不锈钢大罐里，间歇性或连续性处理。常用的处理方法有絮凝沉淀、蒸发、离子交换。此外，电渗析、反渗透、磁过滤等技术也可应用。经过处理后的废液先排进一个贮槽，取样分析合格后才排放到江湖海洋，或渗入地下或返回工艺过程再用。

高放废液有很强的放射性，强烈释热，要贮存在双壁有托盘的不锈钢大罐中。这种大罐一般安放在地下的内敷钢面混凝土室内，要设置冷却系统、搅拌系统、排气系统和监测压力、温度、密度、液面的仪表及警报装置。

有机废液（如磷酸三丁酯废溶剂、废机油、四氯化碳、闪烁液等）一般暂存在槽罐内，等待回收利用或焚烧、固化处理。

核工厂产生的洗衣水、淋浴水，含有较多洗涤剂和少量放射性物质，要单独处理。一般通过活性炭床吸附等简单处理就可稀释排放。排出废液应分析 α、β 和 γ 放射性，必要时还要测定废水同位素成分，记录存档。

（3）固体废物处理

固体废物处理要尽可能减容。可燃性固体废物的焚烧处理可获得 20～60 倍的减容，焚烧后 80%～90% 放射性物质进入焚烧灰烬中。放射性废物的焚烧不能用一般焚烧炉，要设置良好的屏蔽措施、满足要求的尾气净化系统、方便操作的投料和卸灰系统，设备要具有耐久性且无需维修或很少需要维修。

随固体废物材料不同，压缩方法可以减容 28 倍左右。与焚烧法相比，压缩方法虽然减容倍数较小，但是操作方便、设备简单、投资小，因此应用广泛。用二三十吨或更大吨位压力机可将固体废物压缩到理论密度。

去污可以降低放射性水平，使工作人员操作时免受较大辐照，也可实现废物再利用或减轻废物处置难度。去污的方法很多，根据需要可采取化学去污、机械擦拭去污、高压水喷射去污、蒸汽水喷射去污、喷砂去污、超声波去污、电解去污等。去污过程会产生二次废物，所以要权衡代价与利益，选用适宜的方法和先进流程。

固化是重要的处理过程，沉淀泥浆、蒸发残渣、废树脂和焚烧灰烬等物质含有相当数量的水分或容易弥散，因此必须进行固化处理。低中放废物可以采用水泥固化、沥青固化和塑料固化；对于高放废液可以采用玻璃固化。

2. 核废物的处置

处置是核废物治理中最后一个环节（图 8-11）。放射性核素除已经衰变掉和极少部分分散到环境中外，大部分要转入处置库中与人类生物圈隔离开来，直到它衰减到无害水平。为了阻止核素以有害数量进入生物圈，应设计多重屏障，阻滞核素的迁移并设置隔水、隔气措施，使得核素在达到生物圈之前衰减到无害水平。这种多重屏障系统从内到外是：（1）稳定的固化体；（2）耐腐蚀的包装容器；（3）吸附性好的回填物或称缓冲介质（以土为人工屏障）；（4）周围岩层和土层（天然屏障）。

图 8-11　核废物的处置（图片来自互联网）

（1）高放废物的处置

高放废物含有大量裂片元素，头一二百年具有极高的比活度和释热率，给处置带来很大麻烦。此外，高放废物还含有很多长寿命超铀核素，在几万年之后它们的危害性仍不能忽视，因此高放废物的隔离要维持几万年甚至更长。

对于高放废物的处置已经提出了多种设想，例如深地层处置、极地冰层处置、宇宙处置、海床深层处置等。在这些设想中，深地层处置是目前现实可行的办法。就是把核废物放置在 600m 以下稳定地质介质中，利用深厚地质层使废物与生物圈隔离。研究证明，花岗岩、玄武岩、凝灰岩和岩盐层等都可用于深地层处置。高放废物处置库的建设是一项技术复杂、耗资大、周期长的工程，需要多学科协作。现在世界上还没有一个国家建成高放废物处置库，广泛地开发研究和国际合作正在进行之中。

（2）低中放废物处置

低中放废物不含或只含极少量长寿命超铀核素。例如核电站废物所要考虑的主要核素是锶-90 和铯-137，隔离 300～600 年就足以衰减到安全水平。因此，与高放废物、超铀废物相比，低中放废物的处置要求低得多，但其数量很大，处置任务也很重。目前国外低中放废物处置主要采用浅地层埋藏、废矿井或洞穴埋藏等方法。

① 浅地层埋藏

浅地层埋藏是当前国外应用最普遍的低中放废物处置方法。浅地层埋藏一般都把废物整齐堆放在混凝土构筑物（沟壕、井穴、地下窖仓、地上墓堆或岗丘）内，以沟壕最为普遍。为了尽量减少对环境的危害，有人建议把埋藏深度提高到 10m 以上（视地下水位而定），覆土厚度 3m 以上。浅地层埋藏简单易行，投资少，是处置低中放废物的好方法。

② 废矿井或洞穴埋藏

废矿井处置在国土面积小、人口密度大的欧洲国家用得较多，被采用的或准备采用的废矿井有盐矿、铁矿、铀矿、石灰石矿、石膏矿等。废矿井一般深度大，人类活动和自然干扰影响小，安全性较好。但矿井是从开采矿石角度设计和开采的，水文地质情况复杂，往往存在裂隙和地下水。因此，废矿井坑道和硐室一般不宜埋藏废物，需要经过整治和安全评价论证才能使用。

洞穴处置是利用天然洞穴或人工挖掘的洞穴来埋藏低中放废物的方法。人工洞穴是根据处置场标准和规范进行设计建造的，成本比较高，但安全性好。

8.4.4　放射性废物处置中的环境岩土问题

放射性废物的处置主要采用地质处置方式。地质处置的目的是以地质观点选择合适的处置场所，使被处置的废物在处置后数百年（中低放废物）乃至上万年的时间（高放废物）跨度里，被封闭在一个有限的地质空间内，不致危及人类的生存环境和生命健康。其中涉及的地质问题主要有地质构造、水文地质、水文地球化学、地球物理、矿物岩石、岩土工程和地质灾害等。

1. 地质构造

为保障处置库及地面设施的安全运行，防止放射性废物泄漏，在处置库选址中必须查明场地的地质构造，主要包括地震活动史、活断层分布及火山分布和活动情况。由于放射性废物处置库的运行时间长达 300～500 年至 10 万年，在如此长的时间跨度里，放射性废物处置库必须是稳定的，不能因地震活动或活断层的活动或火山活动导致处置库破坏。因此在选址时，尽量避开活断层分布区、地震活动带和火山活动区，尽量将处置库建在地质构造相对简单、环境稳定的"安全岛"内。

各个国家在选址时都十分重视地质构造环境的安全。美国在雅卡山场地研究中，提出满足该场址地质稳定的具体要求是：（1）在地面设施有效使用年限内，区内断层发生的净总位移不能超过 0.5cm；（2）设施工程所在地一定范围内无速率大于 1×10^{-5} m/a 的活断层或被错动地层年代小于 10 万年的断层。对地震的要求是该区域最大可能地震不应在浅地表产生裂缝。

我国大陆地处亚欧板块东南隅，为印度洋板块、太平洋板块和菲律宾海板块所夹持，板块的相互作用使我国的大陆构造活动十分强烈。晚第四纪以来断裂活动显著，强烈地震时有发生。在我国进行放射性废物处置时，这些都是必须考虑和认真调查的问题。然而人类有地震记录、火山活动记录的历史不过千余年（我国有地震记录的历史只有 1000 年），而放射性废物处置库场址的安全运行需要跨度上万年，如何根据短暂的历史记录资料确定遥远未来的地质稳定事件，是一个世界性地质科学难题。

2. 水文地质

放射性废物处置场址的水文地质条件是放射性废物地质处置安全评价的关键因素之一，其原因在于水体是核素向外界环境迁移的主要载体。在大多数概念模型中，性能评价依赖于地下水的核素迁移模式，因而，场址地质调查的大部分是为地下水流动模式提供数据，并勾画古水文地质模式，以帮助验证模式的预测能力。在放射性废物处置库选址时，一般要求场址的水文地质条件能限制核素随水流向外迁移。由于处置库特别是高放废物处置库一般都建在基岩（如花岗岩、玄武岩、盐岩、泥质岩等）中，这些基岩的断层、节理是核素向环境迁移的最主要通道（图 8-12）。核废物在基岩介质中的地质处置是否安全在相当程度上取决于裂隙岩体对核素的屏障功能和裂隙水的运动特征。因此，研究裂隙介质中核素迁移问题，具有重要的理论意义和实际意义。

图 8-12　建在花岗岩中的核废物处置库（图片来自互联网）

3. 水文地球化学

地下水的化学性质，是含水层化学性质和水岩反应一同造成的。大气降水在地表下渗，其中的氧大多消耗在土壤及岩石中的径流上。生物活动主要在土壤中进行，它消耗氧、产生二氧化碳。地下水在与岩石接触过程中，不断与岩石发生离子交换反应或其他化学反应，使水中的化学成分发生变化。地下水的形成过程就是自然界大气降水与岩石圈长期作用的结果，不同的岩土环境产生不同的水化学成分。被处置核素在地下水中的迁移能力强烈依赖核素在水中的化学形态，而后者则完全受水化学成分、pH 值及水的 Eh 所左右。放射性核素从废物进入地下水后，其存在形态因地下水的某些成分而发生转化。可能呈简单阳离子、配位物、阴离子或中性分子等溶解状态，也可能以胶体粒子或微粒存在一种核素的不同存在状态。所以，处置场址的水文地球化学研究是被处置核素分配系数、阻滞参数及工程屏障材料学研究的基础和前提。

4. 矿物岩石学

当被处置的放射性核素从包装体释出后，其迁移过程受工程屏障（如黏土）和地质介质的阻滞作用影响。这种作用主要表现为核素与岩石矿物之间的离子交换、物理吸附、表面配合、矿化等，其吸附机理严格受地质介质的矿物成分影响和控制。

5. 岩土工程

与所有的土木工程一样，放射性废物地质处置选址和建造过程需要在岩土工程方面做大量工作，其中包括岩石力学参数测试、岩石力学性质随温度场变化研究、热应力作用下岩体介质材料的损伤特性等。

6. 热力学效应

放射性废物在地下处置过程中，由于放射性同位素衰变将产生大量热量，导致贮存库围岩地质介质温度升高。这不仅影响岩体的应力场和水体的渗流场，同时也将影响岩体的物理性质、地下水的物理性质、地下水化学成分、核素迁移速率以及水、岩石之间的相互作用。这种热力学效应是放射性废物处置，特别是高放废物地质处置安全评价的关键问题之一。

8.5   固体废弃物减量排放

实际上，我们每个人、每个企业单位都是环境问题的制造者。一方面，随着人口的增多，生活水平的提高，生活习惯的改变和工农业的高速发展，固体废物、垃圾的增长似乎是不可避免的。另一方面，在有限的地球资源快速消耗、地球环境逐渐恶化的情况下，要消除废物、垃圾对环境的危害，使人类、社会、经济可持续发展。随着人类迈进 21 世纪，科学技术的迅猛发展使得减量化排放有了高、新、尖科技作为基础保障。

8.5.1   减少固体废弃物的生成量

一般认为，城市垃圾的生成量是难以控制的，因此所谓减少固体废弃物的生成量，主要是针对工矿企业，从改进主工艺入手，努力减少生产过程中产生的各种废物量。

1. 寻求新的结构、工艺流程，发展无害工艺、清洁工艺、生态工业

观念的不断更新是首要的。人类社会发展到今天，单凭某个人、群体或个别国家的努力，使地球环境向良性循环发展已是不可能的。在人类共同前途命运、利益推动下，以往难以达成共识的事情，在不同民族、信仰、社会制度和经济水平的国家间，可以广泛地共同面对。比如世界性全面禁止使用破坏臭氧层的氯氟烃和剧毒、高残留有机氯农药六六六、滴滴涕；全球控制 CO_2 排放量；淘汰不能生物降解的氯化物塑料，发展聚乙烯（PVC）薄膜等已成为现实。另外，目前环境保护的战略已向纵深发展，已从治理污染环境为主转向寻求新的结构、工艺，发展无害工艺、清洁工艺、生态工业，力图将污染消除在工艺流程中。近十余年来，一个以适应减量化要求的全新工业发展模式——无废少废工艺已在全球悄然兴起，有的国家甚至将其定为国策。

"无废工艺"是指借助生产方法革新将所有的原料和能量在原料资源→生产→消费→二次原料资源的循环中，得到最合理的配置和综合的利用。同时，对环境无任何危害作用。

"少废工艺"是现阶段传统工业生产向无废工艺生产转化的一种过渡形式。这种生产活动对环境的影响不超过允许的环境卫生标准。由于技术、经济效益多方面原因，部分原材料可能转为长期存放或埋藏的废料。

全面实现无废少废工艺虽然还有相当长的距离，但当前可以着眼于减量化、资源化、无害化 3 个层次目标以探索各种途径，分目标逐步实现无废少废总目标。如：（1）提倡一种资源多目标用途，通过综合利用减少废物生成总量；（2）彻底改革传统工艺、设备，以高、新、尖技术带动全流程开发，实现闭路循环；（3）改进产品设计、配方，设计能回收、循环使用或能被生物降解的新产品，以无害化学品替代有毒化学品；（4）开拓固体废弃物资源化技术，使其转化为二次资源；（5）当前无法资源化的废物，应实现无害化处理。

近年来开发的无焦炼铁工艺就是无废少废工艺的成功例证。新型无焦炼铁工艺是用氢气或天然气直接从铁精矿炼铁，这一全新思路的工艺流程不用焦炭也不用高炉，打破了传统钢铁生产工艺需要四大流程的束缚，革除了烧结、炼焦和高炉熔炼三大污染工序，使耗水量减少到原来的 1/3，能耗也大幅度降低，基本没有废渣和废气产生，具有很高的经济

效益。为其他工业产品工艺改革开创了全新思路，树立了范例。

2. 矿山资源开发减量化和复垦技术

矿产资源是地球上有限而且不可更新的自然资源。由于科技水平所限，先前对某种矿产资源可供年限的估计可能存在一定误差，但很多矿产资源的开采价值还有一定潜力。在矿山资源开发中，首先要树立人均矿产资源"忧患意识"和法制管理意识。

我国资源总量丰富，但人均矿产资源占有量不及世界人均占有量的一半。部分重要矿产储量短缺，不少矿产富矿少，贫矿多。易采易选矿少，难采难选矿多。矿种组分单一的矿种少，伴生共生，组分复杂的综合矿多。而且，矿产的地域分布差异明显，多分布在交通不便、经济技术欠发达、人口稀少的边远贫困山区和西北地区。同时，与发达国家相比，我国矿业科技水平在某些方面还比较落后。有些地区片面追求"经济效益"，乱采滥挖、采富弃贫等掠夺式开采，造成了环境破坏、资源浪费的不合理局面，面临的形势一度十分严峻。为了保持国民经济健康、稳定和可持续发展，减少自然和环境灾害，必须建立能源和矿产资源战略储备制度，特别是要把一些关键资源保持在一定存量水平。为此，必须加强法制管理，依法保护和管理矿山资源、环境，提高矿业开发科技水平，努力提高回采率，把矿石尽可能多地开采出来，充分合理地综合开采共生的资源和矿物。党的十八大以来，我国在矿产资源开发中特别注重环境保护、集约化经营、综合利用、统筹兼顾，环境破坏得到遏制、生态修复成效显著，走出了一条具有中国特色的矿山开发与复垦之路。

（1）减量化和资源化技术

从采用全新的生产工艺入手，发展免开采技术，尽可能地减少废物生成量，改变废物组成，减量开采自然资源，如煤矿免开采发展煤（层）气技术。发展、完善环境地球化学工程技术，推动有色金属矿山生物细菌选矿技术、核矿山免开采水冶选矿技术（井下堆浸和化学采矿技术）探索。可以极大地减少矿山开采过程中的环境破坏效应，减少矿山采矿一线工人和矿山建设工程量、废石渣产生量等，免除污染环境严重的选矿厂建设。在产品生产过程中，尽可能多地减少污染废物的品种、数量，可有效地保护环境。可根据社会需求动态减量开采原生自然资源。努力做到贫矿、富矿同时开采，最大限度地提高矿山资源回收利用率，延长矿山服务年限。逐步实现尾矿、废石、排水、废气资源化利用，减少污染废弃物排放量，增加矿山资源综合利用效益。以煤矿为例，过去堆积如山又无用途的煤矸石，现在可以将其磨细与次煤粉混合，采用沸腾燃烧锅炉用于发电，或用于制成水泥、建筑用砖等材料。过去采煤最担心的，威胁最大的"瓦斯"，现在可以开发为"洁净燃料"煤（层）气，做到变废（害）为宝。这样一来，原废弃物不仅得到了资源化利用，又减轻了矿山环境压力，减少了排放，美化了环境。

（2）发展生态工程技术

要做好资源开采后，被破坏矿区的复垦和修复。探索和应用生态工程技术，在处理矿山固体废弃物和复垦方面可大有作为。加拿大曾经对东部10座矿山尾矿库复垦，包括尾矿粉尘、表土流失、坝基安全、重金属污染物的径流控制等，通过绿化尾矿区，使已破坏的生态环境尽快得到了恢复，通过增加林地面积建立了生态型示范矿山。我国已在部分煤矿，如平顶山、焦作等矿山开展了复垦试验，取得了明显成效。矿区复垦是一项庞大的系统工程，不仅涉及技术工程，还涉及政策、法律、资金和社会诸多方面（图8-13）。成功的复垦工作程序包括复垦决策、复垦计划、复垦工艺设计、复垦工程实施、复垦质量评定验收等。从生态工程角度看，复垦包括采矿复垦和生物复垦两个过程，其最终目的是恢复土地生产力，实现矿区生态系统新的平衡。在具体制定复垦方案和实施过程中，应坚持实事求是、因地制宜、先易后难、配套协调发展、不断探索的方针。力争为复垦后的土地利用提供多种渠道，包括农林种植地、简易料场、建筑用地、疗养风景区等。

图 8-13　矿山复垦，改善生态（图片来自互联网）

8.5.2　开拓固体废弃物资源化新用途

人们将直接从自然界获取的资源称为原生资源。相对而言，固体废弃物属于"二次资源"或"再生资源"。所谓固体废物的资源化，是采用适当的工艺措施促使其转化，从固体废物中回收有用物质和能源，以获得新的使用价值。

随着人类社会和工农业生产的不断发展，有限的原生自然资源不断被消耗，存量越来越少。与此同时，粗放的生产工艺使很大一部分资源没有发挥应有效益就被丢弃浪费。据有关资料显示，社会需求的最终产品仅占投入原料的 20%～30%，其余 70%～80% 成为废物被丢弃，并大量积存，给环境带来巨大威胁。20 世纪 70 年代出现能源危机，迫使人们将眼光转向固体废物的资源化利用，具有解决污染与废物处理和缓解能源紧张双重效应。从废弃物中发掘再生资源，既是防止环境污染的重要措施，又是提高资源经济效益的战略决策，因此有人将废弃物称为"明天的"资源。据估计，我国每年排放的各种生产和生活废弃物中含可再生利用的废物总量约 7000×10^4 t，目前每年仅回收不到 1/3。每年回收废纸约 600×10^4 t、废玻璃约 200×10^4 t、废塑料约 70×10^4 t，足见再生资源利用潜力之大，有人称之为"城市森林工业""城市矿山"等。通过经济效益分析可见，再生资源可省去采矿、选矿等复杂工艺，保护和延长原生资源服务年限，弥补资源不足，节省大量投资，降低生产成本，减少能耗和对环境污染的压力，有利于可持续发展。

废物资源化探索研究遵循的原则首先是技术可行、耗能耗水少、产品有较大的经济效益和竞争力、较大的社会需求、不形成新的浪费等。其次是产品质量符合国家相应质量标准，使用安全并符合环保要求。此外，应就近利用废物，减少储运环节投资，提高资源化经济效益、环境效益和社会效益。

（1）能的利用

城市垃圾和某些工矿固体废物中有含热值高的组分，具有较大潜能，可以用于直接燃烧进行发电，或将废塑料、橡胶制品回收制造石油产品。如煤矸石发热量为 800～8000kJ/kg 时，可供坑口发电。将钢渣直接返回高炉作熔剂代替石灰石，节省能耗，又改善高炉渣流动性，提高炼铁产量。

（2）建材的利用

这是前景十分看好十分重要的资源化利用途径（图 8-14）。主要包括冶金矿渣，破碎后可作路面或地基工程的混凝土骨料。利用粉煤灰、赤泥（从氧化铝矿提炼氧化铝后排出的泥浆）以及钢渣、水淬渣可制造各种矿渣水泥。利用尾矿砂、煤矸石可生产砖瓦。利用冶金炉渣可生产耐磨、耐酸碱铸石产品。利用高炉渣、铁合金渣可生产特殊性能产品——微晶玻璃（硬度＞高碳钢；质量＜铝；机械性能＞普通玻璃；绝缘性＞高频瓷）。利用煤矸石还可以生产矿棉等。

（3）金属回收

除可广泛回收黑色金属外，在各种工业废物和冶金废渣中常含有一定量的铜、铅以及金、银、铂、钯、铊等有色和贵金属，甚至有时这些组分的含量还超过一般工业矿床的品位（图 8-15）。

图 8-14　建筑垃圾资源化（图片来自互联网）

图 8-15　金属回收（图片来自互联网）

（4）化工利用

利用煤矸石作原料，可获取化工产品和复合化肥，如结晶氯化铝、固体聚合铝、氨水、硫酸铵等。也有利用磷泥渣回收作为化工原料的尝试。

（5）农业利用

农业利用是最具有潜在远景的全新利用方向。工业固体废物农用资源化潜力很大，如利用钙、硅钢渣含有多种易溶养分和微量元素锌、锰、铁、铜等，生产速效复合矿肥。利用含磷高的钢渣生产钙、镁、磷肥。利用火电工业的粉煤灰中含有钙、锰、硼、钼、钴、铜、镁、锌等微量元素等特点，将其直接施放于农田，提供作物所需元素，制作农用有机、无机复合肥料。由于工业固体废物多为黑色，有人称这一技术革命为"黑色革命"。

8.6　环境岩土危害监测

我国宪法已明确将环境保护作为一项基本国策，视为治国、立国之策。各级政府、企事业单位、所有公民，都有责任在工作和生活中自觉地认真贯彻执行。

8.6.1　法律、法规和安全排放标准

　　环境保护法规与环境标准，是环境保护工作的基本依据。我国的环境标准体系是依据适用范围、性质、内容和作用，实行三级五类标准。三级是国家标准、地方标准和行业标准。五类是环境质量标准、污染物排放标准、方法标准、样品标准和基础标准。

　　尽管各类标准内容不同，但制定标准的出发点和目的是相同的。建立一套适合国情的环境保护法规体系，保护好赖以生存的环境和家园是所有标准的出发点和目的。其中污染物排放标准，是根据环境质量标准基本要求和目前的治污技术、经济条件对排入环境的有害物质、有害因素所作的限制性规定。随着经济发展和科技水平的提高，限制性规定内容、标准还可调整和完善。有人认为，只要严格执行排放标准，环境质量就能达标。事实上远远不够，因为污染源多种多样，而环境的自净力有限，局部达标，但大范围的污染总量还可能超过环境自净力，环境质量不一定达标。因此，还应有污染物总量的限制。因此，污染物排放标准，仅是生产、设计和管理人员执法的技术规定。

　　我国对固体废物主要公布了《有色金属工业固体废物腐蚀性试验方法标准》GB/T 5087—85（表 8-3），《农用污泥污染物控制标准》GB 4284—2018（表 8-4）、《固体废物鉴别标准　通则》GB 34330—2017 等。城镇垃圾农用控制标准见表 8-5。

《有色金属工业固体废物腐蚀性试验方法标准》GB/T 5087—85　　　　表 8-3

项目	浸出液的最高允许浓度$/\times10^{-6}$
汞及其无机化合物（按 Hg 计）	0.5
镉及其化合物（按 Cd 计）	0.3
砷及其无机化合物（按 As 计）	1.5
六价铬化合物（按 Cr^{6+} 计）	1.5
铅及其无机化合物（按 Pb 计）	3.0
铜及其化合物（按 Cu 计）	50
锌及其化合物（按 Zn 计）	50
镍及其化合物（按 Ni 计）	25
铍及其化合物（按 Be 计）	0.1
氟化物（按 F 计）	7.0

《农用污泥污染物控制标准》GB 4284—2018　　　　表 8-4

项目	最高允许含量	
	在酸性土壤上 pH<6.5	在中性和碱性土壤上 pH≥6.5
镉及其化合物（以 Cd 计）	5	20
汞及其化合物（以 Hg 计）	5	15
铅及其化合物（以 Pb 计）	300	1000
铬及其化合物（以 Cr 计）	600	1000

项目	最高允许含量（mg/kg）	
	在酸性土壤上 pH<6.5	在中性和碱性土壤上 pH≥6.5
砷及其化合物（以 As 计）	75	75
硼及其化合物（以 B 计）	150	150
矿物油	3000	3000
苯并（a）芘	3	3
铜及其化合物（以 Cu 计）	250	500
锌及其化合物（以 Zn 计）	500	1000
镍及其化合物（以 Ni 计）	100	200

城镇垃圾农用控制标准　　　　　　　　　表 8-5

编号	项目	单位	标准
1	杂物	%	≤3
2	粒度	mm	≤12
3	蛔卵死亡率	%	97~100
4	大肠菌值		$10^1 \sim 10^2$
5	镉及其化合物（以 Cd 计）	10^{-6}	≤3
6	汞及其化合物（以 Hg 计）	10^{-6}	≤5
7	铅及其化合物（以 Pb 计）	10^{-6}	≤100
8	铬及其化合物（以 Cr 计）	10^6	≤300
9	砷及其化合物（以 As 计）	10^6	≤30
10	有机质（以 C 计）	%	≥10
11	全氮（以 N 计）	%	≥0.5
12	全磷（以 P_2O_5 计）	%	≥0.3
13	全钾（以 K_2O 计）	%	≥1.0

注：杂物指塑料、玻璃、金属、橡胶等，不包括灰渣（1986.12 技术审定通过）。

8.6.2 三同步和可持续发展原则

环境与经济是密不可分的对立统一体，既相互依存又相互制约。因此，全面贯彻"预防为主、防治结合、化害为利、变废为宝"的方针。实行三同步原则（同步规划、同步实施、同步发展），有利于把环境保护纳入国家计划和经济管理轨道，即从工程规划设计开始，就要考虑环境保护。从工艺流程上切实减少废物排放，减少污染源头，是防治新污染的一项重大措施。对已有污染，执行谁污染谁负责原则，有利于遏制社会边治理、企业边污染的势头，使企业环保责权明确，奖惩分明。健全并强化法治管理，促进环境保护和经济发展良性循环，促进经济、生态和社会可持续发展。

思考与练习

1. 固体废弃物的分类有哪些?
2. 固体废弃物对环境的危害主要表现在哪几方面?
3. 固体废弃物的减量排放技术可以通过哪些途径来实现?
4. 放射性固体废弃物的来源有哪些?
5. 放射性固体废弃物对人体有哪些影响?

第9章 固体矿产资源开发的环境岩土问题

矿产资源的开发大大改善了当地人民的生活条件和生活环境。但是由于受多方面因素的影响，矿产资源开发活动也引起了一系列的环境岩土问题。大大限制了这些地区经济的持续健康发展与人民群众的生活水平稳步提高，同时也不利于资源的高效利用。

9.1 主要固体矿产资源概述

矿产资源是一种十分重要的不可再生自然资源，是人类社会赖以生存和发展的不可或缺的物质基础。它既是人们生活资料的重要来源，又是极其重要的社会生产资料。据统计，当今我国 95% 以上的能源和 80% 以上的工业原料都取自于矿产资源。

9.1.1 矿产资源的形成和分类

矿产资源与生物资源的区别是其再生的速度很慢或不能再生，因而珍惜和保护矿产资源更为重要。

1. 矿产资源的概念

从地质学的角度来看，矿产资源是指赋存于地壳内，由地质作用形成的呈固态、液态或气态的具有现实或潜在经济价值的天然矿物质的富集物。

（1）矿产资源

《中华人民共和国矿产资源法实施细则》指出矿产资源是指由地质作用形成的，具有利用价值的，呈固态、液态、气态的自然资源。矿产资源是地球演化过程中经过地质作用形成的，是天然产出于地表或地壳中的原生富集物。矿产资源包括当前开发并具有经济价值的矿产，也包括将来可能开发并具有经济价值的资源。《中华人民共和国矿产资源法实施细则》列出了我国已发现的矿产资源分类细目共有能源矿产（11 种）、金属矿产（59 种）、非金属矿产（92 种）、水气矿产（6 种）四大类共 168 种。其中，地下水具有矿产资源和水资源双重性质。

（2）矿床

矿床是矿产在地壳中的集中富集地，指存在于地壳中的，由地质作用形成的，其所含有用矿物集合体的质和量都能达到当前工业经济技术指标要求，能被开采利用的地质体。如煤矿床是指可燃的有机组成平均达到 60% 以上，铁矿床的矿石最低可采品位为 25%。矿床的品位是指矿床内有用元素的百分含量。不同的矿床也会因国家、地区或时间的不同而规定不同的品位。

矿床是地质作用的产物，与一般的岩石不同，它是具有经济价值的地质体。矿床的概念随经济技术的发展而变化。19 世纪时，含铜高于 5% 的铜矿床才有开采价值。随着科技进步和采矿加工成本的降低，含铜 0.4% 的铜矿床已被大量开采。矿床由矿体和围岩两部分组成，一个矿床可以由若干个具有生成联系的矿体组成。矿体是具有一定规模或被地质构造作用分割的相对独立的单元体，是构成矿床的基本组成单位，它的周围被无实际价值的其他岩石所包围。这些围绕矿体的岩石，称为矿体的围岩。矿石是从矿体中采出的可从中提取有用组分的矿物集合体。而矿石中不能利用的矿物称之为脉石。矿石与脉石是相对于一个具体的矿床而言的，在一个矿床中某种矿物可利用则是矿石矿物，而在另一矿床或矿体中这种矿物不能被利用则是脉石。

固体矿产资源泛指以固态产出的矿产资源，包括固态金属矿产、固态非金属矿产和固态能源矿产。由于固体矿产特殊的物理属性，矿床本身独立地构成地质体或岩体的组成部分，因此固体矿产在被开采时，采矿工程必须在矿床赋存区，必须触及矿体才能有效地开采矿床。由于矿体本身独立地占据一定的地下空间，因此固体矿产被开采以后不可避免地会造成不同程度的地表塌陷或形成地表采坑。

2. 主要矿产资源的形成与分类

从地质学角度，矿产资源可分为内生矿床型矿产资源、外生矿床型矿产资源和变质矿床型矿产资源。

内生矿床是由内生成矿作用形成的矿床。内生矿床既可由岩浆作用形成，也可由汽化热液作用形成。除了与火山、热泉等有关的内生矿床产于地壳表层外，其他的都产在地下一定深度，是在较高温度和较大压力条件下形成的。内生矿床的控制成矿因素包括区域地质构造背景、成矿物质来源、岩浆岩类型、汽化热液的性质与成因、控矿构造类型、温度、压力深度和围岩性质等。内生矿床的种类多，分布广，经济价值大。

外生矿床是在地球表层由外生成矿作用形成的矿床，是在岩石圈表层与水圈、大气圈生物圈的相互作用下，成矿物质经过迁移和富集形成的。外生矿床的成矿物质主要来自地壳表层，有一部分是地内物质通过火山、喷气或热泉等带到地表的。

外生矿床具有重要的经济价值，包括全部煤、石油和天然气，绝大部分铝矿和锰矿，大部分钴矿和铁矿以及一部分有色和稀有金属矿产，另外还有重要的农肥和化工原料及其他非金属矿产。

外生矿床的特点在于它形成于地表环境，成矿温度和压力都较低，一般不超过 100℃和 20 个大气压。成矿物质的搬运介质主要是水。水溶液的酸碱度（pH）和氧化还原电位（Eh）易受环境影响而发生变化，是促使物质富集的重要因素。胶体广泛分布于地表，胶体很强的吸附能力和离子交换能力促使一些元素富集在一定区域。此外，生物的生命活动可直接促使某些有用物质聚集，改变水溶液的物理化学条件也有利于成矿物质的沉淀。

上述外生成矿作用的各种因素决定于自然地理条件，主要是地貌、气候和水文、植被等，而这些因素又与地壳内部的构造运动有联系。在不同地理条件下，地壳表层发生的地质作用可分为风化作用和沉积作用。前者破坏了地表岩石，改变了其矿物组成，基本上在原地或附近形成新的物质堆积；后者将风化产物由水、风等运移到适当地点，主要是湖、河、海中而分别堆积。通过这两种地质作用而使某些物质富集成矿。因此，外生矿床又进一步分为风化矿床和沉积矿床。

变质矿床是早期形成的矿床或岩石，受到新的温度、压力、构造变动或热溶液等因素影响即遭受变质作用，使其物质成分、结构、构造、形态、产状发生剧烈变化所形成的矿床。通常包括变成矿床和受变质矿床，如石墨矿床、沉积变质铁矿床、磷灰岩矿床、硫铁矿床等。

通常，按照工业用途和特点将矿床或矿产又可分为金属矿床（金属矿产）、非金属矿床（非金属矿产）、能源矿床（能源矿产）和水气矿床（能源矿产）四类。位于山东的中国第一大金矿见图 9-1。

图 9-1　位于山东的中国第一大金矿（图片来自互联网）

9.1.2　我国的主要矿产资源与分布

地壳中的矿产在空间上和时间上的分布都是不均匀的，在地壳中某种或某些矿产大量集中的那一部分地区，称为成矿区域。在一个成矿区域中，矿化往往集中发生在某个或某些地质时期。在地质历史中矿化比较集中的时期，称为成矿时代。

1. 能源矿产分布规律

能源矿产是我国矿产资源的重要组成部分，主要包括煤、石油、天然气、油页岩、铀、钍、地热等。

煤、石油、天然气在世界和我国的一次能源消费构成中分别为 93% 和 95% 左右。我国能源矿产资源种类齐全、资源丰富、分布广泛，但结构不理想，煤炭资源比重偏大，石油、天然气资源相对较少。

我国煤炭资源相当丰富，地质工作者对煤炭资源进行远景调查结果表明，在地表以下 2000m 深度以内的地壳表层范围内，预测煤炭资源远景总量达 50592 亿 t（图 9-2）。我国煤炭资源的特点是蕴藏量大但勘探程度低；煤种齐全但肥瘦不均，优质炼焦用煤和无烟煤储量不多；在地域分布上呈现西多东少、北多南少的格局。以大兴安岭—太行山—雪峰山为界，以西地区查明资源储量约占全国的 87%；以昆仑山—秦岭—大别山为界，以北地区的查明资源储量约占全国的 90.5%。按行政区域来说，我国煤炭资源主要分布在山西、内蒙古、陕西、新疆等省（自治区），其次是贵州、宁夏、安徽、云南、河南、山东、黑龙江等省（自治区）。

图9-2　煤矿（图片来自互联网）

2. 金属矿产分布规律

我国是世界上金属矿产资源比较丰富的国家之一。世界上已经发现的金属矿产在我国基本上都有探明储量。其中，探明储量居世界第一的有钨、锡、锑、稀土、钽、钛。居世界第二位的有钒、钼、铌、铍、锂等。金属矿产资源的特点是分布广泛，但又相对集中于几个地区，如铁矿主要分布在鞍山—本溪、冀北和山西3大地区，铝土矿主要集中于山西、河南、贵州、广西等省（自治区）。部分矿产储量大、质量高，在国际上具有较强竞争力，如钨、锡、铝、锑、稀土等。许多重要矿产质量欠佳，如铁、锰、铝、铜等矿产，贫矿多，难选冶矿多。中小型矿床所占比例大，大型、超大型矿床所占比例小。

探明储量的黑色金属有铁、锰、钒、钛等，其中铁矿储量近500亿t，主要分布在辽宁、河北、山西和四川等省。凡是在世界上已发现的有色金属矿在我国均有分布。其中，稀土的储量占世界的80%左右，锑矿的储量占世界的40%，钨矿的储量则为世界其他国家储量总和的4倍。

金属矿产中铁矿和铜矿主要分布在华北地台北缘铁矿带（铁矿储量约占全国一半）、长江中下游铁（铜）矿带、川西滇东铁（铜）矿带、华南沉积型铁矿区、东疆甘西北铁矿带、金川白银铜矿区、西藏昌都铜矿区等。铝土矿主要分布在晋中—晋北区、豫西—晋南区、黔北—黔中区和桂西—滇东区。铅锌矿主要集中分布在南岭地区。

3. 非金属矿产分布规律

我国是世界上非金属矿产品种比较齐全的少数国家之一，全国现有探明储量的非金属矿产产地5000多处。大多数非金属矿产资源储量丰富，其中菱镁矿、石墨、萤石、滑石、石棉、石膏、重晶石、硅灰石、明矾石、膨润土、岩盐等矿产的探明储量居世界前列；磷、高岭土、硫铁矿、芒硝、硅藻土、沸石、珍珠岩、水泥灰岩等矿产的探明储量在世界上占有重要地位；大理石、花岗石等天然石材，品质优良、蕴藏量丰富。但我国的钾盐、硼矿资源短缺。

我国是固体矿产资源大国，矿业充分发挥了国民经济基础产业作用，是我国重要的支柱产业之一。固体矿产资源利用是我国一批矿业城市如"煤都"（抚顺、大同市）、"锡都"（个旧市）和"铁都"（鞍山市）等得以建设和发展的物质基础。但固体矿产资源开发利用过程中也发生了一系列岩、水、土的环境岩土问题和生态环境问题，即产生了生态环境的负效应。某些矿山城市的环境问题日益突出，已造成环境破坏、人员和经济损失及相关社会问题，对人们的生存环境造成了严重影响。如正在开采的或已废弃的煤矿和金属矿产地，既产生过诸如岩溶塌陷、采空区塌陷、矿坑突水、滑坡、崩塌、泥石流、侵占农田等环境岩土灾害，又会产生严重的水体、大气和土壤污染等环境问题（图9-3）。既对当前城市发展不利，又影响未来的可持续发展。本章重点讨论我国煤炭和金属矿产资源开发利用中产生的环境岩土问题。

图9-3　秦皇岛煤矿开采造成的墙体开裂和房屋倒塌

9.2　造成的环境岩土问题

煤炭是一种重要的固体矿产资源。我国是以煤炭为主要能源的国家，在能源结构中煤炭占70%以上，其年产量居世界第一。在煤炭的开发、加工、运输和利用过程中，往往会给环境带来种种不良影响，引发森林、土地破坏和大气、水体、土壤污染等。本节以煤炭为例阐述固体资源开采面临的环境岩土问题。

9.2.1　概述

煤炭资源开采主要采用井工开采和露天开采两种方式。开采方式不同，对环境的损害存在很大差异。井工开采对环境的影响主要包括三方面：（1）开采沉陷对土壤环境、水资源环境及生态环境的影响；（2）矿山废弃物（矸石、尾矿水等）对生态环境的影响；（3）开采过程中的温室气体和矿井水排放对大气、水环境的影响。

煤矿地质灾害是发生在采煤矿区内及附近地区，由人为采煤活动直接引起或诱发的，发生于岩石圈内或其表面的，对生态环境和自然资源造成破坏，对人民生命和财产安全构成威胁或造成危害后果的地质现象或地质事件。煤矿地质灾害往往造成严重的人员伤亡和高额财产损失，破坏严重，社会影响大，具有频发性和突发性。资料显示，我国国有煤矿和地方煤矿平均每年排放固体废物近2亿t、废水25亿t，每年因煤矿地质灾害造成的直接经济损失高达150亿元。

露天开采造成的主要环境岩土问题有采煤引起的地表塌陷、地面沉降、水体污染、煤矸石污染（图9-4）、地下水位下降（枯竭）、矿区地震等。

图9-4　京西煤矿的煤矸石堆（图片来自互联网）

这些煤矸石矿堆如果垮塌，就会造成类似深圳滑坡（2015年12月20日）那样的灾难。即使不垮，也是重要的粉尘污染源和水污染源。其实，治理这些尾矿堆不存在技术难题，可以用它们烧砖修路，既可综合利用，又可消除隐患。但是这些尾矿堆已经存在多年，"屹立"于公路边，只要很小的地震和暴雨，灾难随时就可发生。

煤矿开采诱发的环境岩土问题很多，典型问题包括：（1）矿井排水及其诱发的环境岩土问题；（2）开采沉陷；（3）矸石山环境岩土问题；（4）瓦斯灾害；（5）矿区土壤与大气污染；（6）诱发的地震灾害；（7）生态破坏等，如图9-5所示。

9.2.2　煤矿地下开采造成的环境岩土问题

在煤矿的井工开采中，应先在矿床附近地层内开掘一系列井、巷，然后通过这些井、巷完成各项开采和运送煤炭至地面作业。目前，我国煤炭开采深度普遍在1000m以内，开采方式以井工开采为主，其产量约占煤炭总产量的95％。露天开采时需先挖走覆盖在煤层上的全部岩土（这种工作称为剥离），然后再进行采煤。

1. 开采沉陷及对地表环境的影响

开采沉陷

煤炭被采后会形成采空区，随着采空区面积的增大，煤层顶板岩层在大面积裸露状态下弯曲、断裂、垮落，应力重分布后达到新的平衡。垮落过程引发采空区周围岩体变形、松动乃至破坏，使采空区上覆岩层和地表产生连续移动、变形和非连续破坏（开裂、冒落等），随之弯曲下沉。上覆岩层的这种弯曲达到地面后，即形成地表塌陷现象，这种现象称之为开采塌陷（图9-6）。

当煤层埋深较大时，煤炭开采往往在地表形成连续性的塌陷盆地。地表沉陷盆地是在工作面推进过程中逐渐形成的。一般是当采煤工作面自开切眼开始向前推进的距离相当于$(1/4 \sim 1/2)H_0$（煤层埋深）时，开采影响即波及地表并引起地面下沉。随着工作面的继

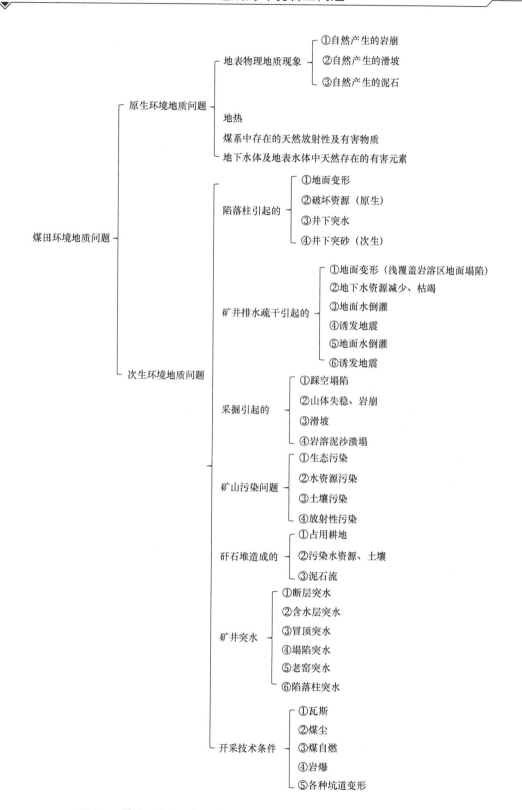

图 9-5 煤矿环境岩土问题分类（据张希腾，1992）（图片来自互联网）

续推进，地表影响范围不断扩大，下沉值不断增加，在地表形成一个比开采范围大得多的下沉盆地，如图 9-7 所示。

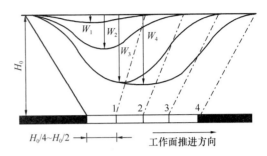

图 9-6　长沙一煤矿地下开采造成的
地表塌陷（图片来自互联网）

图 9-7　地表移动盆地的形成过程
（图片来自互联网）

根据地表移动盆地的变形特征，自中心向边缘可分为三个区，即均匀下沉区、移动区和轻微变形区。

① 均匀下沉区（中间区），即盆地中心的平底部分，地表下沉均匀，一般无明显裂缝。

$$最大下沉值＝煤层厚度×下沉系数×\cos\alpha$$

式中：α——煤层倾角。

② 移动区（内边缘区或危险变形区），变形不均，移动和开裂对建筑物破坏作用较大，出现裂缝时也称裂缝区。

③ 轻微变形区（外边缘区），地表变形小，一般无破坏作用。它与移动区的分界线一般以建筑物允许变形值来确定。移动盆地的最外围边界，一般以地表下沉值 10mm 为划定标准。

地下开采引起的地表塌陷主要与生产规模、地质因素、开采方法和顶板岩性有关。由于地下开采大部分是长臂工作面，以全部陷落法管理顶板，因而地表塌陷比较严重。据测定，缓倾斜、倾斜煤层开采地表塌陷最大深度一般为煤层开采总厚度的 0.7 倍左右，塌陷面积是煤层开采面积的 1.2 倍左右。

连续下沉将形成一个没有阶梯状变化的光滑地表下沉剖面；而不连续下沉的特点是在一个有限的面积上产生很大的地表位移，并在下沉剖面上产生阶梯状变化或不连续断面，如图 9-8 所示。

急倾斜煤层开采时，煤层露头附近地表有时呈现出严重的非连续性破坏，产生漏斗状塌陷坑。在浅部开采缓倾斜或倾斜煤层时，地表也可能出现漏斗状塌陷坑。在采深很小或采厚较大情况下，用房柱式采煤时，由于采后不均匀造成的覆岩破坏高度不一致，地表也会产生不连续变形。在松散层下采煤，不适当地提高回采上限也会引起地表漏斗状塌陷。另外，矿区大量排水也可引起地表塌陷，尤其是在浅部岩溶发育而松散覆盖层薄的岩溶充水矿区。

2. 开采沉陷造成的危害

不管是连续性地表移动盆地还是非连续性地表下陷，都会对地表环境产生重大影响，

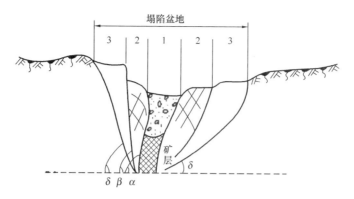

图 9-8　采空区冒落形成的塌陷盆地（图片来自互联网）

主要表现在以下几个方面。

（1）破坏地表环境

塌陷造成田地成为洼地，地表积水，生态环境恶化，粮食减产甚至绝产。如江苏 200 多座煤矿所造成的塌陷灾害面积达 127km²，平均每采 10000t 煤塌陷面积 2670m²。山西省统配煤矿发生塌陷和地裂缝的面积达 248.2km²。淮河沿岸的塌陷区近 28.61km² 积水，最大水深 15m，严重影响了当地工农业生产和生态环境。

（2）损坏地表或地下建筑物

下沉会使楼房地基产生不均匀沉陷，导致建筑物开裂，甚至倾倒，下沉伴生的裂缝也可直接破坏建筑物。如辽宁本溪在已采空的 18.7km² 区域中有 8.5km² 地面建筑遭到破坏，采空区地表平均下沉 2m，最大 3.7m。塌陷造成建筑物墙体开裂、房屋倾斜甚至倒塌，地上和地下供水、排水、供热、通信、人防等管网和设施遭受不同程度破坏。

（3）造成矿井报废

沉陷的加剧，会导致井下塌方和突水，从而造成矿井报废，甚至出现人身伤亡等灾难（图 9-9）。

图 9-9　云南梁河矿井塌方（图片来自互联网）

3. 地表岩溶塌陷问题

煤矿开采过程中将排放大量地下水，造成矿区地下水位大幅度下降。当矿区地表分布有可溶性岩层时，岩溶水动态的强烈变化可导致严重的地表塌陷。

我国碳酸盐岩分布广泛，岩溶塌陷已遍及 23 个省区，其中岩溶充水矿区疏干排水引起的岩溶塌陷最为普遍，危害最为严重，已成为一些矿区的主要环境岩土灾害。特别是湖南、广东、广西、江西、湖北等省（区）的岩溶充水矿区，岩溶地表塌陷更为突出。如湖南恩口煤矿，矿井排水造成 5800 多个塌陷坑，影响范围 20km²。在一些供水水源地，因大量抽取岩溶水，也会引发岩溶地面塌陷，但其规模和危害程度远不及矿区。

岩溶地面塌陷的产生，给矿区生产、生活和其他方面造成了严重危害。主要表现在：(1) 破坏地表供水水源，常导致水库干涸、河流断流。如湖南涟邵的恩口、斗等山、桥头河矿区在岩溶塌陷过程中，曾先后引起矿区内 33 条溪水断流、600 个池塘和 700 多处泉水干涸，曾使 5 万人发生水荒。(2) 破坏地面工程设施和房屋、道路安全。如广西玉林鸭爪窝水源地在地下水开采过程中，产生塌陷 130 多处，引起玉林发电厂主要设备基础倾斜、办公楼不均匀下沉、主厂房基础上部砖墙开裂。(3) 引起地下水下降、地表水回灌，危及矿井安全，轻者增大矿井涌水量，加大排水费用，严重时还会造成淹井事故。如涟邵矿区，发生大小淹井事故达 37 次，雨季排水费用超过吨煤成本的 50%。(4) 破坏自然环境，加剧水土流失，从而破坏矿区环境和生态平衡。此外，塌陷的形成也为地表水的渗入创造了条件，当塌陷区域接近地面排污系统时，地下水更易受到污染，很多岩溶塌陷区由于供水开采强度过大，岩溶塌陷，污水进入，威胁到供水水源地的正常使用。

4. 水资源环境破坏问题

(1) 水资源平衡破坏

煤矿开采中的排水，首先改变了采区地下水的补给、径流、排泄条件，使地下水的流场、流向发生变化。①在矿井"三带"影响范围内，地下水可以直接流入矿井。②在采区范围内改变了自然条件下降水与地表水和地下水之间的转化关系，"三水"均补给矿坑水。③受煤矿开采"三带"影响，导致各含水层发生水力联系，引起含水层水位下降，水量发生变化。从目前各煤矿水文地质条件及排水现状分析，采煤对水量影响主要表现为水量减少、水位下降。

煤矿长期排水，多数煤矿未加以综合利用，造成水资源浪费，使矿区地下水资源更趋紧张。井工开采导致覆岩及地表破坏，从而影响地下和地面水体，使含水层水位下降，地面河流干涸，破坏地下和地面水资源。我国是水资源缺乏国家，华北地区水资源严重不足，而地下开采加剧了水资源的流失。在厚含水冲积层地区，由于含水层水位下降，使土体产生固结沉降，导致地面大面积沉降。据淮北矿区的监测，地下开采后，使冲积层底部含水层水位下降了几十米，从而导致地面大面积下沉 0.5m，导致井筒断裂、井架歪斜、地面房屋开裂。由于开采沉陷使含水层水位下降，植被生长受到影响，土壤更干燥，加剧了西部地区的沙漠化。

由于长期排水形成以矿坑为中心的降落漏斗，使采区地下水位下降，井泉水量减小，河流径流减少或断流，进而影响河流下游的水量补给。同时，煤炭开采对水环境的影响还集中表现在对水循环条件的改变和破坏。天然条件下，山区地下水接受大气降水补给，并沿基岩风化裂隙、构造裂隙由高到低、由上游到下游径流，并以泉流方式排泄补给地表水和以侧排方式补给平原地下水。在煤炭开采条件下，开掘爆破、回采放顶、采空区塌陷产生大量裂缝、裂隙，一方面为煤层及煤层以上基岩裂隙水直接涌入矿井提供了通道，另一方面也为大气降水、地表水进入矿井提供了条件。由于地面下沉，地表径流场发生变化，局部形成汇水区，致使较大范围的地表水不能进入河道而流向矿井，完全改变了天然条件下大气降水、地表水、地下水之间的循环规律。

水资源紧张已成为世界性问题，而我国的水资源供需矛盾更加突出，尤其北方地区多属干旱与半干旱气候带，水资源尤为不足。在煤矿区，由于煤矿开采过程中需要大量疏排地下水，一般采煤 1t 需排放矿井水 4t，从而造成水资源的浪费。目前我国煤矿区 70% 缺水，40% 严重缺水。平顶山矿区地下水位由疏排前的 +83m 降至现在的 −240m，地下水位下降 320m 之多，原有的泉水早已成为过去，岩溶水与第四系水脱节，平顶山市城市用水、农业用水出现危机。在太原盆地，由于矿井强烈排水和人工开采地下水，导致著名的晋祠泉从 1994 年开始断流。

（2）对地表与浅层地下水的污染

煤矿生产不可避免要排出大量废水，包括矿井地下开采排出的矿井水、洗煤工艺过程及尾矿废水、矿山附属企业排放的污水等。矿井水是煤矿排放量最大的一种废水，包括在矿井采掘过程中渗入、滴入、淋入、流入涌入和溃入井巷或工作面的任何水源水。

矿井污水的排放加剧了矿区水资源紧张局面（图 9-10）。我国煤矿每年产生的各种废污水约占全国总废污水量的 25%，而且矿井水处理率低，未经处理的矿井废水排入地表后对矿区的地表水、地下水、土壤造成污染，严重影响当地人们的工农业生产和生活，甚至人们的健康。如山西阳泉矿区，由于选煤废水、矿区医院废水、钢铁厂高炉洗涤废水及其他工业废水排入桃河，污水污染了浅层地下水和奥陶系岩溶水，对当地居民的健康造成了极大危害，导致某些疾病明显增多。

图 9-10 矿井水（图片来自互联网）

矿井水大体可分为含一般悬浮物矿井水、高矿化度矿井水、酸性矿井水、含氟矿井水、含油或有毒害元素（包括放射性元素）矿井水等几类。

含一般悬浮物（煤灰、岩粉）矿井水水质多为中性，矿化度小于 1000mg/L，金属离子微量或未检出，或基本上不含有毒有害离子。我国北方国有重点煤矿矿井涌水量的60％属于此类，开采的煤层为陆相沉积的二叠纪山西组、石盒子组以及石炭纪太原组等煤层，煤中含硫量低于 1％。

高矿化度矿井水指矿化度大于 1000mg/L，甚至高达 15000mg/L 的矿井水。此类矿井水占我国北方国有重点煤矿矿井用水量的 30％。矿井水矿化度高的原因有：①当煤系地层中含有大量碳酸盐类岩层及硫酸盐薄层时，岩层被扰动后和地下水广泛接触，加剧了可溶性矿物溶解，使水中 Ca^{2+}、Mg^{2+}、HCO_3^-、SO_4^{2-} 等增加；②煤层开采时煤中无机硫产生的游离酸和碳酸盐矿物、碱性物质发生中和反应，使矿井水中 Ca^{2+}、Mg^{2+}、SO_4^{2-} 等增加；③由于西北地区降雨量小、蒸发量大、气候干旱，地层中盐分增高，以及受地下水补给、径流、排泄条件较差影响，地下水矿化度本身就高；④有的地区地下水咸、淡混杂分布，如海水入侵，可使矿井水含盐量增高。

酸性矿井水是由于煤层的硫含量较高所致，一般在 1.5％～10％，其中黄铁矿硫占 2/3，开采后因氧化还原条件变化而形成酸性矿井水。南方煤矿区酸性矿井水较多，北方国有重点煤矿 2％的矿井水为此类矿井水。酸性矿井水不仅腐蚀管道、水泵、钢轨等井下设备和混凝土井壁，而且危及工人的身体健康，排出地表后会造成地表水污染、土壤板结、农作物枯萎等环境问题。如浙江某矿硫含量 4％～5％，矿井水 pH 值在 2～3 之间，未经处理即排放，导致河流中鱼虾绝迹，寸草不生。再如，大同左云煤矿透水事故中外排水 pH 值为 3.07～4.96，属酸性矿井水，其中含有大量铁和锰，铁的含量达 304～410mg/L，锰的含量达 0.47～4.68mg/L。而在 2010 年徐州旗山矿突水事故中，矿井水中铁离子含量高达 500mg/L，锰离子含量高达 30mg/L，已超出地表水质量标准的 200 倍。

除了上述类型的矿井水外，当开采范围内存在含氟的火成岩地层时，可出现含氟矿井水；当煤系地层或围岩中的重金属、放射性元素含量高时可出现含重金属离子和放射性元素的矿井水。由于我国煤层复杂，水文地质条件复杂，矿井水水质类型复杂，不同类型的矿井水在全国各煤矿区都有分布，如表 9-1 所示。

不同类型的矿井水分布　　　　　　　　　　表 9-1

水质类型	水质状况	主要分布地区
洁净矿坑水	来自第四系冲积层、煤系砂岩、灰岩、奥陶系灰岩等；水质较优，中低矿化度，不含有毒有害离子；有的含多种微量元素，可开发为矿泉水	华北、东北矿区部分矿井
含 SS 矿坑水	来自陆相地层裂隙水，硫含量普遍较低，矿化度小于 1000mg/L，不含有毒有害离子；一般含大量悬浮物、有机物及菌群，经沉淀、过滤、消毒等常规处理即可达标，可做生产生活用水	我国北方的开滦、邯郸、焦作、平顶山、徐州、淮北、兖州等矿区
酸性矿坑水	pH 值一般为 3～5，个别矿井小于 3，主要开采太原组高硫煤，矿坑水水质与煤中铁含量密切相关	西北及内蒙古西部的某些矿区，如铜川、乌达、渤海湾、石嘴山、石炭井以及山东淄博、枣庄等矿区的部分矿井；西南高硫煤矿区

续表

水质类型	水质状况	主要分布地区
高矿化度矿坑水	矿化度大于1000mg/L，个别矿如精远矿大于4000mg/L，主要由于煤系中碳酸盐岩及硫酸盐溶解于地下水而造成。在东部沿海，由于地下咸水、淡水混杂，使矿井水矿化度很高，中性偏碱，有的带苦涩味	西北高原降水量小、蒸发量大的地区：甘肃靖远、窑街、华亭、阿干镇、山丹，内蒙古乌达、渤海湾，陕西铜川等矿区的部分矿井，抚顺、阜新、徐州、大屯、龙口、新汶及两淮地区的部分矿井
含其他有害组分矿坑水	部分矿井水含氟量高；有的矿井酸性水含铁、锰离子较多；在油煤共生地层中以及开采中混进机油后，少数矿井水含油质；此外，有个别矿坑水中含 α、β 等放射性元素	华北、东北、西北及华东部分矿区的少数矿井

5. 煤矸石的不合理处置产生的环境岩土问题

煤矸石是指在煤矿建设、煤炭开采、洗选加工过程中产生、排放出的废弃岩石。主要有掘进井巷时排出的煤矸石、选煤排出的煤矸石和露天采煤产生的剥离矸石。煤矸石的成分复杂，所含岩石主要为泥岩、炭质泥岩、黏土岩或粉（细）砂质泥岩等，并含有煤、有机质、硫等特殊成分。其矿物成分和化学成分随产出层位和矿井的不同而有很大变化，其主要矿物是高岭石、白云母、长石、方解石、铝石、菱铁矿等。一般煤系沉积岩类占煤矸石的95%～100%。平顶山矿区29个煤矸石山岩石类型统计资料见表9-2。

平顶山矿区 29 个煤矸石山岩石类型统计资料　　表 9-2

岩石类型	砂岩	粉砂岩、砂质泥岩	泥岩	炭质泥岩	石灰岩	煤	火成岩
含量变化范围/%	8.25～48.83	9.28～50.41	0.00～29.32	0.00～12.53	0.00～64.05	0.00～17.63	0.00～2.15
平均值/%	39.69	37.04	10.51	7.18	17.73	1.47	0.07
标准差/%	9.82	9.37	8.64	3.34	17.68	2.82	0.39

煤矸石的主要化学成分为 SiO_2、Al_2O_3、CaO。除了上述主要成分外，煤矸石还含有很多其他成分，如铬、铅、银、镉、铜、锰等重金属和硫化铁、硫化铅等硫化物。由于理化性状与土壤存在很大差异，煤矸石堆放或填埋地在短时间内很难有植被存活生长。这种松散颗粒的大体积堆积，以及由风化、淋溶、自燃产生的大量有毒气体和有害物质，将会对大气和水造成污染，进而破坏生态环境，影响人体健康。

一般认为，煤矸石的综合排放量占原煤产量的10%～15%，2010年我国煤炭产量超过32亿t，因此煤矸石已成为我国最大的工业固体废弃源。煤矸石一般都是露天堆放，不仅占用大量土地，同时由于常年风吹日晒，雨水冲刷，风化分解，从而产生大量粉尘、酸性水、携带有重金属的淋滤水，污染大气、土壤、地表水或地下水，还可能产生滑坡等次生灾害（图9-11、图9-12）。

（1）对土壤和水的污染

煤矸石在煤炭初选中被剔除掉，大量堆积于井口附近，紧邻居民区，侵占大量耕地、林地、居民用地和工矿用地，形成黑灰色人工矸石山丘地貌，既破坏了周围景观，又征占了耕地，还引发多种环境效应。目前全国煤矸石的总积存量已达40亿t以上，形成矸石山

图9-11 塘冲煤矿煤矸石堆场雨中滑坡　　　　　图9-12 煤矸石堆放在河边，污染河水
　　　　（图片来自互联网）　　　　　　　　　　　　　　（图片来自互联网）

1500多座，且随着煤炭采选工业的发展仍以每年约10％的速度增加，矸石占地面积也不断增加。

　　煤矸石除含有常量元素外，还有其他微量重金属元素，如铅、锡、汞、砷、铬等，这些元素为有毒重金属元素。煤矸石在露天堆放情况下，经受风吹、日晒和雨淋，发生物理风化的剥蚀作用和化学风化作用，其中的有毒重金属元素通过雨水的溶解作用进入土壤，发生严重的重金属富集和污染，并且土壤中重金属污染具有累积性。不同重金属元素在矿区土壤中累积表现出差异性，反映了煤矸石中这些重金属的赋存特征和迁移性不同。有些重金属污染还能沿着食物链传递，最终进入人体，危害人体健康。煤矸石山的重金属污染程度取决于这些元素的含量和淋溶量大小。同时，煤矸石风化物颗粒随着径流流入周围土地并沉积在表面，导致严重的土壤污染并影响农业耕作。

　　露天堆放的煤矸石，在长期风化、降雨淋滤等作用下，无机盐类矿物如碳酸盐类、硫酸盐类中溶解性较强的物质会发生一系列物理、化学变化，从而使煤矸石中大量的可溶性无机盐随淋滤水以溢流泉的形式流出地表，形成高矿化度泉水。而露天堆放加上长期的风化作用和煤矸石的自燃（图9-13），会使物质内部结构遭到破坏，煤矸石堆内的岩石等也

图9-13 忻州五寨县韩家楼乡—煤厂煤矸石堆场发生自燃（图片来自互联网）

由原来的还原环境转变为氧化环境。原来矸石堆内低价态的硫化铁、含氮矿物等，在氧化环境中就会被氧化，形成 Fe^{2+}、Fe^{3+} 以及 SO_4^{2-}、H^+，这时溶液的酸性也会逐渐增强。煤矸石内俗称为白矸的碳酸盐类以及长石会在这种酸性溶液内发生化学反应，生成 Ca^{2+}、Mg^{2+}、HCO_3^- 等。这些离子随雨水流入地表或地下水体，使水的总硬度增加，或呈酸性而改变水质。因此，许多有害物质进入地表水体和农田，对附近居民和牲畜生存造成威胁。溢流水对地表水的影响与水系分布、暴雨径流以及煤矸石山风化程度等因素有关。此类煤矸石山流水由地势低洼处向外排泄，在排泄过程中以直接渗入方式进入地下含水层，造成煤矸石山周围地区土地和地下水严重污染。对地下水的污染程度取决于煤矸石山的渗透能力、渗入煤矸石山的雨量、煤矸石山底部是否有细黏土层等。因此，在矿区规划设计中，选择煤矸石山位置要考虑其水文地质条件，以免对未来的矿区水资源环境造成不可弥补的损失。

（2）对大气的污染

矸石山和煤堆的露天存放、遇风吹扫及自燃排放，也是大气污染的重要来源。截至目前，国内外采煤和洗选过程中排出的矸石大多弃置于小沟、平川一带，大都长期堆放，利用率极低。这些矸石堆经日晒雨淋及风化剥蚀、侵蚀，日久天长便可能发生自燃现象，从而释放出大量有害气体，严重影响矿区及周围环境的大气质量。

我国有近 1/3 的煤矸石中含有残煤、炭质泥岩、碎木材、硫铁矿物等可燃物，其中碳和硫构成煤矸石山自燃的物质基础。野外露天堆放的煤矸石长期暴露在空气中，日积月累，加快了风化进程，堆积在煤矸石里的黄铁矿（FeS_2）氧化发热，其内部的热量逐渐积蓄，当温度达到可燃物燃点时，逐渐引起混在煤矸石里的原煤自燃，引起煤矸石自燃。自燃后，煤矸石山中部温度可达 $800\sim1000℃$，并放出大量 CO、CO_2、SO_2、H_2S 和氮氧化合物、苯并芘等有害气体，对矿区环境造成严重污染，且至今尚无有效控制办法。一座煤矸石山自燃可长达十余年至几十年，严重影响排放区及其周围地区的大气环境质量。

对于露天堆放的煤矸石山，风蚀扬尘也是矿区大气环境污染的重要原因之一。煤矸石堆一般为圆锥体，大的煤矸石块聚集在底部，而矸石堆的周围和上部主要是细颗粒和粉末状煤矸石。煤矸石堆又有很高的高度，经风力作用就会扬起很多粉尘或悬浮于空气中四处漂移，经重力作用落在路面上、植被上、水体中，给人们的健康和生存环境带来了很多不利影响。

另外，煤矸石在运输、堆放过程中，也会形成粉尘颗粒，粉尘中含有很多对人体有害元素（如汞、铬、锡、铜、砷等）。飘浮在空气中的粉尘颗粒，小的会被人吸入肺部，导致气管炎、肺气肿、尘肺等疾病，严重的还会导致癌症的发生；大的颗粒会进入眼、鼻，引起感染，给人体健康带来影响。另外，粉尘颗粒悬浮于大气中加剧了温室效应，也会使气候出现异常。煤矸石的堆放和运输见图 9-14。

（3）放射性元素的辐射污染

众所周知，放射性元素会致癌。由于含有某些放射性元素，煤矸石在露天堆放和自燃、风化作用下，原来存在于岩石内部的少量放射性元素，如铀-238、钍-232 等将暴露于空气中，并逐渐地向大气中释放，从而对大气环境产生不利影响，进而影响人体健康。

（4）煤矸石山次生地质灾害

矿区煤矸石山多为自然堆积而成，为了用最少的场地堆放更多的煤矸石，煤矸石堆的

图 9-14　煤矸石的堆放和运输（图片来自互联网）

坡度都较大，而煤矸石堆上的植被几乎没有。煤矸石颗粒之间的连接力主要是颗粒间的范德华力，这种力的作用不可能使煤矸石形成密实堆积，其内部必有很多大大小小的孔隙。煤矸石结构疏松，由于重力、风化以及风力和雨水作用，颗粒之间的位置会发生相对改变，进行重新组合，导致煤矸石山的稳定性普遍较差，极易发生崩塌、滑坡、泥石流、爆炸等地质灾害。

山区煤矿大都直接将煤矸石堆于沟谷中。一旦山谷中形成较强的径流条件，就可能形成泥石流灾害。煤矸石泥石流灾害多发生于雨季，形成的灾害程度有大有小，最典型的矸石山滑坡发生在英国南威尔士阿别尔方（Aber Fan）。阿别尔方是塔夫（Taff）河边的一个村庄，1961 年，7 号矸石堆（高达 68m，主要部分标高在 246m 以上）发生滑坡，约占整体 1/3 的滑坡体达 10.7 万 m^3，滑落的矸石吞没了当地的学校、民房，造成了重大的伤亡事故。堆在边坡上的煤矸石见图 9-15。

图 9-15　堆在边坡上的煤矸石（图片来自互联网）

6. 矿井地质灾害

煤矿地下开采过程就是对煤层及其围岩的破碎和挖掘过程。由于深部地下开采的复杂技术条件和多数含煤地层特殊的地质条件，无论是岩石巷道掘进还是煤层开采，都必须克服煤层围岩的压力、有害气体与地下水的涌出、地温、煤尘爆炸等地质灾害问题。只有全面深入研究矿井地质条件，采取有效防治措施才能避免矿井地质灾害对安全生产的影响。

（1）井巷工程围岩松动与冒落

煤矿巷道掘进以后，由于卸荷回弹及应力和水分重分布，常使围岩的性状发生很大变化。如果围岩岩体承受不了回弹应力或重分布应力作用，就会发生变形或破坏。围岩岩体变形及破坏的形式和特点，除与岩体内的初始应力状态和变形有关外，主要取决于围岩的岩性和岩体结构。

冒顶事故是矿井生产过程中对矿工人身安全威胁大且发生频率最高的矿山地质灾害之一。据不完全统计，我国各种矿山每年工伤死亡人数中有 40% 死于矿坑冒顶，死亡频率为各种矿山地质灾害之首。我国国有大中型煤矿近年来发生的重大死亡事故中，顶板冒落灾害占 30% 左右。

（2）冲击地压

冲击地压又称岩爆，是指承受强大地压的脆性煤、矿体或岩体，在极限平衡状态受到破坏时向自由空间突然释放能量的动力现象，是一种采矿或隧道开挖活动诱发的地震，在煤矿、金属矿和各种人工隧道中均有发生。岩爆发生时岩石块或煤块等突然从围岩中弹出，抛出的岩块大小不等，大者直径可达几米甚至几十米，小者仅几厘米或更小。大型岩爆通常伴有强烈的气浪和巨响，甚至使周围的岩体发生振动。岩爆可使硐室内的采矿设备和支护设施遭受毁坏，有时还会造成人员伤亡。

（3）煤与瓦斯突出

在煤矿地下开采过程中，从煤（岩石）壁向采掘工作面瞬间突然喷出大量煤（岩）粉和瓦斯（CH_4、CO_2）的现象，称为煤与瓦斯突出。而大量承压状态下的瓦斯从煤或围岩裂缝中高速喷出的现象称为瓦斯喷出。突出与喷出均是一种由地应力、瓦斯压力综合作用下产生的伴有声响和猛烈应力释放效应的现象。煤与瓦斯突出可摧毁井巷设施和通风系统，使井巷充满瓦斯与煤粉，造成井下矿工窒息或被掩埋，甚至可引起井下火灾或瓦斯爆炸。因此，煤与瓦斯突出是煤炭行业中的严重矿山地质灾害。

煤与瓦斯突出是地应力和瓦斯气体体积膨胀力联合作用的结果，通常以地应力为主，瓦斯膨胀力为辅。煤与瓦斯突出的基本特征是固体煤块（粉）在瓦斯气流作用下发生远距离快速运移，煤、岩碎块和粉尘呈现分选性堆积，颗粒越小被抛得越远。突出时有大量瓦斯（CH_4 或 CO_2）喷出，由于瓦斯压力远大于巷道内通风压力，喷出的瓦斯常逆风前进。煤与瓦斯突出具有明显的动力效应，可搬运巨石、推翻矿车、毁坏设备、破坏井巷支护设施等。

发生突出的煤层具有瓦斯扩散速度快、湿度小、煤的力学强度低且变化大、透气性差等特点，大多属于遭受构造作用严重破坏的"构造煤"。突出的次数和强度随煤层厚度的增加而增加，突出最严重的煤层一般都是最厚的主采煤层。

煤与瓦斯突出灾害随采掘深度的增加而增加，其主要影响因素有矿区的地质构造条件、地应力分布状况、煤质软硬程度、煤层产状以及厚度和埋深等。一般说来，煤层埋深大，突出的次数就可能多，强度也可能大。

此外，水力冲孔和振动爆破也可使地应力作用下的高压瓦斯煤体在人为控制下发生突出。

（4）煤层自燃

煤层自燃是指在自然环境下，有自燃倾向的煤层在适宜的供氧储热条件下氧化发热，当温度超过其着火点时而发生的燃烧现象（图 9-16）。一般情况下，煤层自燃首先从煤层露头处开始，然后不断向深部发展，形成大面积煤田火区，因此有时也称为煤田自燃。煤层自燃是人类面临的重大地质灾害之一。印度、美国、俄罗斯、印度尼西亚和我国等国家普遍存在煤层自燃现象。煤层自燃必须具备三个基本条件：①有低温氧化特性的煤；②充足的空气供氧以维持煤的氧化过程不断进行；③在氧化过程中生成的氧化热大量蓄积。

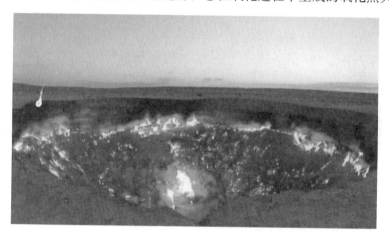

图 9-16　贺兰山煤层自燃 300 年（图片来自互联网）

（5）矿井水害

矿井水害主要指矿井突水，是煤矿常见的地质灾害，它不仅严重威胁煤矿的安全生产，而且往往造成重大伤亡事故和财产损失。如 1984 年开滦范各庄煤矿特大突水事故，涌水量高达 2053m³/min，8d 时间内将两座 500 万 t 的大型矿井淹没。2010 年山西王家岭煤矿突水事故造成 38 人遇难。在河南焦作矿区，突水事故 270 余次，最大突水量为 243m³/min，突水淹井事故 19 起，每次直接损失数千万元，矿区排水量高达 8.86m³/s，平均每采 1t 煤需要排水 6t。目前，随着煤炭开采深度的增加，水压不断增大，深部开采的水害问题日益严重，有些矿井因为水的威胁而不能开采，尤其我国华北的主要矿区，如焦作、峰峰、邯郸、邢台、井陉、淄博、肥城、韩城等矿区，受水威胁的储量占总储量的 45% 以上。仅北方岩溶地区，约有 15 亿 t 的储量不能开采。因此，矿井水害已成为影响安全生产的重大问题之一。

（6）矿井热害

矿井热害主要有高温热害和高湿热害两种。所谓高温是指井下气温超过 30℃的现象；所谓高湿，是指相对湿度超过 80% 现象。热害是矿井自然灾害之一，随着矿井开采深度的增加和机械化水平的提高，我国矿井热害问题日益突出，主要表现在两个方面：一是在现生产位置未出现高温热害的矿井，下一位置开采就可能出现高温热害；二是目前位置仅局部出现高温热害，下一位置就有可能出现严重的热害问题。

造成矿井气温升高的热源很多，主要有相对热源和绝对热源。相对热源散热量与其周围气温差值有关，如高温岩层和热水散热；绝对热源散热量受气温影响较小，如机电设备、化学反应和空气压缩等热源散热。高温岩层散热是矿井空气温度升高的重要原因，这种现象主要通过井下矿岩与空气进行热交换而造成温度升高。总体来讲，造成矿井高温热害的主要因素有地热、采掘机电设备运转时放热、运输中矿物和矸石放热及进风流在向下流动的过程中自压缩放热。同时造成高温热害的还有以下原因：一是矿井开采深度大，岩石温度高；二是地下热水的涌出；三是采掘工作面风量过低。

矿井湿度采用相对湿度表示，矿井最适宜的相对湿度为 $50\%\sim60\%$，而井下空气的相对湿度大多为 $80\%\sim90\%$，因此高湿也是一种不容忽视的热害之一。矿井高湿热害主要原因是井巷壁面散湿和矿井水的蒸发，与此同时矿井开采中生产用水也是一个重要因素。

矿井热害对人体健康和矿山安全生产都有很大影响。高温高湿环境产生过高热应力，破坏人体热平衡，不仅会使人感到不舒适，而且可能导致中枢神经失调，使人的心理生理反应失常，出现中暑现象甚至死亡，从而降低劳动生产率，增大事故率。

7. 大气污染

（1）有害气体排放

据统计，2005 年全国煤矿生产过程中排入大气中的废气估计为 90 亿～120 亿 m^3，SO_2 的排放量超过 2549 万 t，比 2000 年增加了 27.8%。排入大气的主要成分是温室气体甲烷，直接影响人类的生存环境。此外，在井下其他作业过程中还产生部分有害气体，如井下使用的硝铵炸药在爆破时产生的 CO、NO 和 NO_2；使用柴油动力机械排放的废气中含有大量 NO_x；煤炭自燃产生的 CO、CO_2 等。为了井下生产安全，通常采用通风方式将井下有害气体抽出，排入大气，这些气体都是造成大气污染和温室效应的有害源，影响地球气候和生态环境。同时还是煤矿井下开采的灾害因素，由它造成的人员伤亡事故占矿井事故的 1/3 左右。因此，无论从环境保护方面，还是从煤矿安全生产角度，都迫切需要解决井下有害气体治理问题。

此外，矿区工业锅炉、窑炉、供暖锅炉以及居民燃烧的烟囱排放的烟尘、SO_2，对矿区大气环境也造成了污染。用于生产、生活的锅炉，应该安装 SO_2 净化装置。否则，煤炭燃烧产生的 SO_2 排放，会形成酸雨，并产生温室效应。

（2）粉尘

粉尘的主要成分是硅和铝的化合物，煤矿采掘工人患职业矽或硅肺病就是 SiO_2 和煤尘微粒在肺部沉积的结果。煤矽肺病是二者混合沉积的结果，在矿工职业病中比较常见。井下掘进工作面、采煤工作面及运输转载点和卸载点产生的粉尘，不仅污染井下工作环境，而且给井下安全带来威胁。同时粉尘排至地面后对大气环境造成严重污染，极大地影响矿区周围的生活环境。

煤矿开采过程的各个环节，如钻孔、爆破、装运、回采、破碎等，都会产生大量煤粉尘。矿井粉尘不仅恶化局部作业环境，影响矿井工人身体健康，含大量粉尘的气体被排到地面后也会直接增加矿区大气可吸入颗粒物含量，影响矿区甚至更大范围的大气环境质量。

9.2.3　露天开采造成的主要环境岩土问题

露天矿开采是首先剥离覆盖矿床的岩土，然后再开采矿床的采矿方法。露天矿通常由露天采矿场、内外排土场、尾矿场组成。露天开采对矿区生态环境的影响较井工开采更为严重。露天开采将破坏大量土地资源，并对周围水环境和大气造成一定污染。特别是大规模露天开采，使得大量土地资源遭受破坏。

1. 露天开采对土地资源的破坏

露天开采对土地资源的破坏主要表现为对土地的直接挖损、外排土场和尾矿排弃场压占土地（图 9-17）。据不完全统计，我国露天煤矿每采出 1 万 t 煤就要破坏土地 0.24hm^2。其中采场挖损破坏 0.08hm^2，外排土场压占土地 0.16hm^2。

图 9-17　露天开采的矿山（图片来自互联网）

2. 露天矿开采对水环境的影响

露天矿开采对水环境的影响主要表现在以下 3 个方面。

（1）使含水层水位下降。为保证露天采矿场安全生产，需要对采场周围的地下水进行疏干排放。另外，露天开采形成的采空区，成为地下水排出的天然通道，随着露天开采的进行，地下水不断排出，使地下水位下降，这种影响是相当大的。露天矿闭坑后，原来的采场积水形成人工湖，影响当地水循环。

（2）露天采场内基岩裸露，使流入露天采场的地下水酸化并遭受重金属等有害物质污染。

（3）露天矿大量排放的酸性水和排土场淋溶酸性废水，对周围水体均产生一定的污染。

3. 露天开采对大气环境的影响

露天矿对大气环境的污染主要表现为露天爆破和排土场扬尘（图 9-18）。露天矿爆破是巨大的周期性污染源，大爆破一次产生的烟尘可到达几十千米之外，致使土地和水体遭到污染。露天矿废弃的土石露天堆积，易于风化破碎，产生大量粉尘随风飘扬，加重大气粉尘污染。

图 9-18　露天开采的煤矿对水和空气的污染（图片来自互联网）

4. 露天采场边坡问题

露天开采可能造成边坡变形、滑坡、岩崩、水土流失等环境岩土问题（图 9-19）。

图 9-19　四川峨眉山市一采石场山体垮塌（图片来自互联网）

9.3　金属矿山开采的环境岩土问题

金属矿床开采类似于煤矿开采，在开采方法方面可以分为井工开采和露天开采。其中，井工开采又被称为地下开采。

9.3.1　金属矿山开采概述

地下开采具有一个完整的开拓系统，如同煤矿地下开采的工程开拓系统。地下开采是从地面掘进一系列巷道和硐室与矿体相通，使之构成一个完整的提升、运输、通风、排水和供风、供水、供电系统。

在这一系统中为开拓矿床而掘进的井巷工程，称为开拓巷道。开拓巷道按其在开采矿床中所起的作用，可分为主要开拓巷道和辅助开拓巷道两类。主要开拓巷道用于运输、提升矿石，如主要运输平硐、提升竖井、提升斜井等。这些工程在地表有出口，使地表与矿床相连通，起着主要开拓作用。辅助开拓巷道，如废石提运、通风巷道，从上部中段往下部中段溜放矿石的溜矿井，从地表向井下输送充填材料的充填巷道，连接井筒与水平巷道的石门，井下调车用的调车场，各种专用硐室和阶段主要运输巷道等。

主要开拓巷道是矿床通往地表的主要出口，任何类型的矿床开拓系统，都必须有主要开拓巷道。辅助开拓巷道则根据矿床开拓的实际需要而定。

9.3.2 金属矿山开发利用中的主要环境岩土问题

金属矿产资源开发利用带来的环境问题在某些方面类似于煤矿矿山地质环境，如露天开采的边坡问题、地下水位下降问题、排土场压占土地以及次生地质灾害问题；井工开采同样造成地表塌陷与沉降、矿渣与选矿尾矿等固体废物压占土地以及矿井水的排放等造成的地质环境污染问题。通常，井工开采的金属矿山规模和开采深度小，因而所造成的沉陷盆深度和分布形态不规则，有些金属矿床的开采仅沿矿带形成塌陷坑。

但是，无论是哪种开采方式，金属矿山由于矿床成矿条件和矿床地质条件不同，从而造成了金属矿山复杂的环境岩土问题。例如，在有些矿区，同一矿区有可能是多种矿床共生，或是以某种矿床为主，同时又有伴生矿床。另外，金属矿床本身种类复杂，不同矿床的矿物组成与化学组成差别很大，从而使矿石、矿渣甚至选矿尾矿产生的环境岩土问题更加复杂。总结金属矿山的环境岩土问题可概括为如下几个方面。

1. 矿井水的环境岩土问题

金属矿山的矿井水排放引起的环境岩土问题类似于煤矿，但是多数金属矿山的矿区受矿井水的污染要严重得多，主要原因是金属矿的矿井水理化指标复杂，酸性水排放较煤矿普遍得多。与煤矿相比，金属矿山矿区的重金属污染问题较普遍。废水排放严重影响地表水体，许多矿山周边的河流、湖泊都受到严重污染（图9-20）。水资源、水环境受到严重破坏，部分矿山甚至出现饮用水水源受到污染的问题，出现饮水困难。周边农田土壤地球化学组成被严重破坏，导致作物减产、品质下降，生态环境质量整体下滑，部分矿山甚至由此出现地方病，恶性疾病发病率急剧上升。

金属矿山开采过程中形成的酸性矿井水是金属矿山开采的主要环境问题之一。在众多金属矿山中，以金属和非金属硫化物矿床开采的酸性矿井水问题最为突出。如2010年福建紫金山铜矿含铜酸性废水从污水池渗漏，造成汀江严重污染。

矿井水的pH值低于6即具有酸性，对金属设备有一定的腐蚀性；pH值低于4即具有较强腐蚀性，对安全生产和矿区生态环境会产生严重危害。

（1）腐蚀井下钢轨、钢丝绳等运输设备。如钢轨、钢丝绳受pH值小于4的酸性矿井水侵蚀，十几天至几十天后其强度即会大幅降低，可造成运输安全事故。

（2）排放pH值低的老窑水，铁质控水管道和闸门在水流冲刷下腐蚀很快，使管道失去控制而带来灾害。

（3）酸性矿井水中SO_4^{2-}含量很高，与水泥中某些成分相互作用生成含水硫酸盐结

图 9-20　美国科罗拉多河 2015 年被金矿废水污染（图片来自互联网）

晶，这些盐类在生成时体积膨胀。经测定，当 SO_4^{2-} 生成 $CaSO_4 \cdot 2H_2O$ 时，体积增大 1 倍；形成 $MgSO_4 \cdot 7H_2O$ 时，体积增大 430%。体积增大使混凝土构筑物结构疏松、强度降低而受到毁坏。

2. 矿渣与尾矿引起的环境问题

矿渣是金属矿山生产过程中产生的固体废物。尾矿就是选矿厂在特定经济技术条件下，将矿石磨细、选取有用组分后所排放的废弃物。也就是矿石经选出精矿后剩余的固体废料，一般选矿厂排放的尾矿矿浆经自然脱水后所形成的固体矿业废料，其中含有一定数量的有用金属和矿物，可视为一种"复合"硅酸盐、碳酸盐矿物材料，并具有粒度细、数量大、成本低、可利用性大等特点。通常，尾矿作为固体废料排入河沟或抛置于矿山附近筑有堤坝的尾矿库中（图 9-21）。

图 9-21　堆放的尾矿（图片来自互联网）

尾矿的成分包括化学成分与矿物成分，无论何种类型的尾矿，其主要组成元素均为 O、Si、Al、Fe、Mn、Mg、Ca、Na、K、P 等，但在不同类型的尾矿中，其含量差别很大。尾矿水成分与原矿矿石的组成、品位及选矿方法有关，其中可能超过国家工业"三废"排放标准的项目有 pH 值、悬浮物、氰化物、氟化物、硫化物、化学耗氧量及重金属离子等。

由于多数金属矿山矿渣与尾矿化学成分的特殊性，因此所引起的环境问题除压占土地外，同时会造成土壤环境、水环境与大气环境污染。此外，残留选矿药剂对生态环境的影响也很严重。尤其是含重金属的尾矿，其中的硫化物产生酸性水进一步淋浸重金属，残留于尾矿中的氮化物、氰化物、硫化物、松油、絮凝剂、表面活性剂等有毒有害药剂，在尾矿长期堆存时会受空气、水分、阳光作用和自身相互作用，产生有害气体或酸性水，会加剧尾矿重金属的流失。流入耕地后，破坏农作物生长或使农作物受污染；流入水系则又会使地面水体和地下水源受到污染，毒害水生生物；尾矿流入或排入溪河湖泊，不仅毒害水生生物，而且会造成其他灾害，有时甚至涉及相当长的河流河段（图 9-22）。目前，我国因尾矿造成的直接污染土地面积已达百万亩（1 亩 = 0.0667hm²），间接污染土地面积 1000 余万亩。大量尾矿已成为制约矿业可持续发展、危及矿区及周边生态环境的重要因素。当存放不当时，甚至产生溃坝进而造成重大伤亡事故。

图 9-22 尾矿被雨水冲下山坡，冲击村庄（图片来自互联网）

3. 地下采空区造成的环境问题

与煤矿相比，大多数井工开采的金属矿床围岩稳定性较含煤岩系的稳定性好，但岩体变形方式则有所不同。当煤层顶板松软时，层状矿层开采后常具有大面积连续变形特征。而在金属矿山的采空区范围内，岩体变形方式有其特殊性，即多数情况下稳定性好，采空区塌陷有较长滞后性；在部分内生金属矿床开采时，由于矿床分布不均匀，地表变形也是不均匀的。矿体埋藏越浅、采动幅度越大，越容易在地表形成陡峭悬崖。

思考与练习

1. 什么是矿产资源，矿产资源的重要性体现在哪里？
2. 煤矿地下开采诱发的沉陷对地表环境有哪些危害？
3. 我国的能源矿产主要有哪些？
4. 露天开采造成的主要环境岩土问题有哪几方面？
5. 什么是尾矿？

第 10 章　地质环境与人类健康

人类是自然界长期演变、发展的产物，与大气圈、水圈和岩石圈具有密切关系。生物体（包括人）通过新陈代谢与外界环境不断进行物质交换和能量交换，使得机体的结构组分（如元素含量）与环境的物质成分（元素）保持动态平衡，形成了人与环境相互依存、相互联系的复杂统一体。

10.1　元素与人体健康

为了更好地生存和发展，人类必须尽快适应外界环境条件，不断从环境中摄入某些元素以满足生命活动需要。如果元素摄入不足或过量，都会影响人类健康。我国《庄子》早在公元前 4 世纪就有对瘿病（甲状腺肿）的记载。公元 7 世纪，巢元方则进一步提出瘿与水土有关。魏晋时的嵇康则在《养生论》中著有"齿居晋而黄"，明确记载了区域地质环境与人体健康的相关性。经过近、现代科学家的研究，越来越明确了地质环境对人类健康的重要作用。

10.1.1　人体内的元素

人体所含元素差别极大，按其含量不同可分为常量元素和微量元素两大类。根据化学元素性质及其对人体的利弊作用，又通常将它们分为 5 类，即：（1）人体必需的常量元素；（2）人体必需的微量元素；（3）人体可能必需的微量元素，对这类微量元素在体内的形式尚缺乏研究，不能明确判断是否为人类必需；（4）有毒元素，是已证明对人体毒性很大的元素；（5）非必需元素，是人体不需要的元素。

常量元素也称宏量元素或组成元素，包括 C、H、O、N、P、Na、K、Ca、Mg、Cl 等 11 种。常量元素均为人体必需元素，占人体总质量的 99.95%，其中 O、C、H、N、S 占人体总质量的 94%。这些常量元素对有机体有着极其重要的生理功能，如形成骨骼等硬组织、维持神经及肌肉细胞膜的生物兴奋性、肌肉收缩的调节、酶的激活、体液的平衡和渗透压的维持等多种生理、生化过程都离不开常量矿物元素的参与和调节。人体在新陈代谢过程中要消耗一定的常量矿物元素，必须及时给予补充。尽管这些矿物元素广泛存在于食物中，一般不易造成缺乏，但在某些特定环境或针对某些特殊人群，额外补充相应的常量矿物元素具有重要的现实意义。

人体内的微量元素浓度较低，其标准量均不足人体总质量的万分之一。可以从食物、空气和水中获得，但主要来自食物和饮水经胃肠道的吸收。微量元素在人体内所起的生物学效应是一系列复杂的物理、化学和生物化学过程，对人体健康也具有十分重要的作用。当微量元素低于或高于机体需要的浓度时，机体的正常功能就会受到影响，甚至出现微量元素缺乏、中毒症状或引起机体死亡。目前已知多种疾病的发生、发展与微量元素有密切关系，如儿童的挑食、厌食、生长发育慢及智力低下，克山病、血管疾病、免疫功能缺陷、肝脑疾病、感觉器官疾病、泌尿生殖系统疾病、创伤愈合慢及肿瘤等。由于微量元素在人体代谢过程中既不能分解，也不能转化为其他元素，因此通过检测人体各种元素的含量就可以在一定程度上了解人体的代谢规律，进而掌握其营养健康状况。

10.1.2　地质环境元素含量与人体元素含量的相关性

20世纪70年代，英国地球化学家汉密尔顿对220名病人的化学元素含量和地壳中各相应元素的含量进行了测定，结论表明除了人体原生质中的主要成分碳、氢、氧和地壳中的主要成分硅以外，其他化学元素在人体血液中的含量和地壳中这些元素的含量分布规律具有惊人的相似性。由此可以说明，人体化学组成与地壳演化具有亲缘关系。这一地壳丰度控制生命元素的现象称之为"丰度效应"。

现代人体的化学成分是人类长期在自然环境中吸收交换元素并不断进化、遗传、变异的结果。人体中某种元素的含量与地壳元素标准丰度曲线发生偏离，表明该种元素对人体健康产生了不良影响。环境的任何异常变化，都会不同程度地影响人体的正常生理功能。如人在某一地方长时间居住，就会发挥自己体内的种种代谢或代偿功能，以便从环境中获取适量的微量元素。一旦迁移到新的地点生活，由周围环境通过饮食进入体内的微量元素含量就会发生变化，这时人体不得不重新调节自己的身体机能。在这一改变过程中有可能出现一系列不适反应，这一综合反应就是我们平时所说的"水土不服"。

虽然人类具有调节自己生理功能以适应环境变化的能力，但是如果环境的异常变化超出人类正常生理调节的限度，则可能引起人体某些功能和结构发生异常，甚至造成病理性变化。这种能使人体发生病理变化的环境因素，称为环境致病因素。如某地提供给人类的微量元素过多或过少，超出人体机能调整极限，将会导致疾病的出现。如在黑龙江、陕西等地由于硒缺乏所导致的克山病，在新疆、内蒙古等地由于水源中砷过高所引发的砷中毒问题等。

10.1.3　元素的迁移和转化

在特定的物理化学条件或人类活动作用和影响下，地表环境中的元素随时空变化而发生空间位置迁移和形态转化，并在一定环境下重新组合与再分布，形成元素的分散或聚集，由此产生元素的"缺乏"或"过剩"。

1. 元素的迁移类型

元素的迁移包含元素空间位置的移动和存在形态的转化两层意思。前者指元素从一地迁移到另一地，后者则指元素在空间迁移过程中从一种形态转化为另一种形态。在许多情况下这两种方式是同时发生的，尤其是存在形态的转化必然伴随空间位置的移动。根据不同的划分形式可分为不同的迁移类型。

（1）按介质类型划分

元素迁移需要借助某种介质才能完成。介质不同，则其迁移类型亦不同。按介质类型的不同，可将元素迁移分为空气迁移、水迁移和生物迁移3种形式。

① 空气迁移，元素以空气为介质，以气态分子、挥发性化合物和气溶胶等形式进行的迁移。属于空气迁移的化学元素有 O、H、N、C、I 等。以气溶胶形式迁移只是在近代

工业发展以来，因工业废物的大量排放导致某些微量元素以颗粒物或附着在颗粒物表面进行的一种迁移模式。

②水迁移，元素以水体为介质，以简单的或复杂的离子、络离子、分子、胶体等状态进行的迁移。元素以胶体溶液或真溶液的形态随地表水、地下水、土壤水、裂隙水和岩石孔隙水等水体运动而发生的迁移。水迁移是地表环境中元素迁移的最主要类型，大多数元素都是通过这种形式进行迁移转化的。

③生物迁移，进入环境的元素通过生物体的吸收、代谢、生长和死亡等一系列过程实现的元素迁移称为生物迁移。这是一种非常复杂的元素迁移形式，与生物的生理、生化、遗传和变异作用有关。即使同一生物物种，其在不同生长期对元素的吸收、迁移也存在差异或不同。

（2）按物质运动的基本形态划分

按物质运动基本形态可将元素迁移划分为机械迁移、物理化学迁移与生物迁移3种。

①机械迁移，指元素及其化合物被外力机械地搬运而进行的迁移。如水流的机械迁移、气的机械迁移和重力的机械迁移等。

②物理化学迁移，指元素以简单的离子、络离子或可溶性分子的形式，在环境中通过一系列物理、化学作用（如溶解、沉淀、氧化还原等作用）实现的迁移。

③生物迁移，通过生物体内的生物化学作用而发生的元素迁移。

通常，环境中元素的迁移方式并不是分开进行的。有时同一种元素既可呈气态迁移，又可呈离子态随水迁移，也可通过生物体实现迁移。如组成原生质的 O、H、C、N 等元素，在某些情况下呈气态分子（O_2、CO_2、CH_4、NH_3）形式进行迁移，在其他情况下则呈离子态（如 SO_4^{2-}、CO_3^{2-}、NH_4^+、NO_3^-）随水迁移，也可以生物的重要组成部分实现迁移（生长、死亡）。

2. 元素迁移转化的影响因素

元素在自然环境中的迁移受到两方面因素的影响：一是内在因素，即元素的地球化学性质；二是外在因素，即区域地质地理条件所控制的环境地球化学条件。

（1）影响表生环境中元素的迁移转化的内在因素

不同元素所形成的化学键（离子键与共价键），以及同一元素的不同价态对迁移具有较大的影响。不同键型的化合物，具有不同的迁移能力。一般来说，离子键型化合物由阴阳离子的静电吸力相连接，其熔点和沸点较高。这类物质难以进行气迁移，但易溶于水而进行迁移，如 NaCl。共价键型化合物由较弱的分子间引力连接，易转变为气态和液态，熔点和沸点较低，易于进行气迁移，如 CO_2、H_2S 等。

元素的化合价越高，形成的化合物就越难溶解，其迁移能力也就越弱。如氯化物（Cl^-）较硫酸盐（SO_4^{2-}）易溶解，硫酸盐较磷酸盐（PO_4^{3-}）易溶解。而同一元素其化合价不同，迁移能力也不同，低价元素的化合物其迁移能力大于高价元素的化合物。例如 Fe^{2+} 迁移能力大于 Fe^{3+}，Cr^{3+} 迁移能力大于 Cr^{6+} 等。

此外，原子半径和离子半径对元素的迁移转化也具有重要影响，它主要通过影响胶体的吸附能力影响迁移转化。胶体对同价阳离子的吸附能力随离子半径增大而增大。就化合物而言，相互化合的离子其半径差别愈小，溶解度也愈小，如 $BaSO_4$、$PbSO_4$ 的溶解度都较小；离子半径的差别愈大则溶解度愈大，如 $MgSO_4$。

总之，自然界中元素的迁移强度有很大差异。在相同条件下，不同元素的迁移千差万别。迁移方式不同，同一元素的迁移转化速度差异也很大。

（2）影响元素迁移转化的外在因素

同一种元素在不同区域地质地理条件中的迁移能力是极不相同的。影响元素迁移的最大外力是活的有机体和天然水。主要的外在因素有环境 pH 值、氧化还原电位（Eh）、络合作用、腐殖质、胶体吸附、气候条件和地质地貌条件等。

① 环境 pH 值

主要指土壤和水的 pH 值。土壤酸度可分为活性酸度与潜性酸度两类，由溶液中的氢离子形成的酸度称为土壤的活性酸度，用 pH 值来表示。由吸附于土壤胶体上的氢离子所形成的酸度称为土地的潜性酸度。土壤的潜性酸度比活性酸度大千倍乃至万倍。当活性氢离子减少时，潜性氢离子就会补充，即活性酸度和潜性酸度处于动态平衡之中。土壤的活性酸度主要来源于土壤溶液中各种有机酸（如草酸、丁酸、柠檬酸、乙酸等）和无机酸（如碳酸、磷酸、硅酸等）。土壤的活性酸度即土壤溶液的 pH 值可在较大范围波动，可在 3.0~3.5 到 10~11 之间变换。

天然水的 pH 值主要受风化壳土壤酸碱度的影响。腐殖酸和植物根系分泌出的有机酸，是影响天然水 pH 值的另一重要方面。天然水的 pH 值大致与土壤带的 pH 值吻合。含酸或含碱的工业废水排入水体后，在局部地段对水的 pH 值影响也较大。

在地表环境中，pH 值可影响元素或化合物的溶解与沉淀，决定元素迁移能力的大小。大多数元素在强酸性环境中形成易溶性化合物，有利于元素的迁移。在中性环境中，形成难溶性化合物，不利于元素的迁移。在碱性环境下，某些元素的化合物也易于溶解，利于迁移。

在酸性和弱酸性水中（pH<6），有利于 Ca^{2+}、Sr^{2+}、Ba^{2+}、Ra^{2+}、Cu^{2+}、Zn^{2+}、Cd^{2+}、Cr^{3+}、Fe^{2+}、Mn^{2+}、Ni^{2+} 的迁移。在碱性水中（pH>7）上述元素很少迁移，而 Cr^{6+}、Se^{4+}、Mo^{2+}、V^{5+}、As^{5+} 等则易于迁移。在地下水的 pH 值为 6~9 时，碱金属和碱土金属易于迁移，而在强碱性条件下，可能生成氢氧化物沉淀而不利于迁移。Hg、Cd、Pb、Zn 等金属具有很强的亲硫性和亲氧性，在低 pH 值条件下能发生水解形成金属羟基络合物，能促进这些元素的迁移。

② 氧化还原电位（Eh）

氧化还原作用是自然环境中存在的普遍现象，对元素在环境中的迁移转化具有重要影响。一些元素在氧化环境中可进行强烈迁移，而另一些元素在还原条件下的水溶液中更容易迁移。如 S、Cr、V 等元素在氧化作用强烈的干旱草原和荒漠环境中形成易溶性硫酸盐、铬酸盐和钒酸盐而富集于土壤和水中。在以还原作用占优势的腐殖酸环境中（如沼泽），上述元素便形成难溶的化合物而不能迁移。而 Fe、Mn 等在氧化环境下形成溶解度很小的高价化合物，难以迁移；而在还原环境下，则形成易溶的低价化合物，极易发生强烈迁移。

③ 络合作用

重金属元素的简单化合物通常很难溶解，但当它们形成络离子以后则易于溶解发生迁移。有人认为，金属离子络合物是影响重金属迁移的最重要因素。

近年来，人们特别重视羟基络合作用与氢离子络合作用对重金属迁移的影响。羟基对重金属的络合作用实际上是重金属离子的水解反应。重金属离子能在低 pH 值下水解，从而提高重金属氢氧化物的溶解度。氯离子作用对重金属迁移的影响主要表现在两个方面：一是显著提高难溶重金属化合物的溶解度；二是生成氯络重金属离子，减弱胶体对重金属的吸附作用。形成的重金属络合物越稳定则越有利于重金属迁移；反之，络合物易于分解或沉淀，不利于重金属迁移。

④ 腐殖质

腐殖质对元素的迁移主要表现为有机胶体对金属离子的表面吸附和离子交换吸附作用，以及腐殖酸对元素的螯合作用与络合作用。一般认为，当金属离子浓度高时以交换吸附为主，在低浓度时则以螯合作用为主。腐殖质螯合作用对重金属迁移的影响取决于所形成的螯合物是否易溶，易溶则促进重金属的迁移，难溶则降低重金属的迁移。

在腐殖质丰富的环境中，Cu、Pb、Zn、Fe、Mn、Ti、Ni、Co、Mo、Cr、V、Se、Ca、Me、Ba、Sr、Br、I、F 等元素可被有机胶体吸附，并随水大量迁移。腐殖质与 Fe、Al、Ti、U、V 等重金属形成络合物，较易溶于中性、弱酸性和弱碱性介质中，并以络合物形式迁移。在腐殖质缺乏时，它们便形成难溶物而沉淀。

⑤ 胶体吸附

由于具有巨大的比表面、表面能并带电荷，胶体能够强烈地吸附各种分子和离子。胶体使元素迁移的作用主要发生在气候湿润地区。由于天然水呈酸性，有机质丰富，利于胶体的形成，元素常以胶体状态发生迁移。在湿润地区，胶体最易吸附的元素有 Mn、As、Zr、Mo、Ti、V、Cr 和 Th 等，其次为 Cu、Pb、Zn、Ni、Co、Sn 等。而在气候干旱地区，天然水呈碱性，有机质偏少，不利于胶体的形成，因而由胶体引起的元素迁移可能性极小。

各种胶体对元素的吸附具有选择性。例如，褐铁矿胶体易吸附 V、P、As、U、In、Be、Co、Ni 等元素；锰土胶体易吸附 Li、Cu、Ni、Co、Zn、Ra、U、Ba、W、Ag、Au、Tl 等元素；腐殖质胶体易吸附 Ca、Mg、Al、Cu、Ni、Co、Zn、Ag、Be 等元素；黏土矿物胶体则常吸附 Cu、Ni、Co、Ba、Zn、Pb、U、Tl 等元素。

⑥ 气候条件

气候对元素迁移的影响主要取决于两个条件，即热量和水分。对元素迁移的影响主要表现为直接影响和间接影响两个方面。

一是直接影响，化学元素的迁移形式以水中发生的物理化学迁移为主。降水量的多少和温度的高低对化学元素的迁移有重大影响。在炎热的湿润地区，各种地球化学作用反应剧烈，原生矿物多高度分解，淋溶作用十分强烈，风化壳和土壤中的元素被淋失殆尽，致使水土呈酸性，腐殖质富集，这种环境为还原环境。在干旱草原、荒漠气候带等地区，降水量少，阳光充足，蒸发作用十分强烈，水的淋溶作用微弱，各种地球化学作用强度软弱，速度十分缓慢，致使大量氯化物、硫酸盐等盐类富集，许多微量元素也大量富集，尤以 Ba、Sr、Mo、Zn、As、Se、B 等元素最为显著。此外，温度影响化学反应速度。温度每升高 10℃，反应速度便增加 2～3 倍。因而，炎热地区的化学反应要比寒冷地区进行得迅速而彻底。

二是间接影响，主要表现在生物迁移作用方面。气候愈温暖湿润，生物种类和数量愈多，生长速度也愈快，有机质或腐殖质愈多，生物吸收、代谢过程愈强烈。许多元素可通过生物吸收、代谢作用进行迁移。而在干旱气候条件下，生物种类和数量很少，地表有机质和腐殖质缺乏，元素的生物迁移微弱，地表环境中的元素多发生富集。

⑦ 地质与地貌

地质构造、地质条件均对元素的迁移产生影响。岩层褶皱剧烈、断裂构造发育、节理错综复杂的地区，侵蚀作用、地球化学作用和元素的迁移就比较强烈，元素会随水流或其他介质大量迁移。质地软弱的岩石易于风化侵蚀，其中所含的元素随淋失作用、搬运作用而发生迁移。此外，与地质构造密切相关的火山作用会造成某些元素富集，如 B、F、Se、S、As 和 S 等；与岩浆活动有关的多金属矿床可使地表富含 Hg、As、Cu、Pb、Zn、Cr、Ni、V、W、Mo 等元素，从而对元素的迁移、聚集产生一定影响。

地形地貌对元素的迁移也具有十分明显的影响。一般山区为元素的淋失区，低平地区为元素的堆积富集区。对内陆河流而言，坡降较大的中上游为元素的淋失地段，坡降较平缓的下游则为元素的堆积地段。研究表明，因某些元素"缺乏"引起的地方病常常分布在元素淋失区，因某些元素"过剩"而引起的地方病常发生在元素堆积区。

10.1.4 基于地理纬度的环境带

地球上的气候、水文、生物、土壤等都与温度的变化密切相关。伴随地表热能的纬度分布规律，气候、水文、植物等都呈现明显的地带性分布规律，而元素的化学活动与这些因素也具有密切关系。因此，元素分布具有地球化学分带特征，如表 10-1 所示。

中国自然地带与地球化学环境地带（据潘懋等，2003） 表 10-1

位置	气候带	植被带	土壤带	地球化学环境带
东部地区	寒温带	落叶针叶林	棕色针叶林土	酸性，弱酸性还原和中性氧化的地球化学环境
	温带	落叶阔叶林	暗棕壤、棕壤褐土	
	亚热带	常绿阔叶林	黄棕壤、黄红壤、红地砖	
	热带	季雨林	红壤性土、砖红壤	
西、北部地区	温带	森林草原	黑钙土、黑垆土	中性氧化和碱性、弱碱性氧化的地球化学环境
		草原	栗钙土、灰钙土	
		荒漠、半荒漠	灰棕漠土、风沙土	
		荒漠、裸露荒漠	棕漠土、风沙土、盐土	
	高寒带	森林草甸	高草甸土	中性、碱性、弱碱性还原的地球化学环境
		草原	高山草原土	
		荒漠	高山寒漠土	

我国地球化学环境按地理纬度从北向南依次分为酸性、弱酸性还原的地球化学环境，中性氧化的地球化学环境，碱性、弱碱性氧化的地球化学环境，酸性氧化的水文地球化学环境。

1. 酸性、弱酸性还原的地球化学环境带

该环境中年降水量为 600～1000mm，蒸发较弱，水分相对充裕。气候寒冷而湿润。植被茂盛，腐殖质大量堆积，沼泽发育，泥炭堆积，多属还原环境。以灰化土、棕色森林土、草甸沼泽土、泥炭沼泽土为主。土壤的潜育层发育，植物残体被细菌分解，产生大量腐殖酸，土壤呈酸性，pH值为3.5～4.5。酸性环境抑制好气性细菌的生长，故植物残体得不到彻底分解，长期处于半分解状态。多数元素被禁锢在植物残体中，导致环境中的矿质营养日趋贫乏。

富含腐殖质的酸性还原环境决定了该区地球化学作用强度较大。在酸性淋溶条件下Ca、Mg、K、Na、Al、B、I、V、Cu、Co、Ni、Zn、Cd等元素易被淋溶迁移，尤其二价的Fe和Mn具有较高的迁移能力。风化壳处于富硅铝化过程，盐基十分缺乏，土壤的烧失量较高，植物灰分普遍较低。

由于水中含有大量腐殖酸，导致Ca、Mg、Cu、Pb、Zn、Mn、Fe、Al、I、P等许多元素常被有机胶体吸附，或形成金属有机络合物，其中以二价铁最典型。滞水地段，具有铁锈色的絮状有机胶体，往往成片相连。

该区发现许多疾病，有些疾病的分布已呈明显地方性，如心血管病、脑溢血、高血压、癌症、克山病、地方性甲状腺肿、龋齿、大骨节病等。而在动物中也广泛流行着许多种地方病，如动物白肌病、痉挛症、骨质松脆症、甲状腺肿大、消瘦症、贫血症等，动物发育不良、生长迟缓、呆痴矮小等。这些疾病的产生往往与该区元素缺乏有直接关系。

2. 中性氧化的地球化学环境带

该环境中热量较充分，年降水量为600～1200mm，蒸发作用不强，地表径流通畅，潜水位较低。土壤湿度适中，为氧化环境。植被发育一般，植物残体分解较彻底。因此，腐殖质堆积较少。本区元素的淋溶作用不强，富集作用也不显著，无明显过剩或不足现象。天然水多为中性，pH值为7左右。

一般来说，该区人、畜地方病很少，只有在山区和平原的局部地区有地方性甲状腺肿和龋齿流行。

3. 碱性、弱碱性氧化的地球化学环境带

该环境带气候干旱，年降水量为250～400mm，或者更少。主要的土壤为灰钙土、栗钙土，在低洼处可见盐土和碱土。这种环境最显著的特点是元素富集、腐殖质贫乏。

由于降水不足，淋溶作用微弱，该环境土壤中Ca、Na、Mg、S、C、F、B、V、Zn、Cr、Cu、Mo、Ni、Se、As等元素大量富集。地表水和潜水多属碱性，pH值为8～10，在碱性介质中五价钒、六价铬、砷、硒等元素活性较大，易迁移。但淋溶微弱，蒸发强烈，上述元素最终仍富集于水土中。

在本环境的大部分地区，生物元素是过剩的，因而常流行着某些地方病，如氟斑牙、氟骨症、硒中毒、痛风病（钼过剩），或因环境中砷过剩而产生皮肤癌。在牲畜中也流行某些地方病，如氟中毒、硒中毒、腹泻（钼过剩）、贫血（铜过剩），或因硼过剩而患肠炎等。

4. 酸性、氧化的地球化学环境带

该环境热量丰裕，水分充沛，年降水量为1000～3000mm，植被繁茂高大，元素的生物地球化学循环强烈。本区风化、淋溶作用均十分强烈，风化壳中的Ca、Na、Mg、K、S、Li、B、I等元素大量被淋洗流失。

在该环境中发育着典型的砖红壤和广泛分布的红壤，所含元素较少。由于盐基缺乏，土壤呈酸性，pH值为3.5～9.0。水土和食物中碘异常缺乏，地方性甲状腺肿的分布十分广泛。因钠不足而影响人体发育，常形成侏儒。在本区还流行着缺铁性热带贫血症和心血管病。

5. 非地带性的地球化学环境带

在自然界中某些局部的地球化学环境不受地理纬度分带影响，如在湿润森林带中可出现高氟区和高硒区，而在干旱的荒漠带中可出现沼泽，形成局部腐殖质堆积环境。

非地带性地球化学环境可分为以下两种类型，即元素富集的氧化地球化学环境和腐殖质富集的还原地球化学环境。例如在某些火山、温泉分布地区可造成局部环境中 S、Fe、Si、Se、As 等元素的富集；在含氟的矿床周围氟高度富集；在某些煤系地层，凝灰岩地区和硫化矿床的氧化带会使 Se 高度富集；在多金属矿区或氧化带 Cu、Pb、Zn、Cd、Hg 等元素大量富集。上述局部环境中因某些元素过剩，可导致人、畜地方病发生。

10.1.5 基于成因类型的环境带

根据成因类型不同，可将地球化学带分为 7 种成因类型环境带。

1. 蒸发浓缩型

该成因类型包括东北西部平原、华北滨海平原、内蒙古高原、准噶尔盆地、塔里木盆地、柴达木盆地、藏北高原、关中盆地等地区。这些地区的特点是气候干燥，蒸发量大，可溶性盐类在相对低洼地区浓集、积累，使土壤盐碱化、潜水矿化度增高，出现咸水、苦水和肥水，水土中一些与生命有关的元素，如 Na、Mg、Ca、S（SO_4^{2-}）、Cl、N（NO_3^- 和 NO_2^-）、I、F、Se、As、B 等过剩。

目前干旱、半干旱区已发现的生物地球化学地方病有氟中毒、慢性砷中毒、慢性亚硝酸盐中毒、高碘性地方甲状腺肿、硼肠炎、地方性腹泻和天然放射性疾病。

2. 矿床或矿化地层型

近地表的矿床或矿化层，经风化后形成元素富集分散流和分散晕，造成元素过剩的生物地球化学带。具有典型代表性的如贵州某些富煤系地层、氟磷灰石矿，河南伏牛山萤石矿、水晶石矿带流行人、牲畜氟中毒。此外，许多金属矿床导致流行 As、Hg、Cu、硫酸盐和放射性元素中毒的地方病。

3. 矿泉型

由于某些矿泉毒性元素含量较高污染泉口附近的水土，从而造成元素过剩的生物地球化学带。如我国广东、福建、台湾、西藏等地有些矿泉含氟较高，造成严重的人、畜氟中毒。

4. 生物积累型

水土中某些元素如 Hg、Se、Tl 通过生物富集而引起的地方病。如西藏浪子卡地区硒含量为 0.7×10^{-6}，但由于紫云英聚积硒含量达 9.8×10^{-6} 以上，因而会造成家畜硒中毒。贵州使用富含铊的泉水灌溉后，导致铊中毒等。

5. 湿润山岳型

降水丰沛的山区有利于迁移能力强的元素淋溶流失，从而造成元素缺乏。如大小兴安岭、长白山、燕山、太行山、祁连山、天山、阿尔泰山、昆仑山、喜马拉雅山、横断山、秦岭、云贵高原、大巴山、武夷山、南岭等山脉皆是严重缺碘地区。在西北干旱和东南湿润地区之间的过渡带山岳丘陵区，形成一条北东—南西的低硒带，在此带内流行与硒缺乏有关的动物白肌病、人类克山病和大骨节病。

6. 沼泽泥炭型

在沼泽泥炭发育地区，由于水土具有还原性，一些 I、Cu、Co、B 等生命元素的迁移能力下降，导致某些必需元素缺乏。如东北山地河谷、三江平原等，沼泽泥炭发育，土壤 B 含量较低，常导致农作物缺 B。

7. 沙土型

由于沙土有机质含量低、黏粒含量少，对水分和养分的保持能力差，因此 I、F、Zn、Cu、Mo、B、Se 等一些生命元素容易流失，形成沙土型元素缺乏生物地球化学带。主要分布于沙漠边缘区，山前冲积、洪积扇上部。

10.2　原生环境与地方病

原生环境是天然形成的，未受或少受人为因素影响的环境称为原生环境。如人迹罕至的高山荒漠、原始森林、冻原地区及大洋中心区等。有时，原生环境中存在一些对人体健康不利的因素，如地壳表面某种化学元素分布不均，使某些地区的水和（或）土壤中该元素含量过多或过少，当地居民通过饮水、进食等途径摄入这些元素过多或过少时，可能会引起某些特异性疾病，即地方病。

此外，在自然资源开发利用过程中，越来越多的地质环境——土壤、岩石、地表水、地下水等被人类影响，强烈地改变了其组成，导致地质环境发生异常，从而可能威胁人类健康，促使地方病的发生。

10.2.1　地方病

地方病是指具有严格的地方性区域特点的一类疾病，按病因可分为以下几种。

1. 自然疫源性（生物源性）地方病

此类疾病的病因为微生物和寄生虫，是一类传染性地方病，包括鼠疫、布鲁鼠疫、布鲁氏菌病、乙型脑炎、森林脑炎、流行性出血热、钩端螺旋体病、血吸虫病、疟疾、黑热病、肺吸虫病、包虫病等。

2. 化学元素性（地球化学性）地方病

此类疾病是因为当地水或土壤中某种（些）元素或化合物过多、不足或比例失常，通过食物和饮水作用于人体所产生的疾病。包括元素缺乏性，如地方性甲状腺肿、地方性克汀病等和元素中毒性（过多性），如地方性氟中毒、地方性砷中毒等。

发生化学元素性地方病的地区具有如下特征。

（1）在地方病病区，地方病发病率和患病率都显著高于非地方病病区，或在非地方病病区内无该病发生。

（2）地方病病区内的自然环境中存在着引起该种地方病的自然因子。地方病的发病与病区环境中人体必需元素的过剩、缺乏或失调密切相关。

（3）健康人进入地方病病区，同样有患病可能，且属于危险人群。

（4）从地方病病区迁出的健康者，除处于潜伏期者以外，不会再患该种地方病，迁出的患者其症状可不再加重，并逐渐减轻甚至痊愈。

（5）地方病病区内的某些易感动物也可罹患某种地方病。

（6）根除某种地方病病区自然环境中的致病因子，可使之转变为健康化地区。

当前，最常见的地方病主要有地方性氟中毒、大骨节病、克山病、地方性甲状腺肿、癌症、心脑血管疾病、血吸虫病、鼠疫和慢性砷中毒等。本节将主要对地氟病、大骨节病、克山病、地方性甲状腺肿大、癌症展开讨论。

3. 我国在地方病防治方面的成就

我国曾是地方病危害较重的国家。大骨节病、克山病、碘缺乏病等地方病，曾严重困扰、威胁我国居民，特别是广大农村居民身体健康。党的十八大以来，我国全面实施地方病防治攻坚行动，各项工作取得了历史性突破。

我国已实现了重点地方病控制消除阶段性目标。截至 2021 年底，全国 2799 个碘缺乏病县、379 个大骨节病病区县、330 个克山病病区县、171 个燃煤污染型氟中毒病区县、12 个燃煤污染型砷中毒病区县、122 个饮水型砷中毒病区县或高砷区县均达到控制或消除标准，达标率均为百分之百。

10.2.2　地方性氟中毒

地方性氟中毒又称地氟病，是在特定地区环境中，包括水土和食物中氟元素含量过多，导致生活在该环境中的人群长期摄入过量氟而引起的慢性全身性疾病。地氟病在世界各大洲均有分布，在我国主要分布在贵州、陕西、甘肃、山西、山东、河北和东北等地。

氟是周期表Ⅶ族卤素中最轻、最活泼的化学元素，在自然界和生物体内几乎无所不在。由于其活泼的化学性质，极易在自然环境下进行迁移与富集，导致环境中氟分布不均，其过剩和不足都将引发氟病。氟中毒最明显的症状是氟骨症和氟斑牙（图 10-1）。

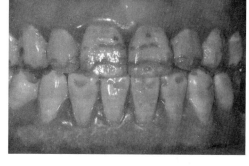

图 10-1　氟斑牙（图片来自互联网）

1. 环境中氟的来源

氟的天然来源有两个：一是风化的矿物和岩石，二是火山喷发。因自然地理条件不同，土壤的含氟量差异较大。在湿润气候区的灰化土带，属于酸性的淋溶环境，有利于氟的迁移，土壤中氟含量较低。干旱和半干旱草原的黑钙土、栗钙土含氟量较高，在盐渍土和碱土中其含量更高。

人体可以从饮水、食物及大气中摄入氟，从饮水中摄取的氟约占 65%，25% 来自食物。

（1）饮用水。不同水源的水，氟含量差别很大，河水含氟平均为 0.2mg/L，一般地下水含氟量比地表水高。

（2）食物。人类的食物几乎都含有少量的氟。除食物外，茶叶含氟量也较高。

（3）生活燃煤。居室内用落后的燃煤方法燃烧含氟量高的劣质煤，会污染室内食物、空气和饮用水。

（4）工业污染。电解铝厂、陶瓷厂、磷肥厂和砖窑等耗煤工业排出含氟废气，污染土地和水。

2. 地质地理分布

氟中毒病在世界的分布与地球化学环境密切相关，主要受岩石、地形、水文地球化学变化、土壤以及气候等因素影响。

（1）火山活动区发病带。火山爆发喷出的火山灰、火山气体等喷发物中含有大量氟，这些喷出物在火山口周围呈环状分布。生活在火山周围的居民多患氟斑牙病和氟中毒症。世界上一些著名的火山，如意大利的维苏威火山、那不勒斯火山及冰岛的火山区等，均有地方性氟中毒病发生。

（2）高氟岩石出露区和氟矿区发病带，某些岩石如萤石、冰晶石、白云岩、石灰岩以及氟磷酸盐矿中含有丰富的氟。经物理化学风化作用、淋溶作用和迁移转化等地球化学变化，使地表水和地下水中的氟含量增高，生活在该区的居民长期饮用高氟水，可能发生氟中毒。

（3）富氟温泉区发病带。温度超过20℃的泉水能溶解多种矿物质，温泉水中含氟量一般比地表水高，而且随泉水温度增高氟含量不断增加。许多温泉区有氟中毒病发生。如西藏谢通门县卡嘎村温泉，水温60℃，水中氟含量达9.6～15mg/L，泉水周围三个村的居民患严重的氟中毒病。

（4）沿海富氟区发病带。在海陆交接地带，长期受海水浸润，形成富盐的地理化学环境，海水含量较高的氟也易于在此带富集。沿海地区由于大量开采地下水，导致海水入侵，不仅使土壤盐渍化、水井报废，也使地下水中氟含量增高，从而引起氟中毒病的发生。如沧州、潍坊等地区，均有一定数量的氟斑牙和氟中毒病出现。

（5）干旱，半干旱富氟地区发病带。干旱、半干旱地区气候干燥，降水量少，地表蒸发强烈，地下水流不畅，氟化物高度浓缩，形成富氟地带，是氟中毒病高发区。如在印度的许多地区，地面氟化物大量蓄积，地方性氟骨症患者高达100万人以上，称为世界"氟病大国"。

由此可见，全球地方性氟中毒发病区分布相当广泛，约有30多个国家高发氟中毒病。我国各地均有程度不同的氟病流行。全国有762个县（族）有氟病发生，主要分布在黑龙江、吉林、宁夏、内蒙古、陕西、河南、山东等省（自治区）。

3. 地氟病的主要类型

当前，我国地氟病的主要类型为饮水型、煤烟污染型、饮茶型及其他类型。

饮水型氟中毒是我国地氟病中最主要的类型，患病人数也最多。高氟饮水主要分布在华北、西北、东北和黄淮海平原地区。氟主要存在于干旱和半干旱地区的浅层或深层地下水中，高氟饮水主要是地下水，源于水文地质条件，当地层中有高氟矿物或高氟基岩时，地下水的含氟量就增高。

煤烟污染型氟中毒是指生活用煤含氟量高，使用方式落后而引起的。煤烟污染型地氟病区主要分布在地势较高、气候潮湿寒冷地区，如贵州、四川、云南、湖北等地。当地农作物收获季节阴雨连绵，需用煤火烘烤粮食、辣椒。而当地居民往往使用的是没有烟囱的地灶。煤燃烧时释放出来的氟化物直接污染室内空气并沉积在所烘烤的粮食和辣椒上。当居民食用这些粮食和辣椒时，就摄入了过多的氟而引发氟中毒。

饮茶型氟病是指茶水中含有高浓度的氟化物，由于喝入过多茶水，所导致的慢性氟中毒。我国西部地区如西藏、新疆、内蒙古、青海、四川北部等地居民，其中特别是从事畜牧业的居民，他们有喝砖茶的生活习惯，砖茶已成为生活必需品，每天喝大量砖茶沏的茶水，也就从砖茶中摄入大量氟化物。

此外，由于其他一些原因仍可导致氟中毒的发生。如某些井盐中含氟量可高达203mg/kg，每人每天从食盐摄入的氟化物可能达4mg，从食盐摄入氟化物占当地居民每人每日总摄入量的68％，氟斑牙发病率达55％，成为一种源于食盐的地氟病。工业污染也可以在污染范围内造成居民慢性氟中毒症状，如电解铝工业、磷肥制造业等往往可使附近居民患有严重氟中毒并殃及牲畜、鱼类和农作物。

4. 地方性氟病的预防

(1) 饮水型地方性氟病的预防可采用如下措施：改用低氟水源；打低氟深井；利用低氟地面水、低氟的山泉水或地下泉水。此外，在找不到可利用的低氟水源或暂时无条件引水、打新井的地方，可利用物理、化学方法除氟。

(2) 生活燃煤污染型地方性氟病的预防为不用或少用高氟劣质煤，或通过改善居住条件，提高房屋保暖性能，减少煤的用量，以期减少氟的排放量；采用降氟节煤炉灶；降低食物的氟污染。

10.2.3　大骨节病

大骨节病是一种地方性变形性骨关节病（图10-2）。本病主要表现为骨关节增粗、畸形、强直、肌肉萎缩、运动障碍等。本病在各个年龄组都有发生，但多发于儿童和青少年，成人很少发病，无明显性别差异。

1. 地质地理分布

大骨节病的分布与地势、地形、气候有密切关系。在我国大骨节病多分布于山区、半山区，海拔在500～1800m之间。如我国东北地区，大骨节病多分布于山区、丘陵地带，以山谷低洼潮湿地区发病最重。在西北黄土高原地区，以沟壑地带发病较重。大骨节病区多为陆地性气候，暑期短，霜期长，昼夜温差大。

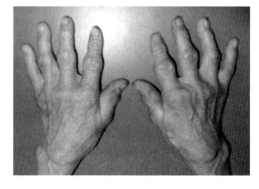

图10-2　大骨节病（图片来自互联网）

我国的大骨节病，从东北到西藏呈条带状分布。该病在我国分布广泛，包括黑龙江、吉林、辽宁、内蒙古、山西、北京、山东、河北、河南、陕西、甘肃、四川、青海、西藏、台湾15个省（直辖市、自治区）。在俄罗斯、朝鲜、瑞典、日本、越南等国也有此病发生。

2. 大骨节病的环境岩土类型

大骨节病分布广泛，横跨寒、温、热三大气候带，自然环境复杂多变，病区地质环境可划分为4种类型。

(1) 天然腐殖环境病区。该类型区沼泽发育，腐殖质丰富，土壤多为棕色、暗棕色森林土、草甸沼泽土和沼泽土等。在本区凡饮用沼泽水、沟水、渗泉水者大骨节病较重，而饮大河水、泉水、深井水者病情较轻或无病。

（2）沼泽相沉积环境病区。该类型区主要分布于松辽平原、松嫩平原和三江平原的部分地区，多为半干旱草原和稀疏草原。本区地势低平，水流不畅，沼泽湖泊星罗棋布，有的已被疏干开垦。发病与否主要决定于水井穿过的地层。凡水井穿过湖沼相地层，多为发病区。

（3）黄土高原残塬沟壑病区。该类型区黄土广布，侵蚀作用强烈，水土流失严重，形成残塬、沟壑、梁峁地形。群众多饮用窖水、沟水、渗泉水和渗井水。由于水质不良，大骨节病严重。而饮用基岩裂隙水、冲积或冲洪层潜水者，病轻或无病。

（4）沙漠沼泽沉积环境病区。该类型区属干旱半干旱沙漠区，固定、半固定沙丘呈浑团状或垄岗状。多数地区干燥无水，少数地区为芦苇沼泽。底部有薄层草炭，沼泽呈茶色并且有铁锈的絮状胶体。群众凡饮用此地水井水多患大骨节病。

3. 大骨节病的病因

大骨节病至今病因未明，多年来国内外学者提出很多学说，如生物地球化学说（低硒说）、食物真菌毒素中毒说、饮水中有机物中毒说以及新近提出的环境条件下的生物毒素中毒（低硒条件下的人类微小病毒 B_{19} 感染）说。

（1）生物地球化学说（低硒说）认为：大骨节病是矿物质代谢障碍性疾病，是由于病区的土壤、水及植物中某些元素缺少、过多或比例失调所致。有人认为环境中缺乏 Ca、S、Se 等元素或金属元素 Cu、Pb、Zn、Ni、Mo 等过多可致病。另有人认为，环境中元素比例失调，如 Sr 多 Ca 少、Se 多 SO_4^{2-} 少或 Si 多 Mg 少等也可致病。此外还有人认为，大骨节病与环境中腐殖酸含量高有关。

（2）食物性真菌中毒说认为：大骨节病是因病区粮食（玉米、小麦）被毒性镰刀菌污染而形成耐热毒素，居民长期食用这种粮食引起中毒而发病。用镰刀菌毒性菌株给动物接种，可使动物骨骼产生类似大骨节病的病变。

（3）饮水中有机物中毒说认为：病区饮水中腐殖质酸含量较高，较非病区高 6~8 倍。腐殖质酸可引起硫酸软骨素的代谢障碍，导致软骨改变。

（4）环境条件下的生物毒素中毒认为：生物毒素是该疾病发生的重要条件。

4. 大骨节病的预防

该病是一种以缺硒为主的多病因生物地球化学疾病，由于病因未明，缺少特异性防治措施，因此应采取综合预防措施。根据多年经验，可采取补硒、改水、改粮、合理营养改善环境条件、加强人群筛查等综合性防治措施。通过改善水质、调整饮食、补充无机盐等可降低发病率。治疗上多采用中西医结合疗法，如氨基酸类、维生素类以及微量元素等结合中草药双鸡丸、骨质增生丸。此外，理疗如药浴、针刺可有助于某些功能的恢复。

10.2.4　克山病

克山病又称地方性心肌病，是一种以心肌变性坏死为主要病理改变的原发性心脏病。1935 年，我国黑龙江省克山县首先发现了大批急性病例，疾病的病因不清，故称"克山病"。其主要临床表现有心脏增大、急性或慢性心功能不全和各种类型心律失常，急重病人可发生猝死。现已证实环境中硒缺乏与克山病发病关系密切。克山病是一种分布较广的地方病，国内外都有发生，并具有地理地带性分布特点。我国克山病发病区的分布与巨厚的中新生代陆相沉积岩系有关，同时与地形地貌也密切相关，在地理分布上表现为一条从东北到西南的斜长条带。

1. 克山病病区的环境岩土类型

我国病区克山病类型可分为东北型、西北型和西南型3种。

（1）东北型。其特点是克山病与大骨节病的分布和病情轻重基本平行。克山病患者又是大骨节病患者。它包括了大骨节病的表生天然腐殖环境和湖沼相沉积环境两种病区类型。病区多饮用富含腐殖酸的潜水和地表水。

（2）西北型。以陕西渭北黄土高原、陇东黄土高原病区为代表。病区多饮用受有机污染的窖水、渗泉水和沟水。

（3）西南型。属此类型的有云南高原病区、川东山地丘陵平坝病区。多饮用水田渗井水、沟水、坑塘水和涝池水。水质不良，有机污染严重。

这3种类型病区的共同特点是饮水中富含腐殖质。

2. 克山病的病因

（1）低硒

目前认为，环境中硒水平过低是克山病的主要病因。流行病学调查显示，克山病病区多分布于我国低硒地带，病区粮菜、土壤、岩石和饮水中的硒含量都显著低于非病区，病区中人群的血清硒、毛发硒及尿硒水平也明显低于非病区人群。补硒是我国对克山病的主要防治措施，并取得了显著成效。

（2）生物感染

① 肠道病毒感染。研究发现，克山病病人血清和脏器中可分离出柯萨奇和埃可等肠道病毒。另外，克山病有年度多发、季节多发特点，在某种程度上符合肠道病毒特别是柯萨奇病毒感染流行的规律。

② 真菌中毒。20世纪80年代已有人从克山病病区的玉米等粮食中分离出串珠镰刀菌素，并在动物试验中证明其可引起一系列心肌病变。

③ 膳食营养失衡。病区居民饮食条件与非病区有明显不同。不合理的膳食结构能突出致病因素的作用，膳食中的钙与蛋白质不足与发病关系较为密切。资料显示，缺碘和缺铁都可能加重本病的流行。河南省地方病防治所的调查显示，伴随膳食结构趋于合理，克山病的流行已显示出明显的"自限性"。

3. 克山病的防治

采取综合性预防措施。注意环境卫生和个人卫生、保护水源、改善水质，阻止致病因子进入人体；加强营养，增加优质蛋白、无机盐、维生素的摄入量；在流行区推荐使用含硒食盐；农村使用含硒液浸过的种子；植物根部施加含硒肥料，以提高农作物中的硒含量。

10.2.5 地方性甲状腺肿大

地方性甲状腺肿又称地甲病，是指发生在某些地区的一种甲状腺疾病，是一种因环境缺碘或富碘引起的地方病（图10-3）。

1. 地质地理分布

地甲病是一种流行较广泛的地方病。从全球来看，碘缺乏病连续分布于北半球高纬度地带，包括欧洲、亚洲、美洲的北半部，略呈带状。此外，地甲病在非洲刚果河流域、南

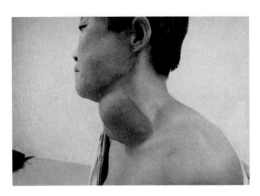

图 10-3　甲状腺肿大（图片来自互联网）

美的巴拉那河流域都有较大面积分布。全球碘缺乏病病区集中分布于世界上几个著名的巨大山脉地区，如亚洲的喜马拉雅山，延绵分布 2400km，其中尼泊尔是最重的病区，患病率高达 90%～100%。在欧洲的阿尔卑斯山、高加索山脉和南美的安第斯山，地甲病也有广泛分布。另外，澳洲的新西兰、新几内亚和非洲的马达加斯加等地区，都有地甲病的流行。

我国是地甲病流行较严重的国家之一，广泛分布于山区和内陆，滨海地区较少。除上海市外，各省、市、自治区均有不同程度的流行，主要分布于东北的大小兴安岭、长白山，华北的内蒙古高原，西北的秦岭山脉、黄土高原、青藏高原、昆仑山脉、天山山脉，西南的喜马拉雅山脉、云贵高原，华东的武夷山及华北的太行山等地区。其分布的一般规律为从湿润地带到干旱地带，从内陆到沿海，从山岳到平原，因环境中碘的淋溶流失而逐渐减弱。随碘积累量趋于增加，缺碘性地方性甲状腺肿的流行强度会递减，最后消失。而高碘性地方性甲状腺肿则呈相反的递增趋势，在干旱和半干旱气候区及沿海地区发病率较高。

2. 地甲病的成因类型

（1）高纬度酸性淋失型。主要分布于北欧、北亚、非洲的高纬度地区，土壤多属酸性淋溶土，含碘贫乏。

（2）高山氧化挥发型。构造隆起山区，由于强氧化作用，碘挥发贫化。

（3）极地和冰川型。多与第四纪冰川覆盖区相一致，由于冰川活动刮走了在冰川以前形成的富碘熟土。

（4）强渗流弱吸附型。一般分布于洪积扇顶部、古河道等处，由于地下水力坡度大，地下水渗透快，与围岩接触时间短，不利于碘的富集。

（5）拮抗协毒型。碘与钙形成不能为生物所利用的碘钙石物质，致使地甲病发病率升高；而环境中 Co、Mo 的缺乏，发生协毒作用，使碘缺乏更为严重。

（6）沼泽固碘型。由于沼泽泥炭层中的有机质进入地表水和地下水中，禁锢住土壤中的碘，使碘处于不可吸收状态。

（7）高碘型。分为水源型和食物型。水源型是由于饮用深层富碘地下水而引起的地甲病；食物型主要是由于沿海地区渔民长期单一食用过量富碘海产品引起的地甲病。

（8）人为型。分为污染型、食物型和药物型。污染型为环境污染和细菌污染所引起；食物型为长期食用某些食物，如甘薯、杏仁、卷心菜、黄白菜而影响碘的吸收利用；药物型为食用的药物中含有与 I^- 类似的阴离子，如 SCN^-、F^-、Br^-、ClO_4^- 等成分，抑制碘的吸收所引起的地甲病。

3. 地甲病的防治

地甲病的致病原因比较复杂，主要是由碘缺乏或过量所引起。成年人每天应摄入碘 $100\sim300\mu g$，地甲病流行区的人体摄入碘量一般都低于 $50\mu g$。而长期摄入过多碘也可引起地甲病。对不同类型地甲病的成因需具体分析,采用不同方法对症下药,可起到立竿见影的功效。一般而言,对碘缺乏地区,需加强补碘,以食盐加碘为主,并辅以碘油口服。对碘过量地区,应减少碘摄入量,只要选用适宜的饮水和食物,就可以有效防止地甲病的发生。

10.2.6 癌症

癌是一种顽症,对人类生命的威胁很大,是仅次于心脏病的死亡疾病。研究表明,癌症与环境岩土具有明显的相关性,分布具有明显的地区性和地带性,有集中高发现象。

1. 地质地理分布

癌症在世界各地均有分布,但它有明显集中高发现象。不同国家、地区的癌症死亡率相差10倍乃至百倍。

食道癌的高发区主要位于东南非和中亚地区。如莫桑比克、南非、乌干达、伊朗、阿塞拜疆、乌兹别克斯坦和土库曼斯坦。我国食道癌的平均死亡率约为11/100000,但分布不均,总趋势是北方高于南方、内地高于沿海。

肝癌主要流行于低纬度地带,如东南非和东南亚地区。在欧洲、北美洲、大洋洲很少发生肝癌。非洲莫桑比克的首都马普托,肝癌死亡率最高,为148.6/100000。挪威、芬兰等北欧国家最低,死亡率仅(1.0~1.2)/100000。我国肝癌平均死亡率约为10/100000,高发区位于广西、江苏、广东、福建、上海、浙江等一些沿海地区,形成一个明显而狭长的沿海肝癌病分布区。总体而言,肝癌发病率随着地理纬度的降低而增高。

胃癌主要分布在中、高纬度地带,如芬兰、荷兰、瑞典、英国、俄罗斯、日本、美国、加拿大等国的部分地区,低纬度带和赤道附近胃癌则较少发生。我国胃癌的平均死亡率约为15/100000,总的分布趋势是西北黄土高原和东部沿海各省较高。一般而言,胃癌发病率随着地理纬度的增高而增高。

2. 癌症成因类型

癌症的分布往往与岩石、土壤、地貌等自然环境有关。研究表明,癌症高发区与环境水文地质关系密切,主要可分为以下4种致病类型。

(1)山区型。该区气候干旱,植被稀少,机械剥蚀作用强烈,缺乏地表径流,当地群众多饮用常年积存的窖水、池水,水质较差,污染严重。如河南林县、河北武安、涉县、磁县等地的食道癌高发区主要饮用窖水,死亡率为252.8/100000。中发区多饮用池水、渠水及河水,死亡率降为126/100000。低发区主要饮用井水、泉水,死亡率仅为39/100000。

(2)岩溶山区型。该区岩溶发育,地表径流极少,而地下暗河相当发育,虽然降雨量高达1200mm,但是仍然严重缺水,当地群众多饮用塘水或塘边渗井水,水质污染严重。

(3)水网平原型。该区雨量充沛,地表水、地下水极为丰富,但由于地势平缓,水流滞缓,水网闭塞。而这些地区人口密集、工农业发达,致使环境污染严重,水质日益恶化。

(4)三角洲平原型。该区接近海滨,土壤中腐殖质及盐分含量高。此外,该区工农业发达,污染严重,水质恶化。

3. 癌症病因

至今，癌症的确切病因尚未明确，但一般认为癌症的诱发因素主要为以下几个方面。

（1）化学物质，如多环芳烃类、亚硝胺、苯并芘以及硝酸盐、亚硝酸盐等；

（2）金属元素，如砷、汞、铊、镉等；

（3）生物物质，如某些细菌及病毒、寄生虫等；

（4）物理作用，如 X 射线、放射性物质等。

此外，一些精神因素与遗传因素也可导致癌症的发生。

4. 癌症的防治

对癌症的防治往往需以改水为中心，以谷物品种、饮食习惯、卫生条件等综合性的防治相辅助，可起到一定预防作用。

10.2.7　地方性砷中毒

地方性砷中毒是指由于长期饮用含高砷地下水，或暴露于燃用高砷煤空气中，引起以皮肤色素沉着或脱失、掌跖角化等皮肤改变为主要表现，同时伴有中枢神经系统、周围神经、血管、消化系统等多方面症状的全身性疾病（图 10-4）。地方性砷中毒多为慢性中毒，是地方病中发现历史最短、了解最少的一种地方病。由于其危害不只限于摄入砷的那段时期，在中止摄入后仍可持续较长时间，尤其砷可引起恶性肿瘤等，因此引起了广泛关注。

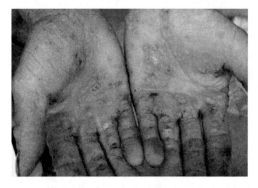

图 10-4　砷中毒（图片来自互联网）

1. 地质地理分布

许多国家都不同程度地存在地方性砷中毒事件，如智利、阿根廷、美国、加拿大、泰国、苏联、匈牙利等，其中最严重的是孟加拉、印度和我国。据孟加拉官方透露，全国 64 个地区有 59 个地区受到砷污染，其中有一半以上的地区被列为严重砷污染区，据估计可能有占国家人口一半的孟加拉人受到砷污染影响。

我国砷中毒区域主要为台湾、新疆、内蒙古、山西、贵州等省、市、自治区。台湾地区砷中毒涉及台南县、嘉义县、台南市、云林县、屏东县、高雄县、高雄市 7 县市 56 个乡镇。新疆准噶尔病区西起艾比湖，东到玛纳斯河长约 250km 地带。内蒙古—山西病区为一东西向带状分布区。仅在内蒙古地区，就涉及 5 个盟（市）、1 个旗（县）、64 个乡镇（农场），东西长 1000 余千米，宽 10～40km。

2. 地方性砷中毒病因和分类

地方性砷中毒可分为饮水型和燃煤污染型。饮水型最常见，燃煤型仅见于我国局部地区。

（1）饮水型砷中毒

由饮水引起的砷中毒是在 20 世纪 20 年代末才被发现。早期最明显的由于饮用天然含砷高的地下水引起发病的典型例子为加拿大安大略省某农户，因饮用庄园内高砷井水，引起 3 胎新生儿和 1 名成人死亡的严重砷中毒事件，其砷含量高达 10mg/L。此后，人们逐渐注意到高砷水引起的砷中毒。在所知的饮高砷水所致的砷中毒事件中，地下水，包括井水、泉水、温泉水较为多见。但有时地表水也有含较高砷的情况，如智利病区河水含砷量高达 0.2～0.337mg/L，另一池塘水含砷量竟高达 34.34mg/L。在砷中毒事件中，有相当一部分是人为污染水源所致。

（2）生活燃煤污染型砷中毒

燃煤污染型砷中毒是地方性砷中毒的一种特殊类型。病区环境潮湿多雨，收割的粮食作物（主要为玉米与辣椒）必须在烘干后予以贮存。当地多采用煤火取暖、做饭及烘烤食物，所用炉灶为开放式炉灶。由于当地居民贫穷，多使用当地所产的劣质高砷煤作为燃料。在煤炭燃烧过程中，砷进入空气并沉积在食物上，当地居民长期食用这样的食物就会引起慢性砷中毒。燃煤污染型砷中毒和居民生活习惯及地产高砷煤两个因素密切相关，这两个因素是病区存在的必备条件，因此病区分布相对局限。目前主要分布在我国南方某些地区，其中比较明确的病区位于贵州省西部的兴仁、兴义、安龙、开阳、织金等县、市。

3. 地方性砷中毒流行特点

（1）地区分布

饮水型砷中毒发生于世界许多国家，其中最严重的是孟加拉、印度和我国。我国于 1983 年在新疆奎屯地区首次发现饮水型砷中毒。此后，在内蒙古自治区的赤峰市、巴彦淖尔市、呼和浩特、包头和临河区，以及山西省的大同和晋中盆地等，又先后发现了大面积饮水型砷中毒病区。燃煤型砷中毒则仅见于我国贵州省。

（2）人群分布

病区主要分布在农村，患者均为农民，没有职业及民族差异，不同年龄均可发病，且患病率有随年龄增高而上升的现象，可能与摄砷量增多引发损伤积累有关。在性别上，男性患病率略高于女性，可能与男性劳动强度大，饮水和进食量大于女性有关。无论是饮水型还是燃煤污染型砷中毒，只有暴露于高砷水或燃用高砷煤者才会发病。发病的突出特点为家庭聚集性，大部分受累家庭有 2 名或 2 名以上患者，有些则全家发病。但是，其发病具有明显的个体差异，同一家庭成员中，有的表现为重度砷中毒，有的则症状很轻。

4. 预防地方性砷中毒的措施

采取预防措施切断砷源，主要为改水改灶、改变生活习惯。如前所述，地方性砷中毒主要是由于饮用高砷水和敞灶燃用高砷煤引起。因此，改水改灶、改变生活习惯是切断砷源的主要途径，也是预防砷中毒发生的根本方法。由于我国砷中毒病区面积大，各种地理及经济状况不同，可采取因地制宜的改水方法。如经济条件好的地区，可采取集中改水，分户供自来水方式；经济比较落后或引进低砷水源困难的地区，可选用收集降水或化学除砷改水方法，尤其适于家庭或小范围人群改水。对于燃煤污染型病区，切断砷源的最根本途径是改用低砷煤。此外，采取改变敞灶燃煤习惯，修改炉灶、安装烟囱以及改变干燥粮食和辣椒的方法，是预防燃煤污染型砷中毒的重要措施。

思考与练习

1. 什么是环境致病因素？
2. 什么是地方病？按病因可以分为哪几个类型？
3. 地方性氟病如何预防？
4. 克山病的病因有哪些？
5. 癌症的病因及防治方法有哪些？

参 考 文 献

[1] 周健，刘文白，贾敏才. 环境岩土工程[M]. 北京：人民交通出版社，2004.

[2] 缪林昌，刘松玉. 环境岩土工程学概论[M]. 北京：中国建材工业出版社，2015.

[3] 于广云. 环境岩土工程[M]. 北京：中国矿业大学出版社，2007.

[4] 罗国煜. 城市环境岩土工程[M]. 南京：南京大学出版社，2000.

[5] 吴世明. 环境与岩土工程[M]. 北京：中国建筑工业出版社，2001.

[6] 潘懋，李铁锋. 环境地质学[M]. 北京：高等教育出版社，2023.

[7] 朱大奎，王颖. 环境地质学[M]. 南京：南京大学出版社，2020.

[8] 张建伟，边汉亮. 环境岩土工程学[M]. 北京：中国建筑工业出版社，2021.

[9] 朱才辉. 环境岩土工程学概论[M]. 北京：中国水利水电出版社，2022.

[10] 环境保护部. 污染场地修复技术应用指南[M]. 北京：环境保护部，2014.

[11] 环境保护部，国土资源部. 全国土壤污染状况调查公报[R]. 北京：环境保护部，国土资源部，2014.

[12] 环境保护部污染防治司，环境保护部. 污染场地修复教程[M]. 北京：中国环境出版社，2015.

[13] 李益飞，吴雪军. 海绵城市建设技术与工程实践[M]. 北京：化学工业出版社，2020.

[14] 章林伟. 海绵城市建设典型案例[M]. 北京：中国建筑工业出版社，2017.

[15] 徐恒力. 环境地质学[M]. 北京：地质出版社，2009.

[16] 曾铃，李光裕，史振宁，等. 降雨入渗条件下非饱和土渗流特征试验[J]. 中国公路学报，2018，31(2)：191-199.

[17] 查甫生，许龙，崔可锐. 水泥固化重金属污染土的强度特性试验研究[J]. 岩土力学，2012，33(3)：652-656+664.

[18] 陈守开，刘新飞，郭磊，等. 再生骨料掺配比对再生透水混凝土性能的影响[J]. 复合材料学报，2018，35(6)：1590-1598.

[19] 董祎挈，陆海军，李继祥. 垃圾渗沥液腐蚀下污泥灰改性黏土压缩特性及孔隙结构[J]. 中国环境科学，2015，35(7)：2072-2078.

[20] 冯启言，严家平. 环境地质[M]. 北京：中国矿业大学出版社，2011.

[21] 高玉琴，吴迪，刘海瑞，等. 城市化影响下区域水资源承载力评价[J]. 水利水电科技进展，2022，42(3)：1-8.

[22] 李顺群. 原状土力学[M]. 北京：中国建筑工业出版社，2021.

[23] 毕华银. 大骨节病病因病理学研究[J]. 西安交通大学学报(医学版)，2023，44(5)：817-822.

[24] 黄文辉，曾溅辉. 环境地质学[M]. 北京：石油工业出版社，2011.

[25] 贾建丽，于妍，王晨. 环境土壤学[M]. 北京：化学工业出版社，2012.

[26] 李顺群，张光明，芮子航，等. 滤芯渗井——透水砖在海绵城市中的应用[J]. 人民长江，2022，53(11)：72-78+85.

[27] 上海市住房和城乡建设管理委员会. 建设场地污染土勘察规范：DG/TJ 08—2233—2017[S]. 上海：同济大学出版社，2017.

[28] 生态环境部，国家市场监督管理总局. 土壤环境质量 建设用地土壤污染风险管控标准(试行)：GB 36600—2018[S]. 北京：中国标准出版社，2018.

[29] 王建新，王恩志，王思敬. 降雨自由入渗阶段试验研究及其过程的水势描述[J]. 清华大学学报(自然科学版)，2010，50(12)：1920-1924.

［30］ 王义，张俊娥，程洋，等. 煤矿区植被-水-土响应关系研究进展分析［J］. 干旱区资源与环境，2023，37(11)：82-91.

［31］ 王祖伟，王中良. 天津污灌区重金属污染及土壤修复［M］. 北京：科学出版社，2014.

［32］ 吴烨. 环境地质［M］. 北京：科学出版社，2011.

［33］ 许可，郭迎新，吕梅，等. 对完善我国海绵城市规划设计体系的思考［J］. 中国给水排水，2020，36(12)：1-7.

［34］ 陈余道，蒋亚萍，朱银红. 环境地质学［M］. 2版. 北京：冶金工业出版社，2011.

［35］ 张强勇，燕志超，郭鑫. 地下实验室开挖围岩损伤评价方法及应用［J/OL］. 山东大学学报(工学版)，2023(5)：57-64＋73［2023-10-24］.

［36］ 周启星，宋玉芳. 污染土壤修复原理与方法［M］. 北京：科学出版社，2004.

［37］ 朱万成，徐晓冬，李磊，等. 金属矿山地质灾害风险智能监测预警技术现状与展望［J/OL］. 金属矿山：1-30［2023-10-24］.

［38］ 住房和城乡建设部. 透水沥青路面技术规程：CJJ/T 190—2012［S］. 北京：中国建筑工业出版社，2012.

［39］ TRZS T, LU G, MONTEIRO A O, et al. Hydraulic properties of polyurethane-bound permeable pavement materials considering unsaturated flow［J］. Construction and Building Materials，2019，212：422-430.

［40］ YANG Z, LI W, CHENG X, et al. Weak Expansive Soil Physical Properties Modification by Means of a Cement-Jute Fiber［J］. Fluid Dynamics & Materials Processing，2023，19(8).

［41］ ZHAI Y, CAO X, JIANG Y, et al. Further discussion on the influence radius of a pumping well：A parameter with little scientific and practical significance that can easily be misleading［J］. Water，2021，13(15)：2050.

［42］ ZHANG Z, WANG Z, WANG S, et al. Improvement of rainwater infiltration and storage capacity by an enhanced seepage well：From laboratory investigation to HYDRUS-2D numerical analysis［J］. Journal of Hydro-environment Research，2021，39：15-24.